Σ BEST シグマベスト

中３理科

実力アップ問題集

文英堂編集部 編

EXERCISE BOOK | SCIENCE

文英堂

この本の特長

実力アップが実感できる問題集です。

1 初めの「重要ポイント/ポイント一問一答」で，定期テストの要点が一目でわかる！

2 「3つのステップにわかれた練習問題」を順に解くだけの段階学習で，確実にレベルアップ！

3 苦手を克服できる別冊「解答と解説」。問題を解くためのポイントを掲載した，わかりやすい解説！

入試問題で，実戦力を鍛える！

模擬テスト

実際の高校入試過去問にチャレンジしましょう。

カンペキに仕上げる！

実力アップ問題

定期テストに出題される可能性が高い問題を，実際のテスト形式で載せています。

標準問題

定期テストで「80点」を目指すために解いておきたい問題です。

差がつく 解くことで，高得点をねらう力がつく問題。

基礎問題

定期テストで「60点」をとるために解いておきたい，基本的な問題です。

重要 みんながほとんど正解する，落とすことのできない問題。

ミス注意 よく出題される，みんなが間違えやすい問題。

基本事項を確実におさえる！

重要ポイント/ポイント一問一答

重要ポイント 各単元の重要事項を1ページに整理しています。定期テスト直前のチェックにも最適です。

ポイント一問一答 重要ポイントの内容を覚えられたか，チェックしましょう。

もくじ

① 水溶液とイオン

重要ポイント

① 電流が流れる水溶液とイオン

□ **電解質と非電解質**

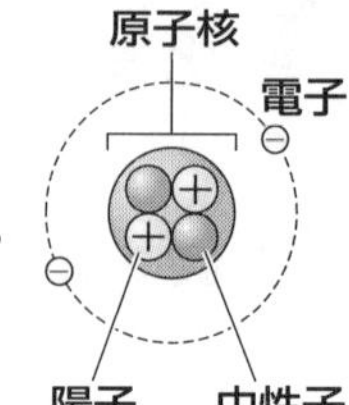

・**電解質**…水溶液が電流を流す物質。
　└→塩化ナトリウム，塩化水素，水酸化ナトリウムなど。

・**非電解質**…水溶液が電流を流さない物質。
　└→ショ糖(砂糖の主成分)やエタノールなど。

□ **電解質の水溶液の電気分解**…電気エネルギーを加えて起こす分解。

・**塩酸の電気分解…塩化水素→水素＋塩素**（$2HCl \longrightarrow H_2 + Cl_2$）

・陰極では水素が，陽極では塩素が発生する。

・**塩化銅水溶液の電気分解…塩化銅→銅＋塩素**（$CuCl_2 \longrightarrow Cu + Cl_2$）

・陰極には固体の銅ができ，陽極では気体の塩素が発生する。

電子を失う　電子
原子　原子核　陽イオン

② 原子とイオン

□ **原子の構造**…原子は，＋の電気をもった**原子核**と－の電気をもった**電子**からできている。原子核は，**陽子**と**中性子**からできている。
　└→陽子は＋の電気をもち，中性子は電気をもたない。

電子を受けとる
原子　陰イオン

□ **イオン**…原子が電子を失ったり受けとったりしてできる，**電気を帯びた粒子**。

・**陽イオン**…＋の電気を帯びたイオン。
　└→原子の集団からできた，アンモニウムイオンNH_4^+などもある。

・**陰イオン**…－の電気を帯びたイオン。
　└→原子の集団からできた，水酸化物イオンOH^-などもある。

□ **イオンの表し方**…元素記号の**右肩に電気の種類と数**を書き加える。

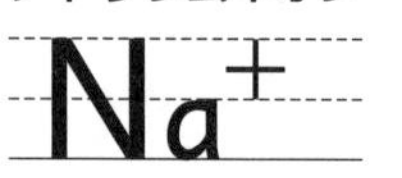

塩化物イオン
Cl^-

□ **電離**…電解質が水に溶け，陽イオンと陰イオンにわかれること。㊞ $NaCl \longrightarrow Na^+ + Cl^-$

□ **陽イオンと陰イオン**

陽イオン				陰イオン	
イオン	化学式	イオン	化学式	イオン	化学式
水素イオン	H^+	銅イオン	Cu^{2+}	塩化物イオン	Cl^-
ナトリウムイオン	Na^+	亜鉛イオン	Zn^{2+}	水酸化物イオン	OH^-
カルシウムイオン	Ca^{2+}	マグネシウムイオン	Mg^{2+}	硫酸イオン	SO_4^{2-}
アンモニウムイオン	NH_4^+	バリウムイオン	Ba^{2+}	炭酸イオン	CO_3^{2-}

◉原子は，＋の電気をもった原子核と－の電気をもった電子からできている。原子が電子を失って＋の電気を帯びたものを陽イオン，原子が電子を受けとったものを陰イオンという。
◉電解質が電離したとき，何という陽イオンと陰イオンになるかは，整理しておぼえておく。

ポイント **一問一答**

①電流が流れる水溶液とイオン

□(1) 水に溶けたとき，その水溶液に電流が流れる物質を何というか。
□(2) 水に溶けたとき，その水溶液に電流が流れない物質を何というか。
□(3) エタノールの水溶液に電流は流れるか。
□(4) 塩化ナトリウムの水溶液に電流は流れるか。
□(5) 塩酸を電気分解したとき，陽極で発生した気体は何か。
□(6) 塩化銅水溶液を電気分解したとき，銅が出てきたのは陽極か，陰極か。

②原子とイオン

□(1) 原子の構造について説明した次の文章の①～④にあてはまる言葉は何か。
原子は，＋の電気をもった（　①　）と－の電気をもった（　②　）からできている。①は，＋の電気をもった（　③　）と電気をもたない（　④　）からできている。

①
②
③
④

□(2) 原子が電子（でんし）を失ったり受けとったりしてできる，電気を帯びた粒子（りゅうし）を何というか。
□(3) ＋の電気を帯びたイオンを何というか。
□(4) －の電気を帯びたイオンを何というか。
□(5) ナトリウムイオンを化学式で書け。
□(6) 塩化物イオンを化学式で書け。
□(7) アンモニウムイオンを化学式で書け。
□(8) 水酸化物イオンを化学式で書け。
□(9) 電解質（でんかいしつ）が水に溶け，陽（よう）イオンと陰（いん）イオンにわかれることを何というか。
□(10) 塩化ナトリウムが電離するようすを，化学反応式で書け。

答
① (1) 電解質（でんかいしつ） (2) 非電解質（ひでんかいしつ） (3) 流れない (4) 流れる (5) 塩素 (6) 陰極
② (1) ① 原子核（げんしかく） ② 電子（でんし） ③ 陽子（ようし） ④ 中性子（ちゅうせいし） (2) イオン (3) 陽（よう）イオン (4) 陰（いん）イオン
(5) Na^+ (6) Cl^- (7) NH_4^+ (8) OH^- (9) 電離（でんり） (10) $NaCl \longrightarrow Na^+ + Cl^-$

基礎問題

▶答え　別冊p.2

1 〈電解質と非電解質〉

右の図のような装置を使って，ショ糖(砂糖の主成分)，塩化水素，水酸化ナトリウム，エタノールの水溶液が電流を流すかどうかを調べた。次の問いに答えなさい。

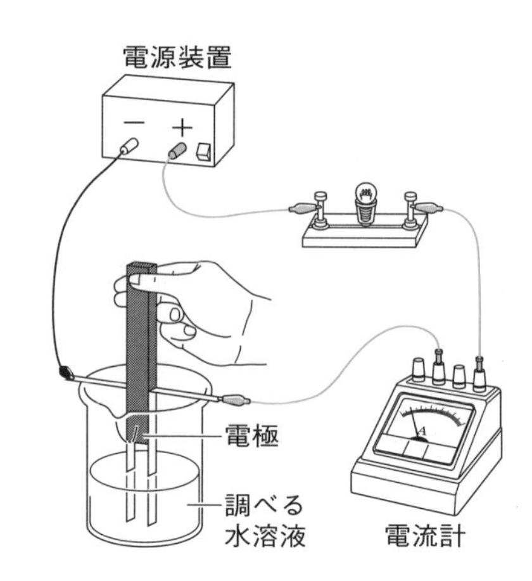

(1) 水溶液が電流を流したものに○を，電流を流さなかったものに×をつけよ。

ショ糖 [　　　]

塩化水素 [　　　]

水酸化ナトリウム [　　　]

エタノール [　　　]

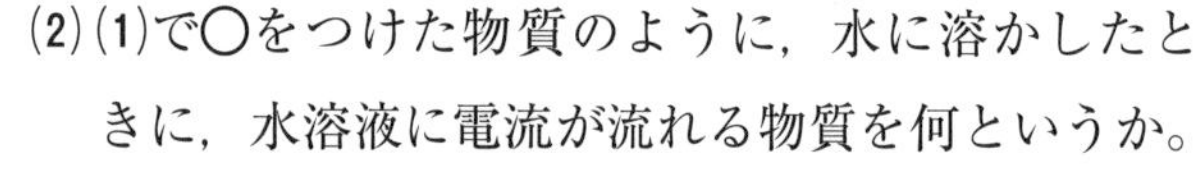

(2) (1)で○をつけた物質のように，水に溶かしたときに，水溶液に電流が流れる物質を何というか。 [　　　　]

(3) (1)で×をつけた物質のように，水に溶かしたときに，水溶液に電流が流れない物質を何というか。 [　　　　]

2 〈電気分解〉

次の実験について，あとの問いに答えなさい。

〔実験〕① **図1**のような装置で，塩酸に電流を流すと，陰極では気体**A**，陽極では気体**B**が発生した。

② **図2**のような装置で，塩化銅水溶液に電流を流すと，陰極の表面には赤かっ色の物質**C**が付着し，陽極では気体**B**が発生した。

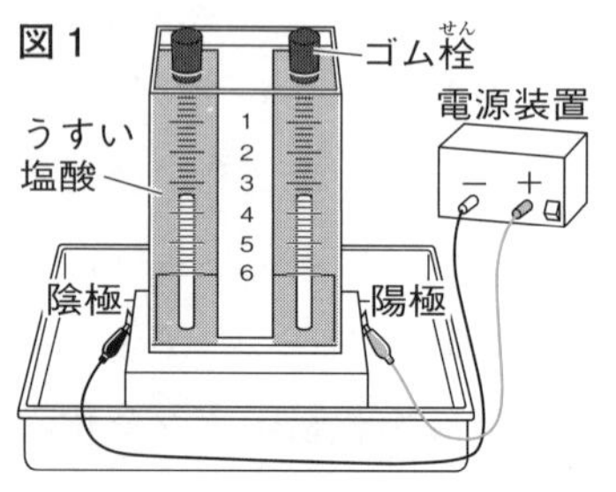

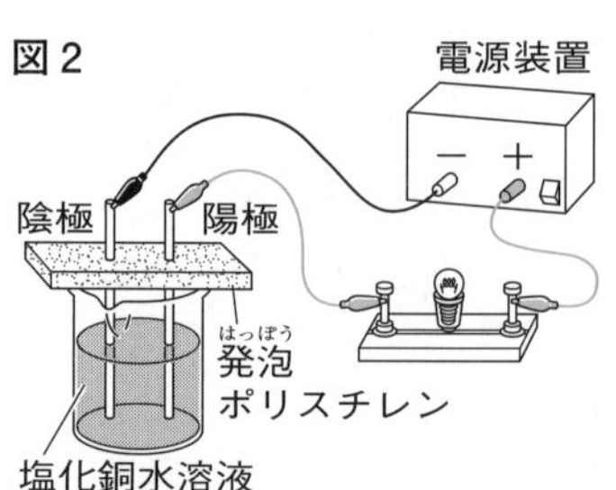

(1) **A**，**B**，**C**はそれぞれ何か。次の**ア**～**カ**からそれぞれ選び，記号で答えよ。

A [　　] **B** [　　] **C** [　　]

ア　窒素(ちっそ)　　**イ**　酸素　　**ウ**　水素

エ　塩素　　**オ**　銅　　**カ**　鉄

(2) 塩酸と塩化銅水溶液の電気分解の化学反応式をそれぞれ書け。

塩酸 [　　　　　　　　　　]

塩化銅水溶液 [　　　　　　　　　　]

3 〈原子の構造〉 重要

右の図は，水素原子とヘリウム原子の構造を示したものであり，Cは電気をもたない。次の問いに答えなさい。

水素原子

A

B

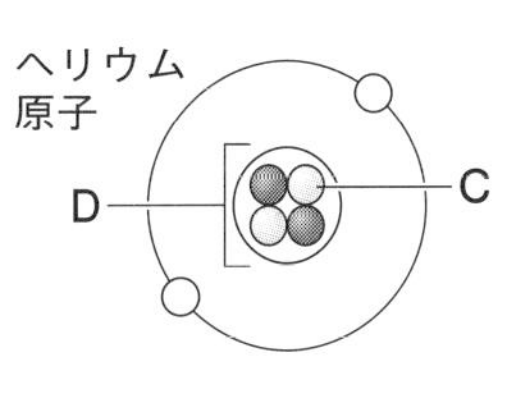

(1) 図中のA～Dを，それぞれ何というか。

A［　　　　］ B［　　　　］
C［　　　　］ D［　　　　］

(2) 図中のA，Bは，それぞれ＋と－のどちらの電気をもっているか。　A［　　］ B［　　］

(3) 原子についての正しい説明を次のア～ウから選び，記号で答えよ。［　　］

ア　＋の電気をもつ。　イ　－の電気をもつ。　ウ　電気をもたない。

4 〈陽イオンと陰イオン〉 重要

右の図は，原子が電子を失ったり，受けとったりして，イオンになるようすを示したものである。次の問いに答えなさい。

電子を失う　電子

原子核

原子　A

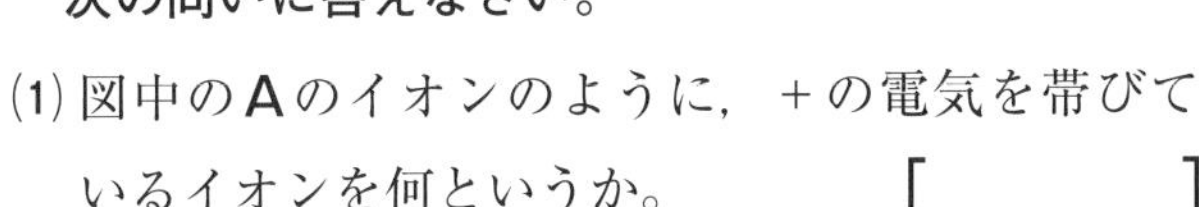

(1) 図中のAのイオンのように，＋の電気を帯びているイオンを何というか。［　　　　］

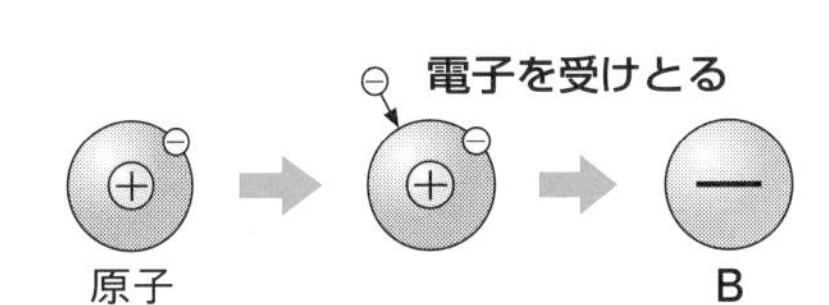

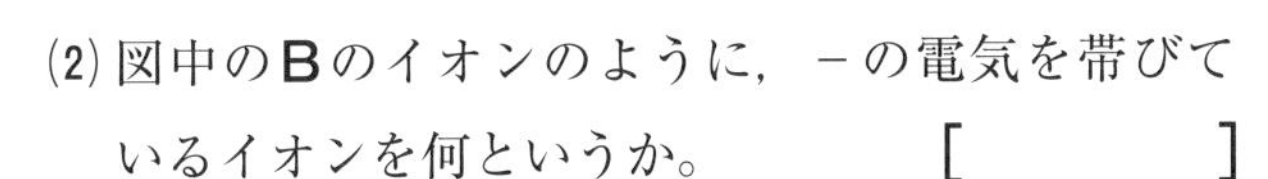

(2) 図中のBのイオンのように，－の電気を帯びているイオンを何というか。［　　　　］

(3) 図中のBのように，原子が電子を受けとることでイオンとなっているものはどれか。次のア～エから選び，記号で答えよ。［　　］

ア　水素イオン　イ　銅イオン
ウ　水酸化物イオン　エ　マグネシウムイオン

5 〈電離（でんり）〉 重要

右の図は，塩化ナトリウムが水に溶けたときのようすを示したものである。次の問いに答えなさい。

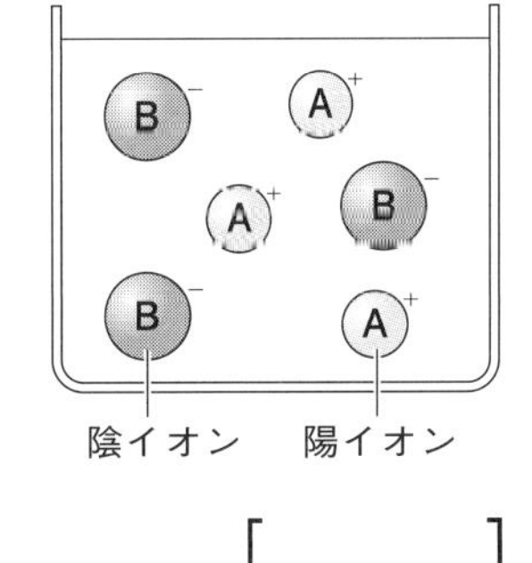

(1) 図中のAのイオンの名前と，その化学式を書け。

名前［　　　　　　］ 化学式［　　　　］

(2) 図中のBのイオンの名前と，その化学式を書け。

名前［　　　　　　］ 化学式［　　　　］

(3) 電解質（でんかいしつ）が水に溶けてイオンにわかれることを何というか。［　　　　］

ヒント

2 塩酸は塩化水素の水溶液で，塩化水素の化学式はHCl，塩化銅の化学式は$CuCl_2$である。
3 (2) 図中のDは，＋の電気をもっている。
5 塩化ナトリウムの化学式はNaClである。

標準問題

▶答え 別冊p.2

1 〈原子の構造とイオン〉 重要

右の図は，原子がイオンになるようすを模式的に示したものである。次の問いに答えなさい。

原子 → → イオンX
A
原子 → → イオンY

(1) イオンができるときに原子が失ったり受けとったりするAを何というか。 [　　　]

(2) Aの性質を次の**ア**～**エ**から選び，記号で答えよ。[　　　]

ア　＋の電気をもっているときと，－の電気をもっているときがある。

イ　＋の電気をもっている。

ウ　－の電気をもっている。

エ　電気をもっていない。

(3) 陰(いん)イオンは，イオン**X**，**Y**のどちらか。記号で答えよ。 [　　　]

ミス注意 (4) 陰イオンを次の**ア**～**ケ**からすべて選び，記号で答えよ。 [　　　]

ア　水素イオン　　**イ**　水酸化物イオン　　**ウ**　アンモニウムイオン

エ　銅イオン　　**オ**　硫酸(りゅうさん)イオン　　**カ**　カルシウムイオン

キ　亜鉛(あえん)イオン　　**ク**　塩化物イオン　　**ケ**　ナトリウムイオン

ミス注意 (5) イオンになる前の原子の構造として正しいものを，次の**ア**～**エ**から選び，記号で答えよ。

[　　　]

ア
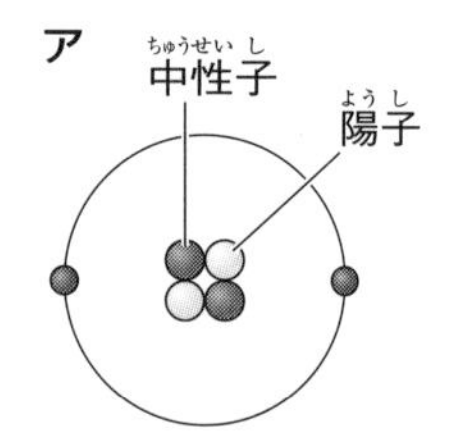

イ
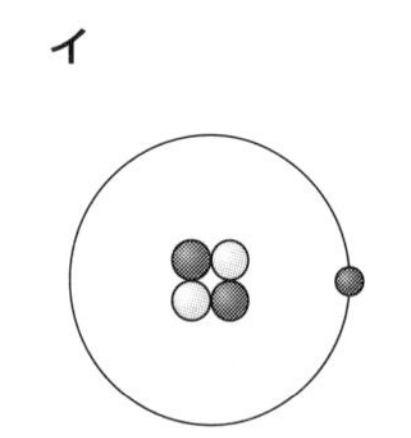

ウ
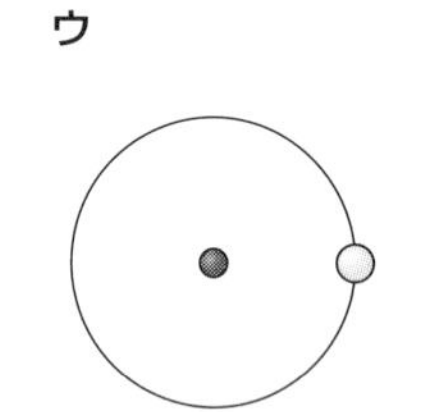

エ
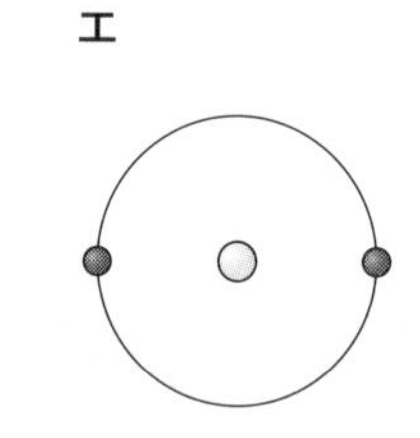

2 〈電解質(でんかいしつ)と非電解質(ひでんかいしつ)〉

次の実験について，あとの問いに答えなさい。

〔実験〕1　食塩，砂糖，塩化銅，硫酸銅について，固体の状態で電流が流れるか流れないかをそれぞれ調べ，右の表に結果をまとめた。

2　1の4種類の物質を精製水に入れて水溶液をつくり，電流が流れるか流れないかをそれぞれ調べ，右の表に結果をまとめた。

物質名	食塩	砂糖	塩化銅	硫酸銅
固体に電流が流れるか		×		×
水溶液に電流が流れるか	○			

○：電流が流れた
×：電流が流れなかった

(1) 表のあいている部分に○，×を記入せよ。

(2) 食塩の水溶液に電流が流れるのはなぜか。次のア〜エから選び，記号で答えよ。 [　　]

ア　食塩が無機物だから。　　イ　食塩が非金属だから。

ウ　食塩が電解質だから。　　エ　食塩が化合物だから。

(3) 塩化銅が水に溶けたときの模式図を次のア〜エから選び，記号で答えよ。 [　　]

ア　陽イオン　陰イオン　　イ　　ウ　　エ

(4) 硫酸銅は，水に溶けるときに陽(よう)イオンと陰イオンにわかれる。このときのようすを，化学反応式で示せ。

[　　　　　　　　　　　　　　　　　　　　　　　　　　　　　　]

3

〈電気分解とイオン〉 差がつく

右の模式図で示される装置で，塩酸に電圧を加えると，陰極からは気体X，陽極からは気体Yが発生し，気体Xは気体Yよりも多く発生した。次の問いに答えなさい。

電流の向き　電源装置　X　Y　塩酸　陰極　陽極

(1) 気体Xが気体Yより多く発生した理由を，次のア〜エから選び，記号で答えよ。 [　　]

ア　気体Xは電極と反応しにくく，気体Yは電極と反応しやすいから。

イ　気体Xは電極と反応しやすく，気体Yは電極と反応しにくいから。

ウ　気体Xは水に溶けにくく，気体Yは水に溶けやすいから。

エ　気体Xは水に溶けやすく，気体Yは水に溶けにくいから。

(2) 気体Xと気体Yの化学式を書け。 X [　　　　]　Y [　　　　]

(3) 気体Xのもとになった塩酸中のイオンの名前を書け。 [　　　　　]

(4) 塩酸に電圧を加えたとき，(3)のイオンは陰極，陽極のどちらに向かって移動するか。

[　　　　]

(5) 気体Yのもとになった塩酸中のイオンの名前を書け。 [　　　　　]

(6) 塩酸に電圧を加えたとき，(5)のイオンは陰極，陽極のどちらに向かって移動するか。

[　　　　]

(7) 塩酸に電圧を加えたとき，陰極，陽極ではそれぞれどのような反応が起こるか。電子(でんし)をe^-として，化学反応式で示せ。

陰極 [　　　　　　　　　　　　　　　　　　　　　　　　　]

陽極 [　　　　　　　　　　　　　　　　　　　　　　　　　]

(8) 塩酸全体で考えたとき，電圧を加えたときに起こる化学変化を，化学反応式で示せ。

[　　　　　　　　　　　　　　　　　　　　　　　　　　　　　　]

②化学変化と電池

重要ポイント

①金属のイオンへのなりやすさ

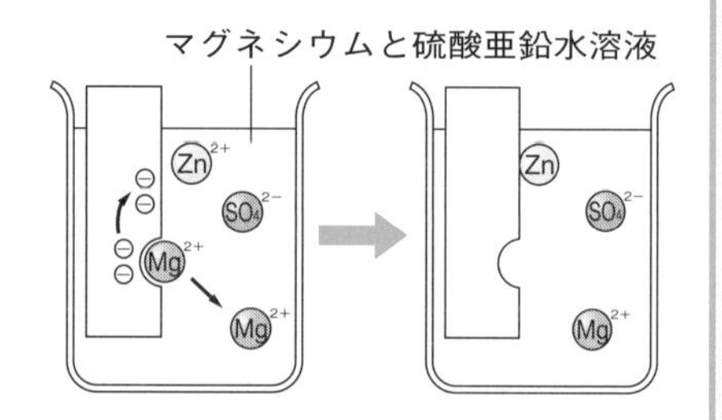

□**陽イオンへのなりやすさ**…イオンを含む水溶液に金属を入れた結果から，マグネシウムは亜鉛（あえん）よりも陽イオンになりやすく，銅は亜鉛よりも陽イオンになりにくいといえる。

	マグネシウム(Mg)	亜鉛(Zn)	銅(Cu)
硫酸（りゅうさん）マグネシウム水溶液(Mg^{2+})		変化なし	変化なし
硫酸亜鉛水溶液(Zn^{2+})	金属片が薄くなり，灰色の物質が付着した。		変化なし
硫酸銅水溶液(Cu^{2+})	金属片が薄くなり，赤い物質が付着した。	金属片が薄くなり，赤い物質が付着した。	

②電池とイオン

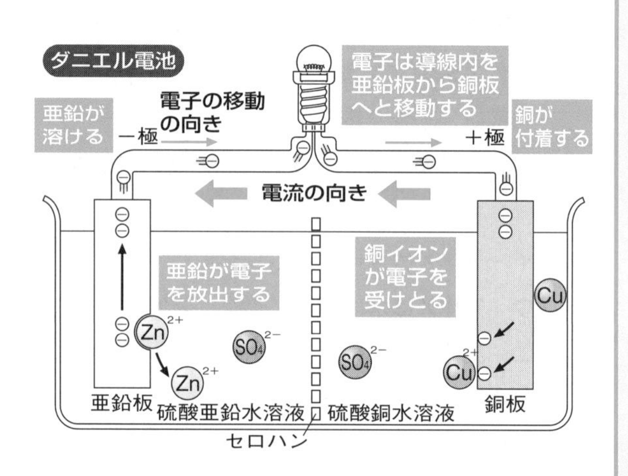

□**電池**…化学変化によって，物質がもつ化学エネルギーを電気エネルギーに変える装置。
└→化学電池ともいう。

□**電池の極**…電池は，金属が陽イオンになったときに電子が移動することで，電気が流れる。陽イオンになった金属は，水溶液に溶けて目に見えなくなる。

・**電子のゆくえ**…電子は，導線を通って＋極の金属へ向かい，＋極の表面で水溶液中の陽イオンと結びつく。

③いろいろな電池

□**一次電池**…一度使うと電圧が低下し，元にもどらない使い切りタイプの電池。

□**二次電池**…外部から逆向きの電流を流すと低下した電圧が回復し，くり返し使える電池。二次電池に電圧を回復させる操作を充電（じゅうでん）という。

□**燃料電池**…**水の電気分解とは逆の化学変化**を利用して，電気エネルギーを取り出すしくみの電池。化学変化の際に**水が生じる**。燃料の水素を供給することで，継続（けいぞく）して電気エネルギーを取り出すことができる。
└→水素の酸化
└→有害な物質が出ないので電気自動車に利用される。

◉電池をつくるには，電解質の水溶液に異なる種類の金属板を２枚入れればよい。非電解質の水溶液を用いたり，同じ種類の金属板を水溶液に入れたりしたときには，電気エネルギーを取り出すことはできない。

ポイント 一問一答

①金属のイオンへのなりやすさ

□(1) 硫酸亜鉛(りゅうさんあえん)を水に溶かしたときに発生する陽イオンを化学式で書け。

□(2) 硫酸亜鉛水溶液にマグネシウム板，亜鉛板，銅板を入れたとき，変化が起きるものはどれか。

□(3) マグネシウム，亜鉛，銅のうち，最も陽イオンになりにくい金属はどれか。

②電池とイオン

□(1) もともと物質がもっているエネルギーを何というか。

□(2) 化学エネルギーを電気エネルギーに変えて取り出す装置を何というか。

□(3) うすい塩酸に亜鉛板と銅板を入れて作った電池のしくみについて説明した次の文の①～④にあてはまる言葉は何か。

　－極では，（　①　）原子がイオンになって電子を（　②　）個放出する。＋極では，（　③　）イオンが電子を受け取って原子となり，この原子が２個結びついて（　④　）となり，気体として発生する。

□(4) (3)で，電子は何極から何極に向かって移動しているか。

□(5) (3)で，電流は何極から何極に向かって移動しているか。

□(6) 金属板を水溶液に入れて電池をつくるとき，用いる水溶液の溶質は電解質，非電解質のどちらか。

③いろいろな電池

□(1) マンガン乾電池(かんでんち)やリチウム電池のように，使うと電圧が低下し，元にもどらない電池を何というか。

□(2) 外部から逆向きの電流を流すと低下した電圧が回復し，くり返し使うことができる電池を何というか。

□(3) くり返し使うことができる電池の，低下した電圧を回復させる操作を何というか。

□(4) 水素を酸化させることで，電気エネルギーを取り出すしくみの電池を何というか。

答

① (1) Zn^{2+}　(2) マグネシウム板　(3) 銅

② (1) 化学エネルギー　(2) 電池(化学電池)　(3) ① 亜鉛　② 2　③ 水素　④ 分子
　(4) －極から＋極　(5) ＋極から－極　(6) 電解質

③ (1) 一次電池　(2) 二次電池　(3) 充電　(4) 燃料電池

基礎問題

▶答え　別冊p.3

1

〈イオンになりやすい金属〉

下の表のように，マグネシウムイオン，亜鉛(あえん)イオン，銅イオンを含む水溶液それぞれに，マグネシウム，亜鉛，銅の金属片を入れたときのようすをまとめた。あとの問いに答えなさい。

	マグネシウム(Mg)	亜鉛(Zn)	銅(Cu)
硫酸マグネシウム水溶液(Mg^{2+})		変化なし	変化なし
硫酸亜鉛水溶液(Zn^{2+})	金属片が薄くなり， 灰色の物質が付着した。		変化なし
硫酸銅水溶液(Cu^{2+})	金属片が薄くなり， 赤い物質が付着した。	金属片が薄くなり， 赤い物質が付着した。	

(1) 硫酸亜鉛水溶液にマグネシウムを入れたとき，マグネシウムの金属片がうすくなった。このとき，マグネシウム(Mg)に生じた反応はどうなっているか。電子をe^-として，化学式を使って示せ。　[　　　　　　　]

(2) 硫酸銅水溶液にマグネシウムを入れたとき，マグネシウムの表面に赤い物質が付着した。このとき，銅イオン(Cu^{2+})に生じた反応はどうなっているか。電子をe^-として，化学式を使って示せ。　[　　　　　　　]

(3) 表中の結果を比べると，亜鉛，マグネシウム，銅のうち，最もイオンになりやすいものはどれか。　[　　　　　　　]

2

〈化学電池〉

右の図のように，銅板と亜鉛板をうすい塩酸に入れ，プロペラ付きモーターにつなぐとプロペラが回った。次の問いに答えなさい。

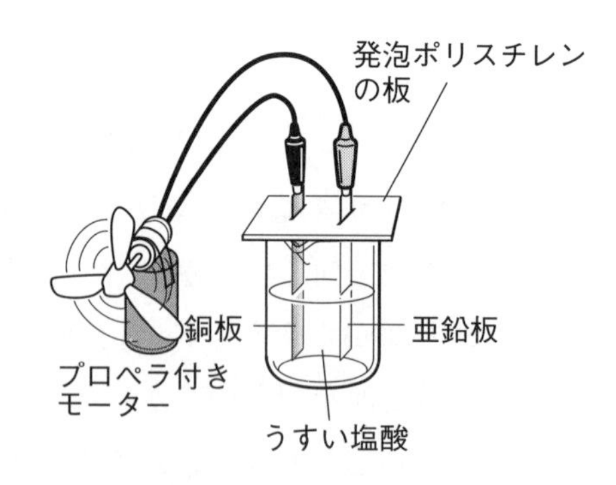

(1) 銅と亜鉛の組み合わせのほかに，プロペラが回る物質の組み合わせを，次のア～エから選び，記号で答えよ。　[　　]

ア　銅と銅　　　**イ**　亜鉛と亜鉛

ウ　銅とマグネシウム　　　**エ**　亜鉛とガラス

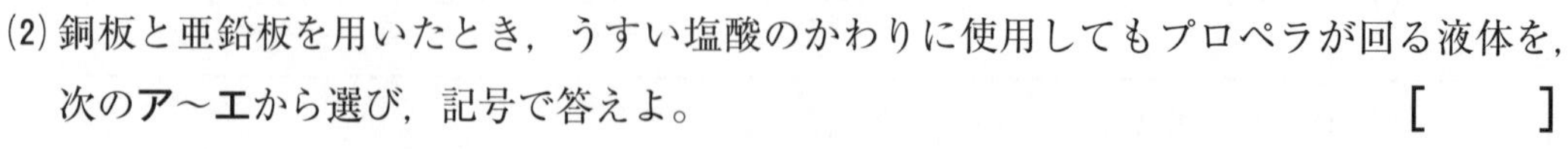

(2) 銅板と亜鉛板を用いたとき，うすい塩酸のかわりに使用してもプロペラが回る液体を，次の**ア**～**エ**から選び，記号で答えよ。　[　　]

ア　蒸留水　　**イ**　食塩水　　**ウ**　砂糖水　　**エ**　エタノールの水溶液

(3) 図のように，化学エネルギーを電気エネルギーに変えて取り出す装置を何というか。

[　　　　]

3 〈ダニエル電池〉

右の図のように，硫酸亜鉛水溶液に亜鉛板を，硫酸銅水溶液に銅板を入れ，電子オルゴールにつなぐと音が鳴った。このとき，亜鉛板は金属の厚さがしだいにうすくなった。次の問いに答えなさい。

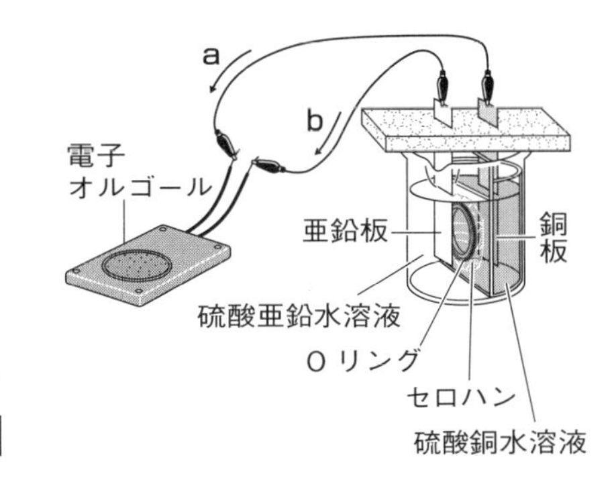

(1) 図中のa，bのうち，電子はどちらの向きに移動したか。 [　　]

(2) 亜鉛板の表面で起こっている亜鉛原子の変化を，次の**ア**～**エ**から選び，記号で答えよ。 [　　]

ア 電子１個を受け取って，亜鉛イオンになっている。

イ 電子２個を受け取って，亜鉛イオンになっている。

ウ 電子１個を失って，亜鉛イオンになっている。

エ 電子２個を失って，亜鉛イオンになっている。

(3) この実験の結果から，亜鉛と銅はどちらのほうがイオンになりやすいか。

[　　　]

4 〈燃料電池〉

燃料電池について，次の問いに答えなさい。

(1) 燃料電池の燃料となる気体は何か。次の**ア**～**ウ**から選び，記号で答えよ。 [　　]

ア 窒素　**イ** 水素　**ウ** 塩素

(2) (1)の燃料電池で電気エネルギーを取り出すとき，化学変化によって生じる物質は何か。名前と化学式を書け。 **名前** [　　　] **化学式** [　　　]

(3) (1)の燃料電池について正しい説明はどれか。次の**ア**～**エ**から選び，記号で答えよ。

[　　]

ア 環境への悪影響が少ないと考えられている。

イ 乾電池のような使い切りタイプである。

ウ 地球温暖化の原因として，使用が禁止されている。

エ 光エネルギーを電気エネルギーにかえて取り出している。

1 (1) 電子は－の電気をもっており，電子がはなれた数だけ，＋の電気を帯びる。

(3) 金属片がうすくなった金属のほうが，電解質の中で電子を手放してイオンになりやすい物質であり，電子を得て付着した金属のほうが，イオンになりにくい物質である。

標準問題 1

▶答え　別冊p.3

1 〈イオンになりやすい金属〉

右の図のように，マイクロプレートの中に3種類の水溶液を横1列に，水溶液の中に3種類の金属を縦1列に加えた。次の問いに答えなさい。

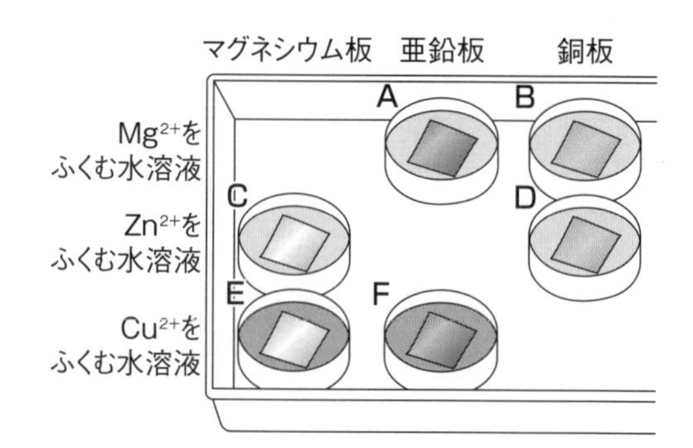

(1) 水溶液に入れた金属について，次の①～③に答えよ。

① 金属片がうすくなり，表面に灰色の物質が付着したものを，図中の**A**～**F**からすべて選び，記号で答えよ。　[　　　　]

② 金属片がうすくなり，表面に赤い物質が付着したものを，図中の**A**～**F**からすべて選び，記号で答えよ。　[　　　　]

③ 変化が起こらなかったものを，図中の**A**～**F**からすべて選び，記号で答えよ。　[　　　　]

(2) 亜鉛(あえん)が電子を放出してイオン(Zn^{2+})が生じるときの反応はどのようになるか。電子をe^-として，化学式を使って示せ。　[　　　　]

(3) 亜鉛，マグネシウム，銅のうち，最もイオンになりにくいものはどれか。　[　　　　]

2 〈ダニエル電池〉

右の図のように，硫酸(りゅうさん)亜鉛水溶液に亜鉛板を，硫酸銅水溶液に銅板を入れた。次の問いに答えなさい。

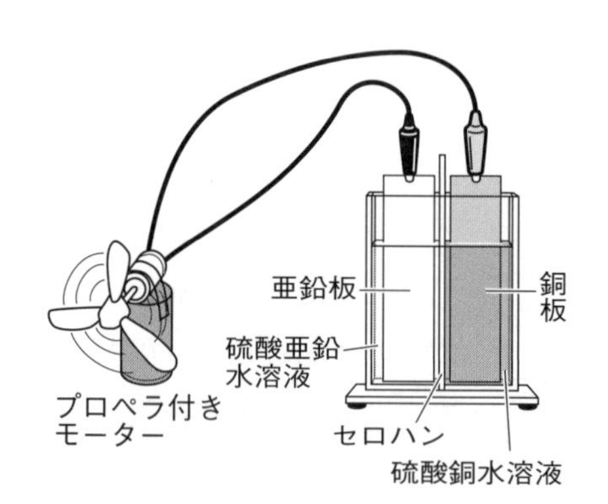

(1) 亜鉛板と銅板のうち，金属の表面が溶けて－極になるのはどちらか。　[　　　　]

(2) このとき銅板に起きた変化を，次の**ア**～**エ**から選び，記号で答えよ。　[　　　　]

ア　銅イオンが電子を放出して，銅原子になった。

イ　銅イオンが電子を受け取って，銅原子になった。

ウ　銅が電子を放出して，銅イオンになった。

エ　銅が電子を受け取って，銅イオンになった。

(3) セロハンの左右のそれぞれの水溶液では，セロハンを通してイオンが移動することにより，陽イオンと陰イオンによる電気的なかたよりができないようにしている。銅板の側から亜鉛板の側へ移動しているイオンは何であると考えられるか。化学式で答えよ。　[　　　　]

(4) セロハンの代わりに用いることができるものを，次の**ア**～**エ**から選び，記号で答えよ。

[　　]

ア　素焼きの板　　**イ**　ポリエチレンの板　　**ウ**　木の板　　**エ**　ガラスの板

(5) 銅板と亜鉛板につないであるクリップを逆につなぎかえると，モーターの回転の向きはどうなるか。

[　　　　]

3

〈木炭を使った電池〉

次の実験について，あとの問いに答えなさい。

〔実験〕 備長炭(びんちょうたん)(木炭)，こい食塩水をしみこませたキッチンペーパー，アルミニウムはくを用いて右の図のような装置をつくり，電子オルゴールとつなぐと，音が鳴った。

(1) 電子オルゴールが鳴っているとき，－極になっているのは備長炭とアルミニウムはくのどちらか。

[　　　　]

(2) 実験で，こい食塩水をしみこませたキッチンペーパーの代わりに，こい砂糖水をしみこませたキッチンペーパーにかえて装置をつくり，電子オルゴールにつなぐとどうなるか。次の**ア**～**エ**から選び，記号で答えよ。

[　　]

ア　こい食塩水のときよりも，電子オルゴールの音が大きくなる。

イ　こい食塩水のときよりも，電子オルゴールの音が小さくなる。

ウ　こい食塩水のときとくらべて，電子オルゴールの音の大きさはほとんど変わらない。

エ　電子オルゴールの音は聞こえない。

(3) この実験における，電池がもっているエネルギーの変化を表すものを，次の**ア**～**エ**から選び，記号で答えよ。

[　　]

ア　音エネルギー→化学エネルギー→電気エネルギー

イ　化学エネルギー→電気エネルギー→音エネルギー

ウ　電気エネルギー→音エネルギー→化学エネルギー

エ　電気エネルギー→化学エネルギー→音エネルギー

4

〈いろいろな電池〉

電池について，次の問いに答えなさい。

(1) 使うと電圧が低下し，元にもどらない電池を何というか。

[　　　　]

(2) 外部から逆向きの電流を流すと低下した電圧が回復し，くり返し使うことができる電池を，次の**ア**～**エ**から選び，記号で答えよ。

[　　]

ア　マンガン乾電池(かんでんち)　　**イ**　アルカリ乾電池　　**ウ**　リチウム電池　　**エ**　鉛蓄電池(なまりちくでんち)

(3) (2)のように，くり返し使うことができる電池の電圧を回復させる操作を何というか。

[　　　　]

標準問題 2

▶答え　別冊p.4

1 〈ダニエル電池とイオン〉 重要

右の図のように，豆電球につないだ亜鉛板を硫酸亜鉛水溶液の中に，銅板を硫酸銅水溶液の中に入れると，豆電球は明るく光った。次の問いに答えなさい。

a　b
硫酸銅水溶液
亜鉛板
銅板
硫酸亜鉛水溶液
Oリング
セロハン
豆電球

(1) 図の硫酸銅水溶液を砂糖水に変えると，豆電球はどうなるか。次の**ア**～**エ**から選び，記号で答えよ。　[　　]

ア　豆電球は，はじめよりも明るく光った。
イ　豆電球は，はじめと同じ明るさで光った。
ウ　豆電球は光るが，はじめとくらべると光は弱かった。
エ　豆電球は光らなかった。

(2) 図の装置で，亜鉛板のかわりに銅板を使うと，豆電球はどうなるか。(1)の**ア**～**エ**から選び，記号で答えよ。　[　　]

(3) この実験では，一方の金属板に色のついた物質が付着した。また，もう一方の金属板からは気体が発生した。これについて，次の①，②に答えよ。

① 付着した物質の名前を書け。　[　　]
② 物質が付着したのは，亜鉛板と銅板のどちらか。　[　　]

(4) 豆電球が光っているとき，亜鉛板，銅板では何が起こっているか。次の**ア**～**エ**からそれぞれ選び，記号で答えよ。　**亜鉛板** [　　]　**銅板** [　　]

ア　原子が電子を放出して，陽イオンになっている。
イ　原子が電子を受けとって，陰イオンになっている。
ウ　陰イオンが電子を放出して，原子になっている。
エ　陽イオンが電子を受けとって，原子になっている。

ミス注意 (5) 豆電球が光っているとき，亜鉛板と銅板ではそれぞれどのような化学変化が起こっているか。電子をe^-として，化学反応式を使って示せ。

亜鉛板 [　　　　　　　　]
銅板 [　　　　　　　　]

ミス注意 (6) 豆電球が光っているときの，電流の向きを示している矢印を，図中の**a**，**b**から選び，記号で答えよ。　[　　]

差がつく (7) 次の①，②の[　]に適当な語を入れ，文章を完成させよ。 ① [　　　] ② [　　　]

この実験のように，亜鉛板と銅板を使った化学電池では，使い続けると一方の金属板が溶けていくため，やがて[　①　]エネルギーを電気エネルギーとしてとり出せなくなる。一度このようになると二度と使えない電池を，[　②　]電池という。

2 〈身近なものを使った化学電池〉

次の実験について，あとの問いに答えなさい。

〔実験〕 備長炭(木炭)に食塩水で湿らせたろ紙を巻き，ろ紙の上にアルミニウムはくを巻いた。また，備長炭の端にはろ紙にふれないように針金を巻きつけた。これに，右の図のようにプロペラつきモーターをつなぐと，プロペラが時計回りに回転した。

(1) プロペラつきモーターにつないだ2つのクリップを入れかえると，プロペラの回転はどうなるか。簡単に説明せよ。

[　　　　　　　　　　　　　　　　　　　　　　　　　　　　　　]

(2) 実験を長時間続けると，アルミニウムはくはどうなるか。簡単に説明せよ。

[　　　　　　　　　　　　　　　　　　　　　　　　　　　　　　]

(3) アルミニウムはくは，＋極，－極のどちらになったか。 [　　　　]

3 〈燃料電池〉

次の実験について，あとの問いに答えなさい。

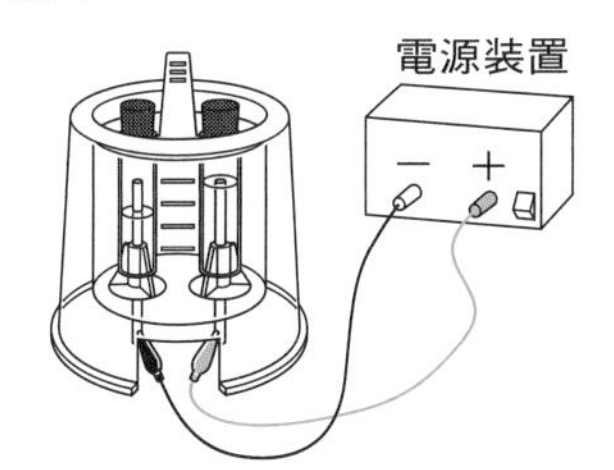

〔実験〕1　**図1**のような装置の電極を白金めっきした特別なものに交換し，水酸化ナトリウム水溶液を入れて電流を流すと，陰極と陽極から気体が発生した。しばらく気体をためてから電源をはずした。

2　1のあと，**図2**のように電子オルゴールをつなぐと，音が鳴った。しばらくそのままにしておくと，たまっていた気体は減った。

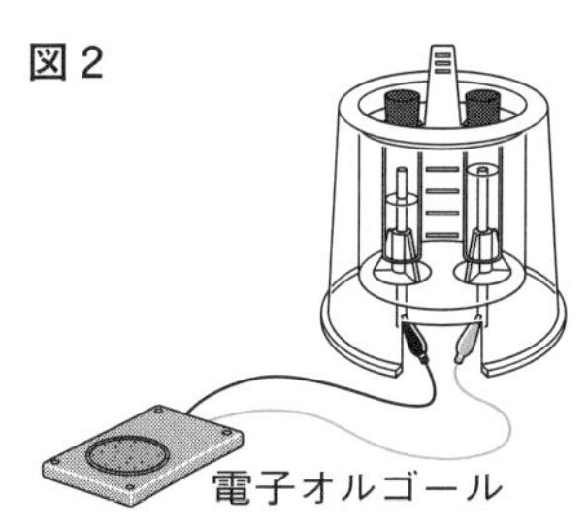

(1) 1の陰極で発生した気体の名前と化学式を書け。

名前 [　　　　] **化学式** [　　　　]

(2) 1の陽極で発生した気体の名前と化学式を書け。

名前 [　　　　] **化学式** [　　　　]

(3) 水から(1)と(2)の気体ができる化学変化を，化学反応式で書け。

[　　　　　　　　　　　　　　　　　　　　　　　　　　　　　　]

(4) 2では，何が起きているといえるか。次の**ア**～**エ**から選び，記号で答えよ。 [　　]

ア　水の分解が起きて，電気エネルギーが化学エネルギーになった。

イ　水の分解が起きて，化学エネルギーが電気エネルギーになった。

ウ　水の分解と逆の化学変化が起きて，化学エネルギーが電気エネルギーになった。

エ　水の分解と逆の化学変化が起きて，化学エネルギーが熱と光になった。

(5) 2のようなしくみを利用した電池を，何というか。 [　　　　]

③酸・アルカリとイオン

重要ポイント

①酸・アルカリとイオン

□ **酸性・中性・アルカリ性の水溶液**

	酸性の水溶液	中性の水溶液	アルカリ性の水溶液
リトマス紙	青色→赤色に変化	色の変化なし	赤色→青色に変化
BTB溶液	黄色	緑色	青色
フェノールフタレイン溶液	無色	無色	赤色

□ **酸**…水溶液になるときに電離(でんり)して水素イオンH^+を生じる。

□ **アルカリ**…水溶液になるときに電離して水酸化物イオンOH^-を生じる。

□ **指示薬**(しじやく)…色の変化により酸性・中性・アルカリ性を調べられる薬品。
└→BTB溶液やフェノールフタレイン溶液など。

□ **pH**(ピーエイチ)…水溶液の酸性，アルカリ性の強さを示す数値。**pH7が中性**であり，7より小さいと酸性，7より大きいとアルカリ性である。
└→酸性が強いほどpHが小さい。 └→アルカリ性が強いほどpHが大きい。

②中和(ちゅうわ)と塩(えん)

□ **中和**…水素イオンと水酸化物イオンが結びついて**水ができ**，酸とアルカリがたがいの性質を打ち消し合う反応。
└→中和は発熱反応である。

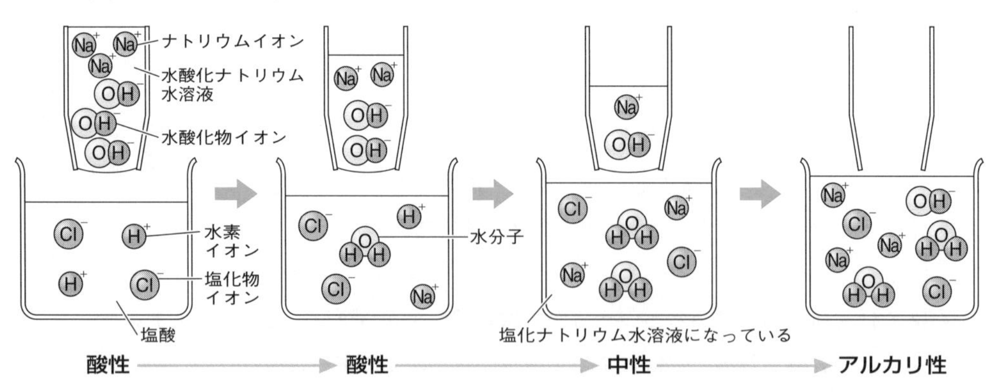

□ **塩**…中和が起こった結果できる，酸の陰(いん)イオンとアルカリの陽(よう)イオンからなる物質。

酸＋アルカリ → 塩＋水
水に溶けにくい塩もある。
（硫酸バリウム，炭酸カルシウムなど）

例 $HCl + NaOH \longrightarrow NaCl + H_2O$
（塩化水素）（水酸化ナトリウム）（塩化ナトリウム）（水）

$H_2SO_4 + Ba(OH)_2 \longrightarrow BaSO_4 + 2H_2O$
（硫酸）（水酸化バリウム）（硫酸バリウム）（水）

$H_2CO_3 + Ca(OH)_2 \longrightarrow CaCO_3 + 2H_2O$
（炭酸）（水酸化カルシウム）（炭酸カルシウム）（水）

◉BTB溶液は，酸性では黄色，中性では緑色，アルカリ性では青色である。
◉中和の反応では，塩と水ができることを理解しておく。塩が水に溶けやすい塩化ナトリウムなどであれば，水溶液中でイオンのままであり，水を蒸発させることでとり出せる。

ポイント 一問一答

①酸・アルカリとイオン

□(1) 酸性の水溶液について説明した次の文の①〜④にあてはまる言葉は何か。

酸性の水溶液には（　①　）色のリトマス紙を（　②　）色に変える，緑色のBTB溶液を（　③　）色に変える，マグネシウムリボンを入れると（　④　）が発生する，などの性質がある。

□(2) アルカリ性の水溶液について説明した次の文の①〜④にあてはまる言葉は何か。

アルカリ性の水溶液には，（　①　）色のリトマス紙を（　②　）色に変える，緑色のBTB溶液を（　③　）色に変える，フェノールフタレイン溶液を（　④　）色に変える，などの性質がある。

□(3) 水溶液になるときに電離して水素イオンを生じる物質を何というか。
□(4) (3)の物質が電離したときに生じるイオンを何というか。
□(5) 水溶液になるときに電離して水酸化物イオンを生じる物質を何というか。
□(6) (5)の物質が電離したときに生じるイオンを何というか。
□(7) 酸性，アルカリ性の強さを示す数値を何というか。
□(8) 中性の水溶液のpHの値はいくらか。

②中和と塩

□(1) 酸の水素イオンとアルカリの水酸化物イオンが結びついて水ができ，たがいの性質を打ち消し合う反応を何というか。
□(2) 中和が起こった結果できる，酸の陰イオンとアルカリの陽イオンからなる物質を何というか。
□(3) 塩酸に水酸化ナトリウム水溶液を加えたときにできる(2)を何というか。
□(4) 硫酸に水酸化バリウム水溶液を加えたときにできる(2)を何というか。

① (1) ① 青　② 赤　③ 黄　④ 水素　(2) ① 赤　② 青　③ 青　④ 赤　(3) 酸　(4) 水素イオン
(5) アルカリ　(6) 水酸化物イオン　(7) pH　(8) 7
② (1) 中和　(2) 塩　(3) 塩化ナトリウム　(4) 硫酸バリウム

基礎問題

▶答え　別冊p.4

1

〈酸性・アルカリ性・中性〉

塩酸，砂糖水，水酸化ナトリウム水溶液について行った次の実験について，あとの問いに答えなさい。

〔**実験**〕1　3種類の水溶液に，緑色のBTB溶液を数滴加えた。

2　3種類の水溶液にフェノールフタレイン溶液を数滴加えた。

ミス注意 (1) 1での3種類の水溶液の色を，次の**ア**～**オ**からそれぞれ選び，記号で答えよ。

塩酸 [　　] **砂糖水** [　　] **水酸化ナトリウム水溶液** [　　]

ア　無色　　**イ**　青色　　**ウ**　緑色　　**エ**　黄色　　**オ**　赤色

(2) 2での3種類の水溶液の色を，(1)の**ア**～**オ**からそれぞれ選び，記号で答えよ。

塩酸 [　　] **砂糖水** [　　] **水酸化ナトリウム水溶液** [　　]

(3) 塩酸は，酸性・中性・アルカリ性のどれか。 [　　]

(4) 水酸化ナトリウム水溶液は，酸性・中性・アルカリ性のどれか。 [　　]

2

〈酸・アルカリとイオン〉 重要

次の実験について，あとの問いに答えなさい。

〔**実験**〕1　右の図の装置の中央に，うすい塩酸をつけ，クリップを電源装置につないで20Vの電圧を加えると，青色リトマス紙の中央から陰極側へと赤色の部分が広がった。

2　1の青色リトマス紙のかわりに赤色リトマス紙，塩酸のかわりに水酸化ナトリウム水溶液を使うと，リトマス紙の中央から陽極側へと青色の部分が広がった。

(1) 1で青色リトマス紙を赤色に変えたものを，次の**ア**～**エ**から選び，記号で答えよ。

ア　Cl^-　　**イ**　H^+　　**ウ**　K^+　　**エ**　NO_3^-　　[　　]

(2) 水溶液になったときに，電離して(1)のイオンを生じる物質を何というか。[　　]

(3) 2で赤色リトマス紙を青色に変えたものを，次の**ア**～**エ**から選び，記号で答えよ。

ア　OH^-　　**イ**　Na^+　　**ウ**　K^+　　**エ**　NO_3^-　　[　　]

(4) 水溶液になったときに，電離して(3)のイオンを生じる物質を何というか。[　　]

ミス注意 (5) 塩酸と水酸化ナトリウム水溶液のpHを，次の**ア**～**ウ**からそれぞれ選び，記号で答えよ。

塩酸 [　　] **水酸化ナトリウム水溶液** [　　]

ア　7より大きい。　　**イ**　7である。　　**ウ**　7より小さい。

3 〈中和〉 重要

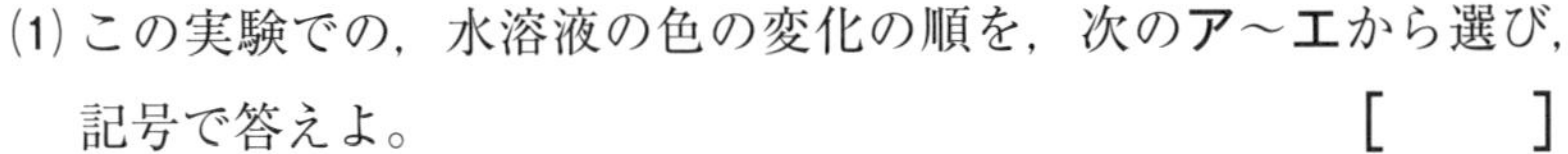

右の図のように，BTB溶液を加えたうすい塩酸をビーカーに入れ，これに水酸化ナトリウム水溶液を少しずつ加えていくと，水溶液の色が変化していった。次の問いに答えなさい。

水酸化ナトリウム水溶液
BTB 溶液を加えた塩酸
ろ紙

(1) この実験での，水溶液の色の変化の順を，次の**ア**～**エ**から選び，記号で答えよ。 [　　]

ア　青色→緑色→黄色

イ　黄色→緑色→青色

ウ　黄色→青色→緑色

エ　緑色→黄色→青色

(2) この実験での，水溶液の性質の変化の順を，次の**ア**～**エ**から選び，記号で答えよ。 [　　]

ア　アルカリ性→中性→酸性

イ　アルカリ性→酸性→中性

ウ　酸性→中性→アルカリ性

エ　酸性→アルカリ性→中性

(3) 塩酸に水酸化ナトリウム水溶液を入れたときに起こる化学変化を何というか。 [　　]

(4) 塩酸と水酸化ナトリウム水溶液が(3)の化学変化をしたときに生じる塩の名前と化学式を書け。 **名前** [　　] **化学式** [　　]

4 〈いろいろな中和〉

中和について，次の問いに答えなさい。

(1) 硫酸と水酸化バリウム水溶液の中和を化学反応式で示せ。

[　　]

(2) 炭酸水と水酸化カルシウム水溶液の中和を化学反応式で示せ。

[　　]

(3) (1)，(2)でできた塩は，水に溶けやすいか，溶けにくいか。 [　　]

ヒント

1 (1) BTB溶液は，水溶液が酸性のときに黄色，中性のときに緑色，アルカリ性のときに青色を示す。
(2) フェノールフタレイン溶液は，水溶液が酸性，中性のときには無色を示す。

2 (1)(3) 電圧を加えると，陽イオンは陰極側に移動し，陰イオンは陽極側に移動する。

3 (1)(2) 水酸化ナトリウム水溶液を加えていくと，H^+がOH^-と反応して減っていってなくなり，その後OH^-がふえていく。

4 硫酸と水酸化バリウム水溶液の中和では硫酸バリウム，炭酸水と水酸化カルシウム水溶液の中和では炭酸カルシウムができる。

標準問題 1

▶答え　別冊p.5

1

〈水溶液の性質〉

下の表は，水溶液A～Dについて行った実験の結果をまとめた表である。あとの問いに答えなさい。ただし，水溶液A～Dは，水酸化ナトリウム水溶液，塩酸，食塩水，アンモニア水のいずれかである。

	A	B	C	D
緑色のBTB溶液を数滴(てき)加えたときの水溶液の色	青色	緑色	黄色	青色
水溶液を赤色リトマス紙につけたときのリトマス紙の色の変化	①	②	③	④
水溶液を青色リトマス紙につけたときのリトマス紙の色の変化	⑤	⑥	⑦	⑧

ミス注意 (1) 表中の①～⑧にあてはまるものは，○か，×か。それぞれ答えよ。ただし，○は色が変化したことを示し，×は色が変化しなかったことを示す。

①［　　］②［　　］③［　　］④［　　］

⑤［　　］⑥［　　］⑦［　　］⑧［　　］

(2) pH(ピーエイチ)が7の水溶液を，A～Dからすべて選び，記号で答えよ。［　　］

(3) 水酸化ナトリウム水溶液，塩酸，食塩水，アンモニア水は，酸性，中性，アルカリ性のどれか。それぞれ答えよ。　水酸化ナトリウム水溶液［　　］塩酸［　　］

食塩水［　　］アンモニア水［　　］

(4) 水溶液A～Dを少量とって水分を蒸発させると，水溶液AとCでは何も残らず，水溶液BとDでは固体が残った。このことからわかることを，次のア～エから選び，記号で答えよ。

［　　］

ア　水溶液AとCは水酸化ナトリウム水溶液，食塩水のいずれかであり，水溶液BとDは塩酸，アンモニア水のいずれかである。

イ　水溶液AとCは水酸化ナトリウム水溶液，塩酸のいずれかであり，水溶液BとDは食塩水，アンモニア水のいずれかである。

ウ　水溶液AとCは塩酸，食塩水のいずれかであり，水溶液BとDは水酸化ナトリウム水溶液，アンモニア水のいずれかである。

エ　水溶液AとCは塩酸，アンモニア水のいずれかであり，水溶液BとDは水酸化ナトリウム水溶液，食塩水のいずれかである。

(5) 表の実験結果と(4)から，水溶液A～Dは，それぞれ何であることがわかるか。

A［　　］B［　　］C［　　］D［　　］

2 〈酸・アルカリのもとを調べる実験〉 重要

次の実験について，あとの問いに答えなさい。

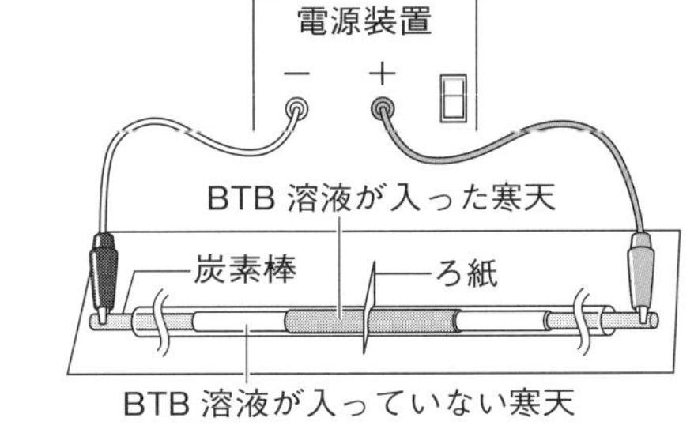

〔実験〕1　右の図のように，硫酸ナトリウムを溶かした寒天溶液にBTB溶液を入れたものを透明なストローに入れて固め，その中央に，カッターナイフで切りこみを入れて，塩酸にひたしたろ紙をはさんだ。

2　炭素棒をストローの両側から入れて電源装置につなぎ，寒天に15Vの電圧を加えた。

(1) 1の操作をすると，ストローの中心部は何色に変化するか。　[　　　]

(2) 2の結果，1の色の部分は，陰極，陽極のどちら側に広がっていくか。　[　　　]

(3) (2)のようになる理由を簡単に説明せよ。

[　　　　　　　　　　]

(4) 塩酸のかわりに水酸化ナトリウム水溶液を使ってこの実験を行うと，色の変化した部分は，陰極，陽極のどちら側に広がっていくか。　[　　　]

(5) (4)のようになるのは，アルカリ性の水溶液に何があるからか。　[　　　]

3 〈中和のモデル〉

下の図は，塩酸に水酸化ナトリウム水溶液を少量ずつ加えていったときの，水溶液中のイオンのようすを模式的に示したものである。あとの問いに答えなさい。

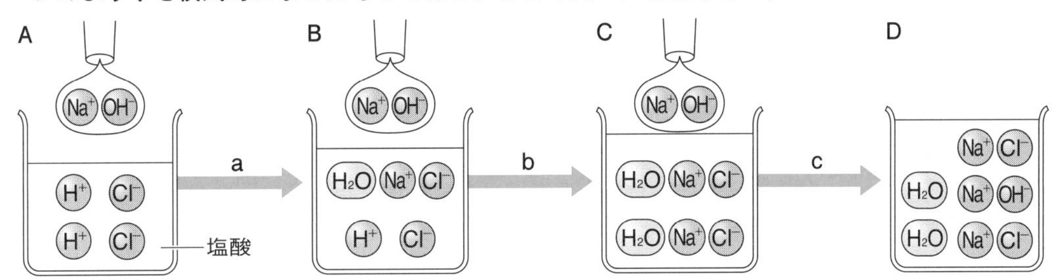

(1) 図のB，Dのビーカー中の水溶液は，アルカリ性，中性，酸性のどれか。それぞれ答えよ。

B [　　　]　D [　　　]

(2) 塩酸と水酸化ナトリウムの中和によってできる塩の化学式を答えよ。　[　　　]

差がつく (3) 発熱はいつ起きているか。図中のa～cからすべて選び，記号で答えよ。　[　　　]

(4) 図のAにマグネシウムリボンを入れておき，水酸化ナトリウム水溶液を加えてB～Dのように変化させていくときのようすを，次のア～エから選び，記号で答えよ。　[　　　]

ア　A，B，Cでは気体は発生せず，Dのときだけ気体が発生する。

イ　A，B，Dでは気体は発生せず，Cのときだけ気体が発生する。

ウ　A，Bでは同じように気体が発生し，C，Dでは気体が発生しない。

エ　Aでは気体が発生し，Cになるまで気体の発生は弱まっていき，C以降は気体が発生しない。

(5) (4)で発生する気体の化学式を書け。　[　　　]

標準問題 2

▶答え　別冊p.5

1 〈水酸化ナトリウムと塩酸の中和(ちゅうわ)〉 重要

次の実験について，あとの問いに答えなさい。

図 1

フェノールフタレイン溶液

うすい水酸化ナトリウム水溶液

〔実験〕1　図 1 のようにうすい水酸化ナトリウム水溶液の入ったビーカーに，フェノールフタレイン溶液を 3 滴(てき)加えた。

2　図 2 のこまごめピペットを使って，塩酸を少しずつビーカーに加えていき，無色になったところで塩酸を加えるのをやめた。

(1) 1でフェノールフタレイン溶液を加えたときに，水溶液は何色になったか。　[　　　　]

図 2

(2) こまごめピペットについて，次の①，②に答えよ。

① こまごめピペットの正しい持ち方を，次の**ア**～**エ**から選び，記号で答えよ。　[　　]

ア

イ

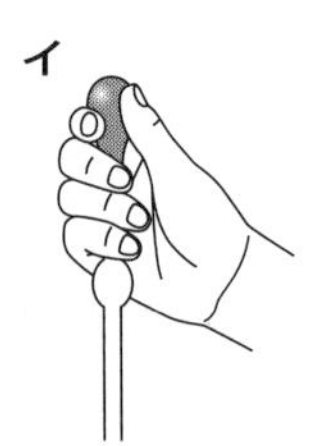

ウ

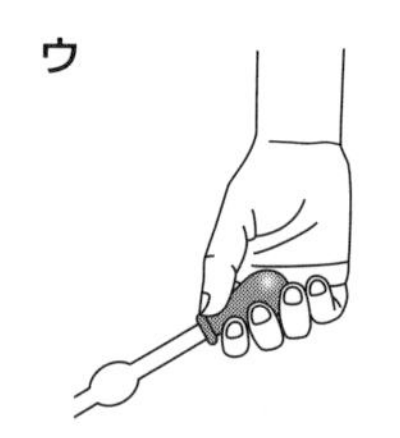

エ

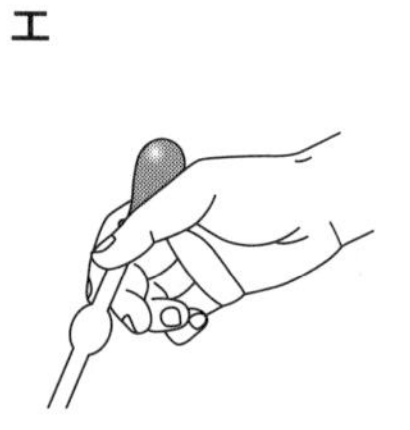

② こまごめピペットの使い方でまちがっているものを，次の**ア**～**エ**からすべて選び，記号で答えよ。　[　　　]

ア　こまごめピペットの先は割れやすいので，容器などにぶつけないように気をつける。

イ　こまごめピペットに液体が入っているときには，先を上に向ける。

ウ　液体をとるときには，ゴム球のところまで液体を入れるようにする。

エ　液体をとるときには，ゴム球を指でおしたまま，こまごめピペットの先を液体に入れる。

(3) 水酸化ナトリウムが電離(でんり)するようすを，化学式を使って書け。

[　　　　　　　　　　　　　　　　　　　　]

(4) 塩酸にふくまれている溶質のイオンを，化学式ですべて書け。　[　　　]

ミス注意 (5) 2で無色になったとき，水溶液中にほとんどないイオンは何か。次の**ア**～**エ**からすべて選び，記号で答えよ。　[　　　]

ア　水酸化物イオン　　**イ**　ナトリウムイオン　　**ウ**　塩化物イオン　　**エ**　水素イオン

(6) 2で無色になった水溶液をスライドガラスに少量とり，水分を蒸発させてから顕微鏡(けんびきょう)で観察すると，右の図のような結晶が見えた。この物質の名前を書け。　[　　　　]

(7) 水酸化ナトリウム水溶液に塩酸を加えたときに起こる化学変化を，化学反応式で示せ。

[　　　　　　　　　　　　　　　　　　　　]

2 〈硫酸と水酸化バリウムの中和〉

次の実験について，あとの問いに答えなさい。

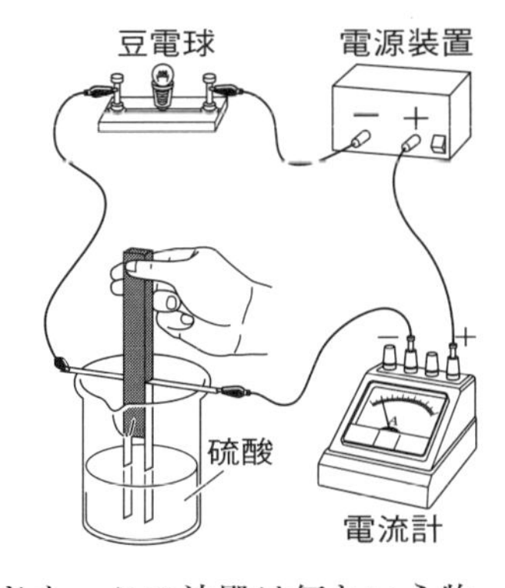

〔実験〕1　右の図のように，硫酸が入ったビーカーに，ステンレス電極を入れて電圧を加えると，電流が流れた。

2　1のビーカーをかき回しながら，水酸化バリウム水溶液を，電流が流れなくなるまで少しずつ加えていった。

(1) 硫酸が電離するようすを，化学式を使って書け。

[　　　　　　　　　　　　　　　　]

(2) 2では，水酸化バリウム水溶液を加えるたびに白色の沈殿が生じた。この沈殿は何という物質か。物質の名前と化学式を書け。　　名前 [　　　　　]　化学式 [　　　　　]

ミス注意 (3) 2で電流が流れなくなったとき，水溶液はどうなっているか。次の**ア**～**エ**から選び，記号で答えよ。　[　　]

ア　酸性になっていて，イオンは多量にある。

イ　中性になっていて，イオンは多量にある。

ウ　中性になっていて，イオンはほとんどない。

エ　アルカリ性になっていて，イオンはほとんどない。

差がつく (4) この実験と同じような結果が出る物質の組み合わせを，次の**ア**～**エ**から選び，記号で答えよ。

[　　]

ア　硝酸と水酸化カリウム水溶液　　**イ**　塩酸とアンモニア水

ウ　炭酸水と水酸化カルシウム水溶液　　**エ**　酢酸と食塩水

3 〈中和における量的関係〉 差がつく

次の実験について，あとの問いに答えなさい。

〔実験〕右の表のような量で，うすい水酸化カリウム水溶液**X**とうすい塩酸**Y**を混ぜ合わせて，水溶液**A**～**E**をつくった。pHメーターで調べると，水溶液**C**のpHは7であった。

	A	B	C	D	E
水酸化カリウム水溶液X〔mL〕	15	15	15	15	15
塩酸Y〔mL〕	5	10	15	20	25

(1) 水溶液**A**，**B**，**E**のpHを，それぞれa，b，eとすると，その数値の関係はどうなるか。次の**ア**～**キ**から選び，記号で答えよ。　[　　]

ア　$a<b<e$　　**イ**　$a=b<e$　　**ウ**　$a=e<b$　　**エ**　$a=b=e$

オ　$a=e>b$　　**カ**　$a=b>e$　　**キ**　$a>b>e$

(2) ある体積の水酸化カリウム水溶液**X**と30mLの塩酸**Y**を混ぜ合わせると，水溶液は中性になった。このとき，水溶液**X**の体積は何mLか。　[　　　]

(3) 次の**ア**～**オ**から，混ぜ合わせたときに中性になる水溶液の組み合わせをすべて選び，記号で答えよ。　[　　　]

ア　水溶液**A**と**B**　　**イ**　水溶液**A**と**D**　　**ウ**　水溶液**A**と**E**

エ　水溶液**B**と**D**　　**オ**　水溶液**B**と**E**

実力アップ問題

◎制限時間40分
◎合格点80点
▶答え　別冊p.6

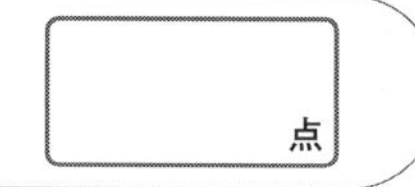

1

精製水に，硫酸銅（りゅうさんどう），砂糖，エタノール，果物の汁，塩化水素を別べつに加えて溶かし，右の図のように，ステンレスの電極を使って電流が流れるかどうかを調べた。次の問いに答えなさい。　〈(1)～(4)・(7)2点×6，(5)・(6)5点×2〉

(1) 固体の硫酸銅には電流が流れるか，流れないか。

(2) 電流が流れなかった溶質の名前をすべて書け。

(3) (2)のように，水溶液に電流が流れない物質を何というか。

(4) 水溶液に電流が流れる物質を何というか。

(5) この実験で正しい実験結果を得るためには，調べる水溶液を変えるときに，電極を精製水で洗う必要がある。その理由を簡単に説明せよ。

(6) 塩化水素が電離（でんり）するようすを，化学反応式で書け。

(7) 塩化水素の水溶液を電気分解すると，陰極，陽極では何が発生するか。物質の名前をそれぞれ書け。

(1)		(2)		
(3)		(4)		
(5)				
(6)				
(7)	陰極	陽極		

2

次の実験について，あとの問いに答えなさい。　〈(1)5点×2，(2)～(5)2点×5〉

〔実験〕1　右の図の装置で，金属板Aを亜鉛（あえん），金属板Bを銅にして回路をつなぐと，電子オルゴールは，曲とわかるが遅く弱い鳴り方をした。

2　1の金属板Aをマグネシウムに変えて回路をつなぐと，電子オルゴールからはっきりと曲が聞こえた。

3　2の金属板Bを亜鉛に変えて回路をつなぐと，電子オルゴールから音はしたが，曲にならない鳴り方だった。

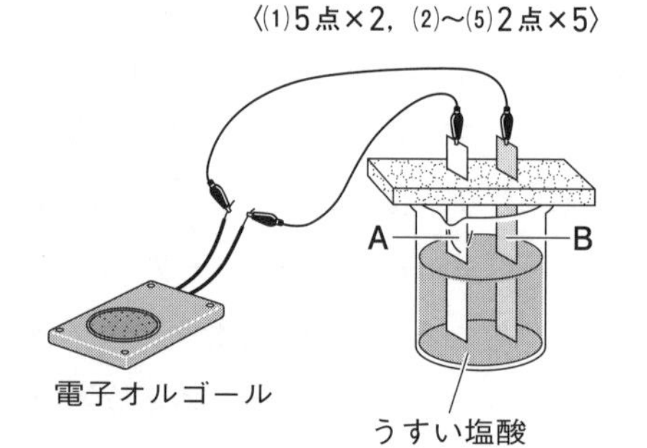

(1) 1のときに，金属板A，Bではそれぞれどのような化学変化が起きたか。電子（でんし）をe^-として，化学反応式で示せ。

(2) この実験で，うすい塩酸のかわりに精製水を使うと，電子オルゴールの鳴り方はどうなるか。次の**ア**～**エ**から選び，記号で答えよ。

ア　はっきりと曲が聞こえるような鳴り方になる。

イ　曲とわかるが遅く弱い鳴り方になる。

ウ　音はするが，曲にならない鳴り方になる。

エ　まったく音がしない。

(3) 3の金属板**A**を銅に変えて回路をつなぐと，電子オルゴールの鳴り方はどうなるか。(2)の**ア**～**エ**から選び，記号で答えよ。

(4) 最も電圧が高い電池になるのは，＋極と－極に，亜鉛(あえん)・銅・マグネシウムのどの金属を使った場合か。

(5) 次の**ア**～**ウ**から，まちがっているものを選び，記号で答えよ。

ア　炭酸水で湿(しめ)らせたろ紙の両面に鉄板をつけると，片面の鉄板が＋極の電池になる。

イ　レモンの輪切りの片面に銅板，反対面に亜鉛板をつけると，銅板が＋極の電池になる。

ウ　木炭のまわりに濃い食塩水をしみこませたキッチンペーパーを巻きつけ，キッチンペーパーの上にアルミニウムはくを巻きつけると，木炭が＋極の電池になる。

(1)	A							
	B							
(2)		(3)		(4)	＋極	－極	(5)	

3 右の図のような装置にモーターをつなぐと，モーターが回転した。次の文章中の①～⑤の［　］に適当な語を入れ，文章を完成させなさい。〈2点×5〉

図の装置では，［　①　］の電気分解とは逆の化学変化が起きていて，水素と酸素のもつ［　②　］エネルギーを［　③　］エネルギーに変換してとり出している。この電池を［　④　］電池という。④電池は，電極の化学変化が進むと使えなくなる一次電池や，くり返し使うには［　⑤　］が必要な二次電池とはちがい，燃料の水素を供給することで継続して使えるという利点がある。

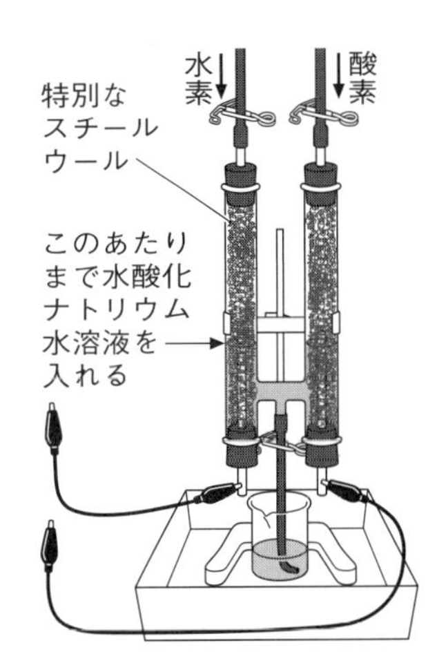

①		②		③		④		⑤	

4 次の実験について，あとの問いに答えなさい。 〈2点×11〉

〔実験〕 A～Eの5種類の水溶液を，右の図のように，それぞれ少量ずつ試験管にとったものを，3本ずつ用意し，次の1～3のときのそれぞれの変化を調べ，右の表に結果をまとめた。ただし，5種類の水溶液は，塩化ナトリウム水溶液，水酸化ナトリウム水溶液，水酸化バリウム水溶液，硫酸，塩酸のいずれかである。

1 5種類の水溶液に，緑色のBTB溶液を数滴加えた。

2 5種類の水溶液に，フェノールフタレイン溶液を数滴加えた。

3 5種類の水溶液に，マグネシウムリボンを入れた。

	A	B	C	D	E
BTB溶液	X	Y	Z	X	Y
フェノールフタレイン溶液	赤色	無色	無色	赤色	無色
マグネシウムリボン	×	○	×	×	○

○：気体の発生あり，×：気体の発生なし

(1) 表中のX～Zにあてはまる色を，次のア～オからそれぞれ選び，記号で答えよ。

ア 青色　　イ 黄色　　ウ 赤色　　エ 緑色　　オ 無色

(2) 次の①～③にあてはまるものを，A～Eからそれぞれすべて選び，記号で答えよ。

① pHが7より大きい。　② pHが7である。　③ pHが7より小さい。

(3) Aの入ったビーカーにBの水溶液を少量加えると，白色の沈殿が生じた。このことと実験結果から，A～Eの水溶液はそれぞれ何であることがわかるか。

(1)	X	Y	Z
(2)	①	②	③
(3)	A	B	C
	D	E	

5 次の実験について，あとの問いに答えなさい。 〈(1)・(2)・(4)2点×3，(3)7点〉

〔実験〕 右の図のように，スライドガラスの上に，水道水で湿らせたろ紙と赤色リトマス紙をのせてから，竹ひごを使って水酸化カリウム水溶液をリトマス紙の中央につけ，両側から電圧を加えた。

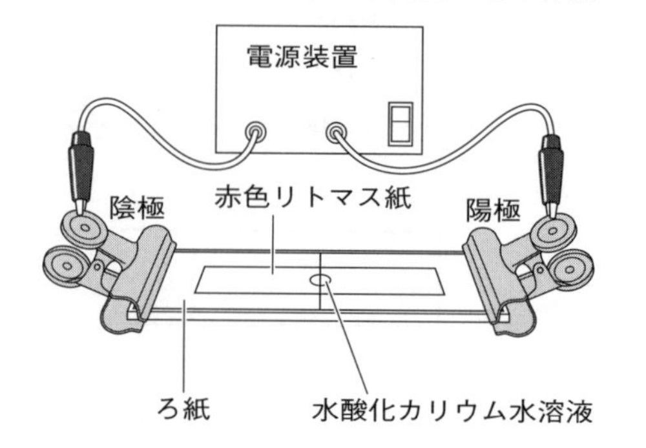

(1) 水酸化カリウムが電離して生じるイオンを，化学式ですべて示せ。

(2) 電圧を加えてしばらくすると，水酸化カリウム水溶液をつけて変色した部分はどうなったか。次の**ア**～**エ**から選び，記号で答えよ。

ア　陰極の側に広がった。　　**イ**　陽極の側に広がった。

ウ　陰極と陽極の両側に広がった。　　**エ**　変化しなかった。

(3) (2)のようになった理由を，簡単に説明せよ。

(4) 赤色リトマス紙のかわりに青色リトマス紙，水酸化カリウム水溶液のかわりに硫酸を使ってこの実験を行うと，結果はどうなるか。(2)の**ア**～**エ**から選び，記号で答えよ。

(1)		(2)		
(3)				
(4)				

6　**次の実験について，あとの問いに答えなさい。**《(1)・(3)・(4)2点×3，(2)7点》

〔**実験**〕1　**図1**のように，塩酸の入ったビーカーに緑色のBTB溶液を数滴加えた。

2　**図2**のように，水酸化ナトリウム水溶液を2mL加えてから，ビーカーをゆり動かして，水溶液全体が酸性であるかを確認した。

3　2の操作を，水溶液がアルカリ性になるまでくり返した。

4　3のビーカーに，塩酸を1滴ずつ，水溶液全体が緑色になるまで注意深く加えた。

5　4の水溶液をスライドガラスに少量とって，乾燥させてから，残ったものをルーペで観察した。

図1

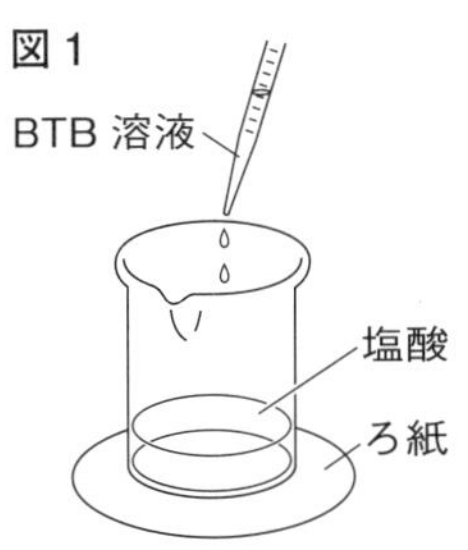

図2

(1) 5で観察できたものを，次の**ア**～**ウ**から選び，記号で答えよ。

ア　塩化水素　　**イ**　水酸化ナトリウム　　**ウ**　塩化ナトリウム

(2) 酸とアルカリの中和のときに必ず起こっている反応は，何と何が結びつく反応か。

(3) (2)の反応の結果できるものは何か。化学式で答えよ。

(4) 3のアルカリ性の水溶液を乾燥させると，何が残るか。(1)の**ア**～**ウ**からすべて選び，記号で答えよ。

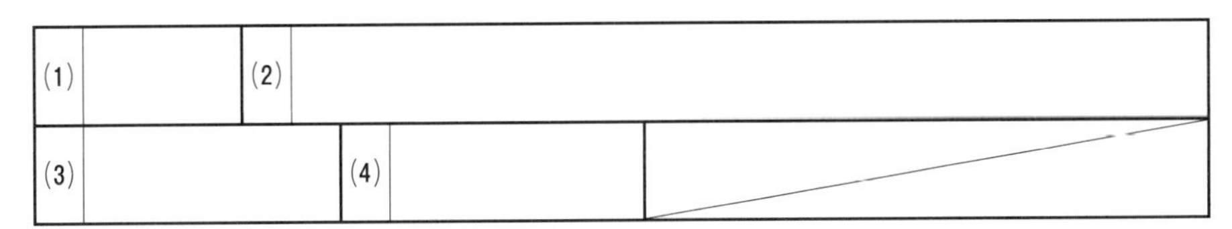

(1)		(2)		
(3)		(4)		

2章 生命の連続性

1 生物の成長とふえ方

重要ポイント

① 細胞分裂と生物の成長

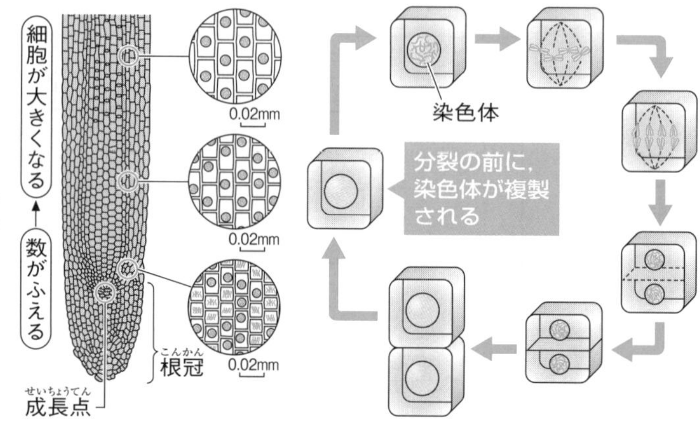

- □ **細胞分裂**…1個の細胞が2個に分かれること。
- □ **生物の成長**…細胞分裂で数がふえた細胞が大きくなり，生物は成長する。
  - └→成長点で細胞分裂してふえる。
- □ **染色体**…細胞分裂のときに核の中に現れる，ひものようなもの。染色液でよく染まる。
  - └→生物ごとに数が決まっている。
  - └→酢酸オルセイン溶液(赤)など。
- □ **体細胞分裂**…分裂後の細胞の**染色体の数が，もとの細胞と同じ**になる細胞分裂。

② 生物のふえ方

- □ **生殖**…生物が自分と同じ種類の新しい個体をつくり，ふえること。
- □ **無性生殖**…体細胞分裂による生殖。ミカヅキモやアメーバの分裂，ジャガイモ，サツマイモ，スイセンの球根など，親のからだの一部が分かれてそのまま子になる。
  - └→栄養生殖は，植物がからだの一部から新しい個体をつくる，無性生殖の一種。
- □ **有性生殖**…雌と雄がかかわって子孫をつくる生殖。
- □ **生殖細胞**…子孫を残すための細胞。動物では卵(雌)と精子(雄)，被子植物では卵細胞(雌)と精細胞(雄)。
  - ┌→体細胞は，生殖細胞以外のからだをつくる細胞。
- □ **減数分裂**…分裂後の細胞の**染色体の数が半分**になる細胞分裂。生殖細胞は減数分裂によってできる。
- □ **受精**…雌と雄の生殖細胞の核が合体すること。
- □ **受精卵**…受精によってできた細胞。
- □ **発生**…1個の受精卵から，**からだのつくりとはたらきが完成していく過程**。
- □ **胚**…受精卵の分裂開始から，発生がある程度まで進んだもの。
  - └→動物では，自分で食物をとり始める前まで。

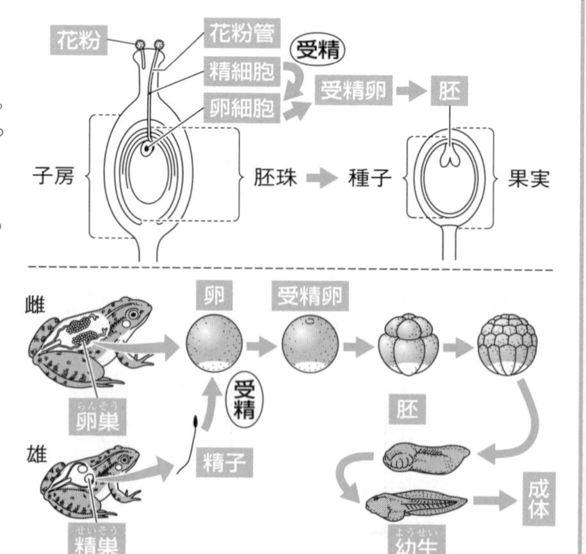

◉体細胞分裂は生物の成長や無性生殖と関係があり，減数分裂は有性生殖と関係があることを理解しておく。それぞれの細胞分裂で染色体の数がどのように変化するかも要注意。
◉生殖細胞は動物では卵（雌）と精子（雄），被子植物では卵細胞（雌）と精細胞（雄）である。

ポイント 一問一答

① 細胞分裂と生物の成長

□ (1) 1個の細胞が2個に分かれることを何というか。
□ (2) 細胞分裂のときに核の中に現れる，ひものようなものを何というか。
□ (3) 核や(2)を染めて，観察しやすくするために使用する染色液は何か。
□ (4) 分裂後の細胞の染色体の数が，もとの細胞と同じになる細胞分裂を何というか。
□ (5) (4)の分裂の前に，染色体の数は何倍になるか。

② 生物のふえ方

□ (1) 生物が自分と同じ種類の新しい個体をつくり，ふえることを何というか。
□ (2) 体細胞分裂による生殖を何というか。
□ (3) (2)の一種で，植物がからだの一部から新しい個体をつくるような生殖の方法を何というか。
□ (4) 雌と雄がかかわって子孫をつくるような生殖の方法を何というか。
□ (5) 子孫を残すための細胞を何というか。
□ (6) 動物の雌の生殖細胞を何というか。
□ (7) 動物の雄の生殖細胞を何というか。
□ (8) 被子植物の雌の生殖細胞を何というか。
□ (9) 被子植物の雄の生殖細胞を何というか。
□ (10) 分裂後の細胞の染色体の数が分裂前の半分になる細胞分裂を何というか。
□ (11) 雌と雄の生殖細胞の核が合体することを何というか。
□ (12) 雌と雄の生殖細胞の核が合体してできた細胞を何というか。
□ (13) 1個の受精卵から，からだのつくりとはたらきが完成していく過程を何というか。
□ (14) 受精卵の分裂開始から，発生がある程度まで進んだものを何というか。

答

① (1) 細胞分裂 (2) 染色体 (3) 酢酸オルセイン溶液（酢酸カーミン溶液） (4) 体細胞分裂 (5) 2倍

② (1) 生殖 (2) 無性生殖 (3) 栄養生殖 (4) 有性生殖 (5) 生殖細胞 (6) 卵 (7) 精子 (8) 卵細胞 (9) 精細胞 (10) 減数分裂 (11) 受精 (12) 受精卵 (13) 発生 (14) 胚

基礎問題

▶答え　別冊p.7

1 〈生物の成長のしくみ〉

右の図は，約1cmにのびたソラマメの根と，そのA～Cの部分を顕微鏡(けんびきょう)で観察した結果を示している。次の問いに答えなさい。

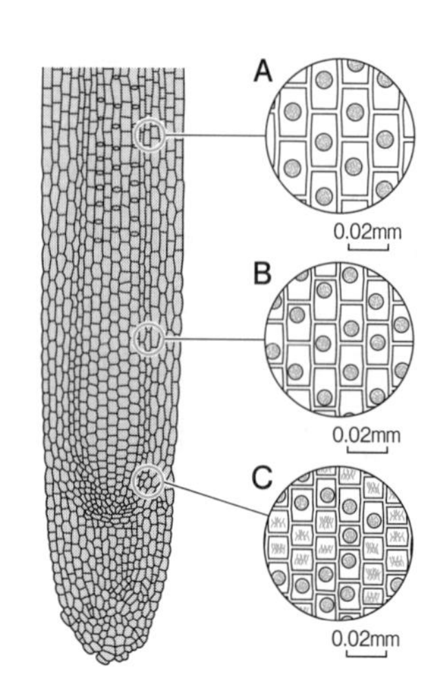

(1) 細胞(さいぼう)の数がふえているのは，どの部分か。図中の**A～C**から選び，記号で答えよ。　[　　]

(2) (1)の部分で起きている，1個の細胞が2個に分かれることを何というか。　[　　　　　　]

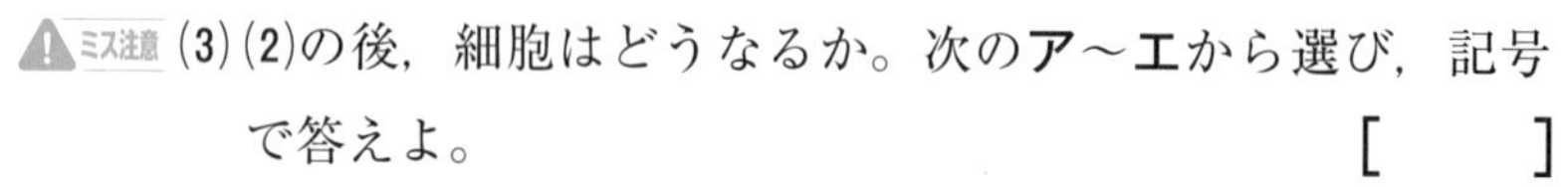

ミス注意 (3) (2)の後，細胞はどうなるか。次の**ア～エ**から選び，記号で答えよ。　[　　]

ア　縦方向にだけ大きくなる。
イ　横方向にだけ大きくなる。
ウ　縦方向にも横方向にも大きくなる。
エ　変化しない。

2 〈体細胞分裂のようす〉 重要

右の図は，体細胞分裂のようすを示した模式図である。次の問いに答えなさい。

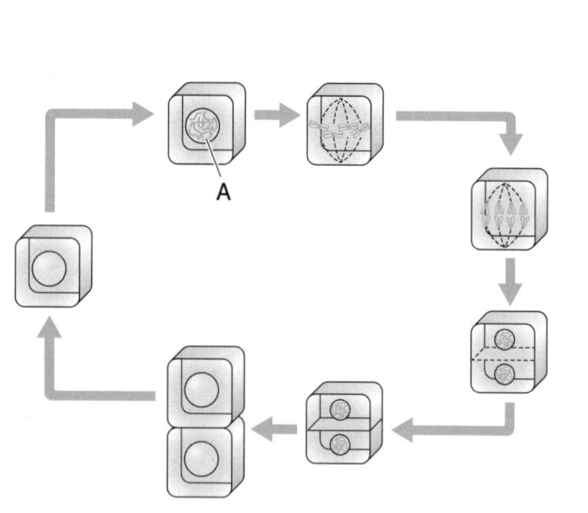

(1) 細胞が分裂するときに核(かく)の中に現れる**A**を何というか。　[　　　　]

(2) **A**をよく染(そ)めることができる染色液(せんしょくえき)を，次の**ア～エ**から選び，記号で答えよ。　[　　]

ア　ベネジクト溶液　　**イ**　塩酸
ウ　酢酸(さくさん)オルセイン溶液　　**エ**　BTB溶液

(3) **A**の数は，生物によって決まっているか，いないか。　[　　　　　　]

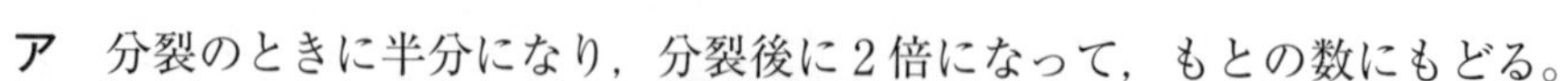

ミス注意 (4) **A**の数について正しいものを，次の**ア～エ**から選び，記号で答えよ。　[　　]

ア　分裂のときに半分になり，分裂後に2倍になって，もとの数にもどる。
イ　分裂のときに半分になり，分裂後も半分のままである。
ウ　分裂直前に数が2倍になり，分裂後に半分になって，もとの数にもどる。
エ　分裂直前に数が2倍になり，分裂後も2倍のままである。

3 〈生殖①〉

右の図は，ミカヅキモが分裂するようすを示したものである。次の問いに答えなさい。

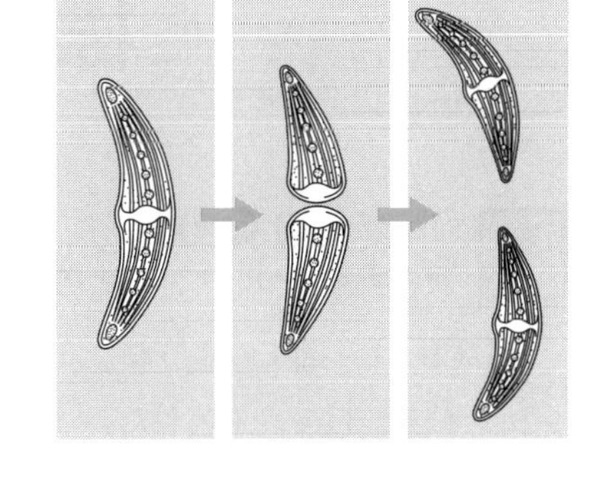

(1) ミカヅキモのようなふえ方を何生殖というか。 [　　　　]

(2) (1)のふえ方をするときには，何という細胞分裂が起きているか。 [　　　　]

ミス注意 (3) 図中の分裂後のそれぞれの細胞にふくまれる染色体の数はどのようになっているか。次の**ア**～**ウ**から1つ選び，記号で答えよ。 [　　]

ア　それぞれ分裂前の細胞の2倍になっている。

イ　それぞれ分裂前の細胞と同じ数になっている。

ウ　それぞれ分裂前の細胞の$\frac{1}{2}$になっている。

(4) (1)のふえ方をする生物を，次の**ア**～**オ**から1つ選び，記号で答えよ。 [　　]

ア　ヒト　　**イ**　サツマイモ　　**ウ**　メダカ　　**エ**　カエル　　**オ**　イヌ

4 〈生殖②〉 重要

右の図は，子孫をつくるときに雌と雄がかかわる生殖の模式図である。次の問いに答えなさい。

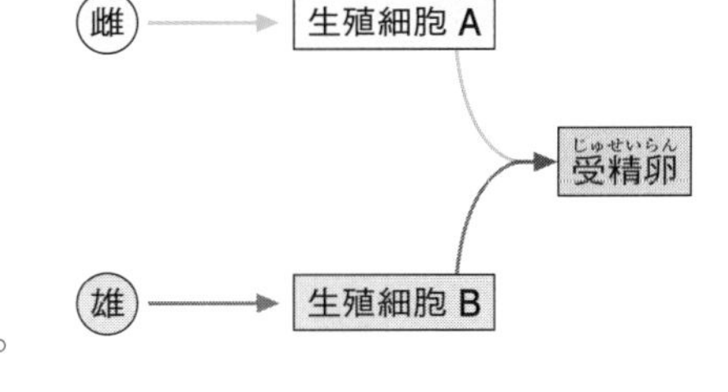

(1) 被子植物では，生殖細胞**A**，**B**をそれぞれ何というか。 **A** [　　　　] **B** [　　　　]

(2) 動物では，生殖細胞**A**，**B**をそれぞれ何というか。 **A** [　　　　] **B** [　　　　]

(3) 生殖細胞をつくる細胞分裂を何というか。 [　　　　]

(4) 雌と雄の生殖細胞の核が合体することを何というか。 [　　　　]

(5) (4)の後，からだのつくりとはたらきが完成していく過程を何というか。 [　　　　]

(6) 図で示されたように，雌と雄がかかわって子孫をつくる生殖を何というか。 [　　　　]

ヒント

1 (1) 1個の細胞が2個に分かれるときには，核の中に染色体が現れる。

2 (4) 体細胞分裂をくり返しても，細胞の中の**A**の数は変わらないようになっている。

3 (1) ミカヅキモでは，親のからだが半分に分かれてそのまま子になる。

4 (1)(2) 生殖細胞は，植物では卵細胞と精細胞，動物では卵と精子である。

標準問題 1

▶答え　別冊p.7

1

〈生物の成長〉 重要

次の実験について，あとの問いに答えなさい。

〔実験〕[1]　図1のように，タマネギの根を染色液につけて，染色した。

[2]　図2のように，染色液の入っていない水に[1]のタマネギをつけて成長を続けさせ，根がのびるにしたがってどうなるかを調べた。

図1

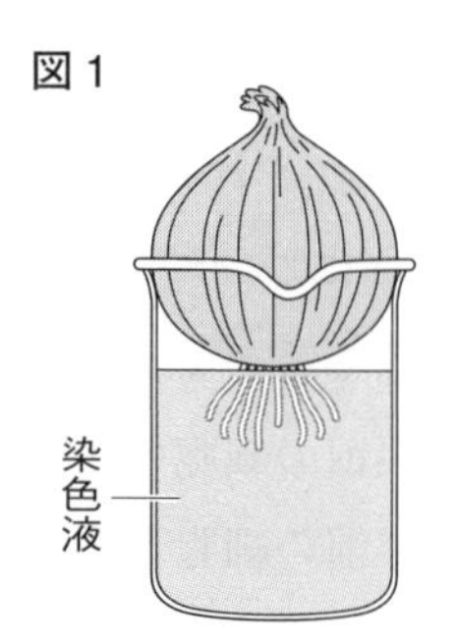

図2

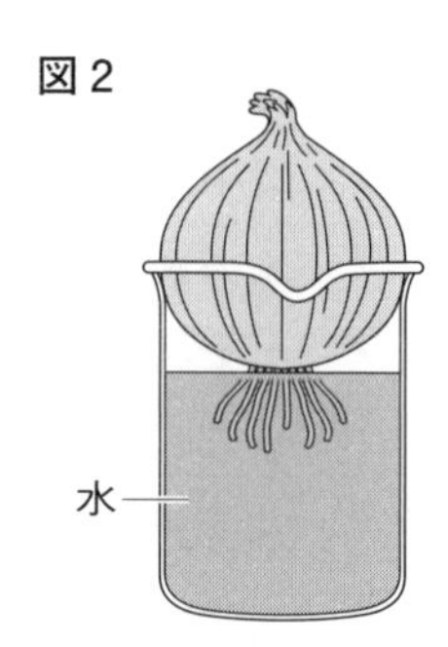

ミス注意 (1) 1日後の根のようすはどうなっていたか。最も近いものを，次の**ア**～**エ**から選び，記号で答えよ。　　[　　]

ア

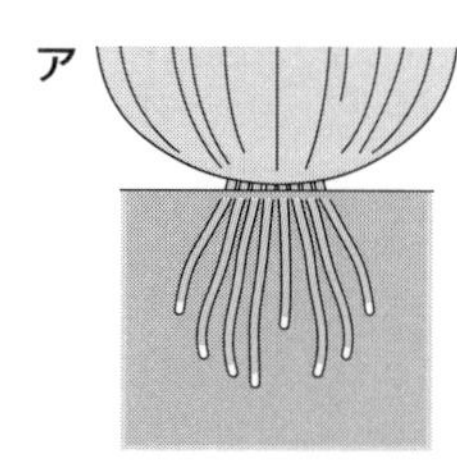

イ

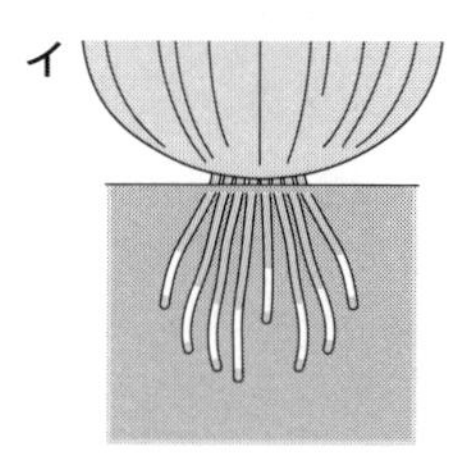

ウ

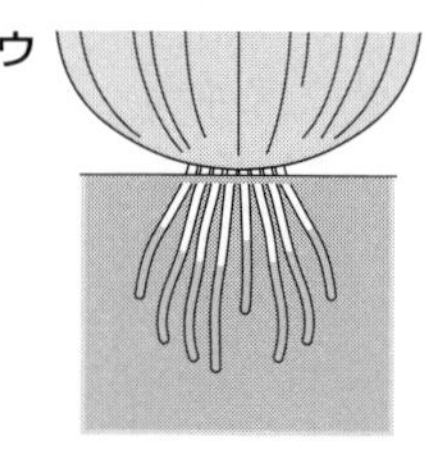

エ

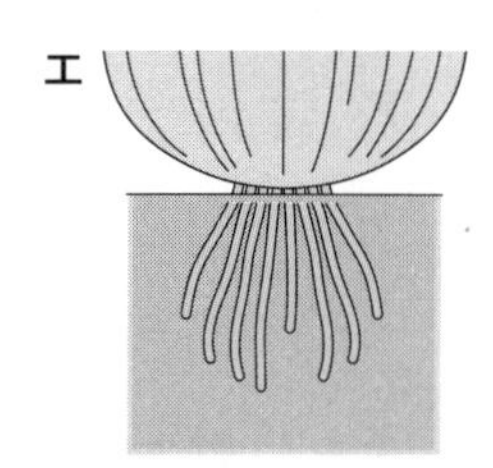

(2) 根がのびたといえるのは，どのようになった部分か。簡単に説明せよ。

[　　　　　　　　　　　　　　　　　　　　]

(3) 生物が成長するときに起きている2つのことを，それぞれ「細胞」という言葉を使って簡単に書け。 [　　　　　　　　　　　　　　　　　　　　]

[　　　　　　　　　　　　　　　　　　　　]

(4) タマネギの根の先端に近い部分を顕微鏡で観察すると，右の図の**A**～**F**が見られた。次の①～④に答えよ。

A

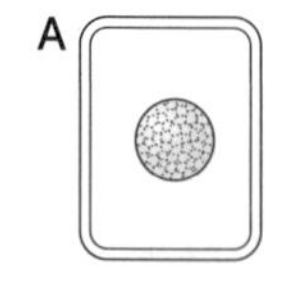

B

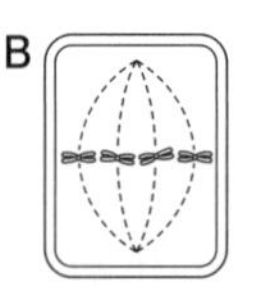

C

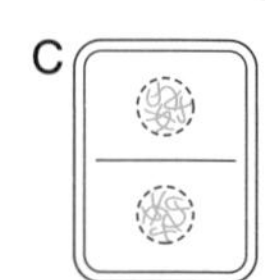

D

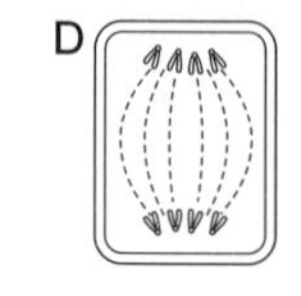

E

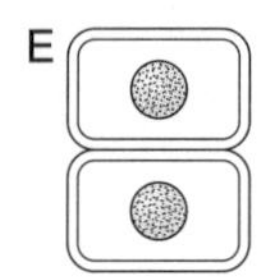

F

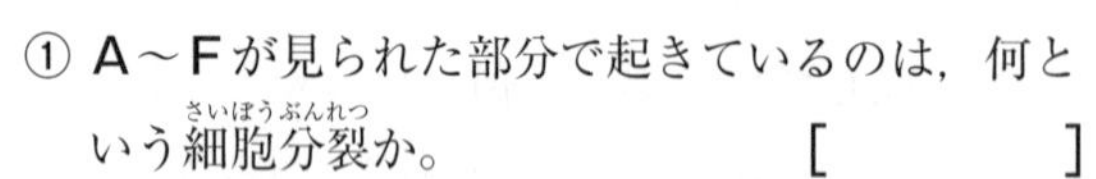

① **A**～**F**が見られた部分で起きているのは，何という細胞分裂か。　　[　　　　]

② 図中の**E**の1つの細胞の中には16本の染色体があった。**D**の細胞の中にある染色体は何本か。

[　　　　]

ミス注意 ③ 図中の**A**～**F**を細胞分裂の順に並べるとどうなるか。次の**ア**～**エ**から選び，記号で答えよ。

[　　]

ア　F→A→D→B→E→C　　　イ　F→A→B→D→E→C

ウ　A→F→D→B→C→E　　　エ　A→F→B→D→C→E

差がつく ④ ①の細胞分裂を観察することができる部分を，次のア～オからすべて選び，記号で答えよ。

[　　　　　]

ア　ムラサキツユクサの花粉

イ　ホウセンカの茎の先端付近

ウ　ヒマワリの茎の外側に近い，維管束を結ぶ部分とその周辺部分

エ　メダカの尾びれの先端部分

オ　ヒトの髪の毛の先端

2 〈いろいろな無性生殖〉 差がつく

次のア～キは，さまざまな生物のふえ方の例である。無性生殖であるものをすべて選び，記号で答えなさい。　[　　　　　]

ア　ジャガイモの株をほり起こしていもの部分を切りとり，半分に切ってから土に植えると，新しい株になった。

イ　オニユリのむかごから，芽のようなものが出てきた。

ウ　ネコが子をうんだ。

エ　オランダイチゴのほふく茎(地上にのびた茎)の一部から，新しい個体が生えた。

オ　サケが水中にうんだ卵から，サケの稚魚がかえった。

カ　アメーバが，ちぎれるようにして2つに分裂した。

キ　アジサイの枝を切りとって地中にさしておくと，根が出て成長しはじめた。

3 〈被子植物の有性生殖〉

右の図は，被子植物の受粉後のようすを示したものである。次の問いに答えなさい。

(1) 図中の**A**～**D**の名前をそれぞれ書け。

A [　　　　]　**B** [　　　　]

C [　　　　]　**D** [　　　　]

(2) 受粉のときに花粉がつく，**X**の部分を何というか。

[　　　　]

(3) 花粉からのびた管**Y**を何というか。　[　　　　]

(4) 図中の**A**～**D**から，減数分裂によってできるものを2つ選び，記号で答えよ。　[　　　　]

(5) 生殖細胞の染色体の数は，根や茎の細胞の染色体の数とくらべるとどうなっているか。簡単に説明せよ。[　　　　　　　　　　]

(6) 受精卵の染色体の数は，根や茎の細胞の染色体の数とくらべるとどうなっているか。簡単に説明せよ。　[　　　　　　　　　　]

(7) 図中の**B**～**D**の部分は，将来それぞれ何になるか。

B [　　　　]　**C** [　　　　]　**D** [　　　　]

標準問題 2

▶答え　別冊p.8

1 〈花粉管の観察〉

次の観察について，あとの問いに答えなさい。

〔観察〕1　10gの砂糖を100cm³の水に加えてよく溶かしてから2gの寒天を加え，あたためながらよくかき混ぜて溶かした。この寒天溶液を，数滴スライドガラスにたらししばらくおいた。

2　インパチェンス(アフリカホウセンカ)の花のやくに筆先をつけて花粉をとった。**図1**のように，固まった寒天に花粉をまき，カバーガラスをかけて，顕微鏡で観察した。

3　**図2**のように，水を入れたペトリ皿の中に，水につからないようにプレパラートをおいて，ふたをした。10分後，プレパラートを顕微鏡で観察した。

図1

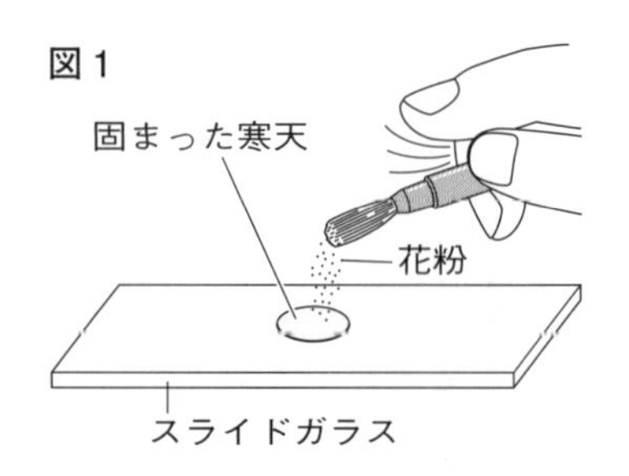

図2

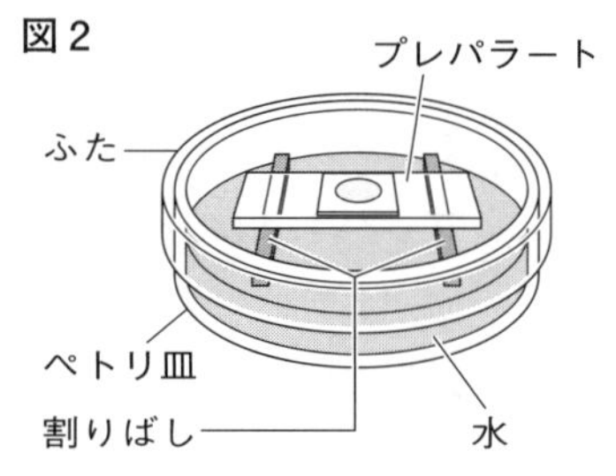

(1) 1で寒天を溶かす前に砂糖を溶かしたのはなぜか。理由を簡単に説明せよ。

[　　　　　　　　　　　　　　　　　　　　]

差がつく (2) 2の花粉はどのような花からとるとよいか。次から選び，記号で答えよ。　[　　]

ア　つぼみが閉じていて，おしべができたばかりの花

イ　花が開いたばかりで，おしべのやくが熟していない花

ウ　花が開いてから時間がたち，おしべのやくが熟している花

エ　花が開いてから長い時間がたち，枯れている花

(3) 3では花粉管が観察できた。花粉管は，自然状態では何に向かってのびていくか。次から選び，記号で答えよ。　[　　]

ア　やく　　イ　柱頭　　ウ　胚珠　　エ　花弁　　オ　がく

(4) 自然状態で花粉管がのびた後に起こる受精とは，どのような現象か。簡単に説明せよ。

[　　　　　　　　　　　　　　　　　　　　]

(5) 次の文章は，受精後に起こることについての説明である。①～④の[　　]に適当な語を入れ，文章を完成させよ。

①[　　　　]　②[　　　　]　③[　　　　]　④[　　　　]

受精後，受精卵は細胞分裂をくり返して，植物のからだになるつくりを備えた[　①　]になる。①の一部である[　②　]は，新しい個体の最初の葉であり，芽ばえのときにはすでにできている。発生の過程で起こる細胞分裂は[　③　]であるから，受精卵の染色体の数と，②の細胞の染色体の数は[　④　]。

2 〈カエルの生殖と発生〉 重要

図1はカエルの雄と雌，図2はカエルの受精のようすを示したものである。次の問いに答えなさい。

図1 （雄） （雌）

図2

(1) 生殖細胞をつくる図1のA，Bの部分を，それぞれ何というか。

A [　　　　] B [　　　　]

(2) 図1のAでつくられる生殖細胞は，図2のC，Dのどちらか。記号で答えよ。 [　　]

差がつく (3) カエルでは，どのような場所で受精が起きるか。 [　　　　]

(4) 受精するとき，1個のCの核と合体するDの核の数は，ふつう何個か。 [　　　　]

(5) 次の図のa～fは，カエルの受精卵が変化して幼生(おたまじゃくし)になっていくようすを，順序を変えて並べたものである。あとの①，②に答えよ。

a b c d e f

ミス注意 ① a～fを，カエルの受精卵が変化する順に並べよ。 [　　　　　　　　]

② 細胞分裂をはじめた受精卵が，幼生になる前までのものを何というか。 [　　　　]

3 〈無性生殖と有性生殖〉

右の図は，有性生殖と無性生殖のようすを模式的に示したものである。次の問いに答えなさい。

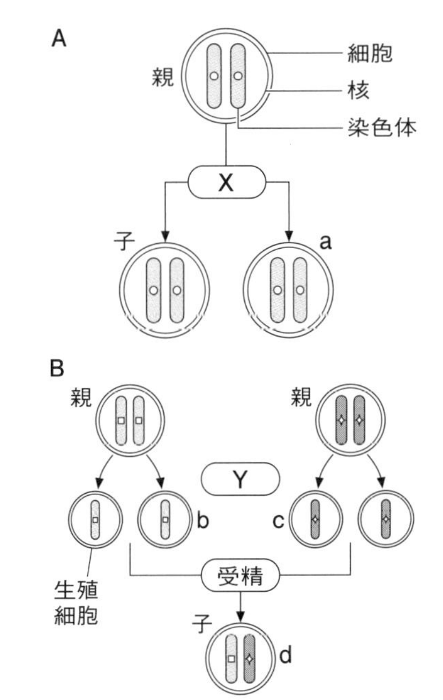

(1) 有性生殖を示しているのは，A，Bのどちらか。記号で答えよ。 [　　]

(2) 図中のX，Yのときに行われている細胞分裂を，それぞれ何というか。

X [　　　　　　] Y [　　　　　　]

(3) 図中のA，Bの親の細胞の染色体の数をn本とすると，a～dの細胞の染色体の数はそれぞれ何本か。

a [　　　　] b [　　　　]

c [　　　　] d [　　　　]

差がつく (4) 生物の形や性質などを決める要因は，染色体にある。親とまったく同じ性質の個体になるのは，A，Bのどちらか。記号で答えよ。 [　　]

2章 生命の連続性

② 遺伝の規則性と遺伝子

重要ポイント

① 遺伝とそのしくみ

- □ **形質**…生物の特徴となる形や性質。
- □ **遺伝**…親の形質が子や孫の世代に現れること。
- □ **遺伝子**…遺伝する形質のもとになるもの。細胞の核の中にある染色体にふくまれている。
- □ **クローン**…起源が同じで，同一の遺伝子をもつ個体の集団。
  （→無性生殖によってできた新しい個体はクローンである。）
- □ **自家受粉**…花粉が同じ個体のめしべにつく受粉。同じ個体の生殖細胞どうしの受精（**自家受精**）が起きる。
  （→花粉が別の株の花のめしべにつくことは他家受粉という。）
- □ **純系**…自家受精で親，子，孫と代を重ねても，その**形質がすべて親と同じ**であるもの。
- □ **対立形質**…エンドウの種子の形の丸としわの形質のように，**対になっている形質**。
- □ **顕性の形質・潜性の形質**…対立形質をもつ純系の親どうしをかけ合わせたとき，子に現れる形質を顕性の形質，子に現れない形質を潜性の形質という。
  （→エンドウの種子の形では，丸の形質が顕性，しわの形質が潜性である。）

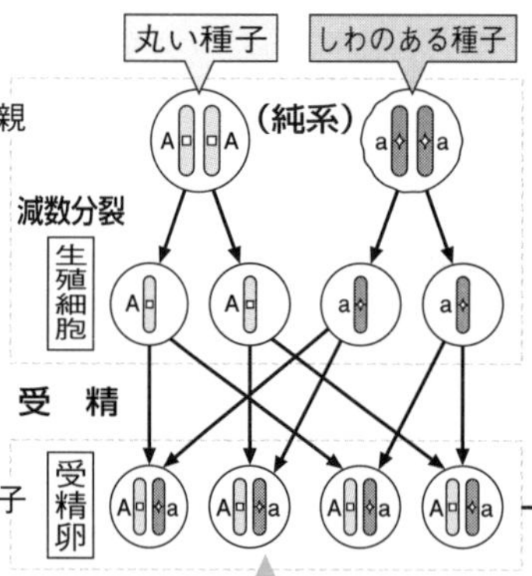

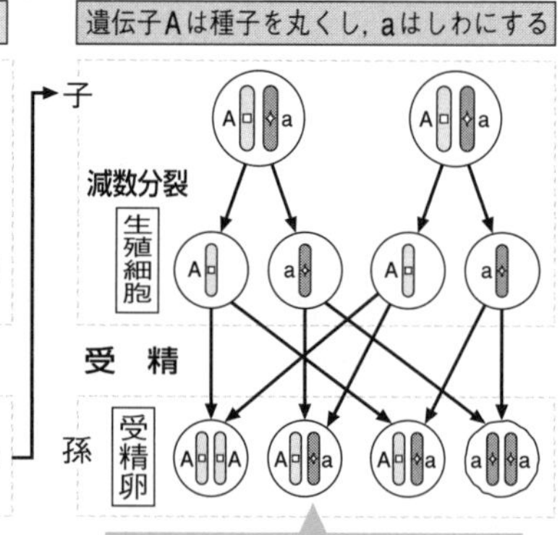

- □ **分離の法則**…減数分裂のとき対になっている遺伝子は分かれ，別べつの生殖細胞に入る。

② 遺伝子の本体

- □ **DNA**…染色体にふくまれる，遺伝子の本体となる物質。デオキシリボ核酸という正式名称の頭文字。
- □ **遺伝子の変化**…遺伝子は子に伝えられるとき変化せずに伝わるが，まれに変化して形質が変化することがある。
  （→有性生殖では，遺伝子の組み合わせが変わるが，遺伝子そのものは変わらない。）
- □ **遺伝子を扱う技術の利用**…食料・環境・医療・産業などのあらゆる分野で，幅広く利用されている。

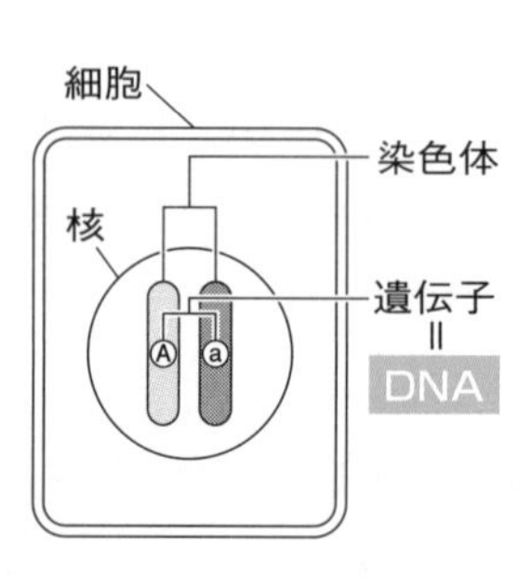

㊀・砂漠緑化のために，品種改良で乾燥に強い植物をつくる。
・病気の原因とかかわりのある遺伝子を特定し，その治療の方法を見つける。

◉対立形質をもつ純系の親どうしをかけ合わせると，子の代では顕性の形質だけが現れ，孫の代では，(顕性の形質)：(潜性の形質)＝3：1という比で現れる。遺伝の規則性を理解し，子や孫がもつ遺伝子の組み合わせ，分離の法則，受けついだ形質などを説明できるようにする。

ポイント 一問一答

①遺伝とそのしくみ

□(1) 生物の特徴となる形や性質を何というか。

□(2) 親の形質が子や孫の世代に現れることを何というか。

□(3) 細胞の核の中にある染色体にふくまれている，遺伝する形質のもとになるものを何というか。

□(4) 起源が同じで，同一の遺伝子をもつ個体の集団を，何というか。

□(5) 花粉が同じ個体のめしべにつく受粉を何というか。

□(6) 自家受精で親，子，孫と世代を重ねても，その形質がすべて親と同じである系統を何というか。

□(7) エンドウの種子の形の丸としわの形質のように，対になっている形質を何というか。

□(8) エンドウの種子のもつ遺伝子をAAとしたとき，このエンドウの生殖細胞のもつ遺伝子を記号で表すと，どのようになるか。

□(9) 対立形質をもつ純系の親どうしをかけ合わせたとき，子に現れるほうの形質を何というか。

□(10) 対立形質をもつ純系の親どうしをかけ合わせたとき，子に現れないほうの形質を何というか。

□(11) 減数分裂のとき，対になっている遺伝子は分かれ，別べつの生殖細胞に入る。このことを，何の法則というか。

②遺伝子の本体

□(1) 染色体にふくまれる，遺伝子の本体は何という物質か。

□(2) 遺伝子が子に伝えられるとき，変化することがあるか，ないか。

答

① (1) 形質　(2) 遺伝　(3) 遺伝子　(4) クローン　(5) 自家受粉　(6) 純系　(7) 対立形質　(8) A
(9) 顕性(形質)　(10) 潜性(形質)　(11) 分離の法則

② (1) DNA(デオキシリボ核酸)　(2) ある。

基礎問題

▶答え　別冊p.8

1 〈遺伝〉

右の図は，ゴールデンハムスターの親とその子を示したものである。次の問いに答えなさい。

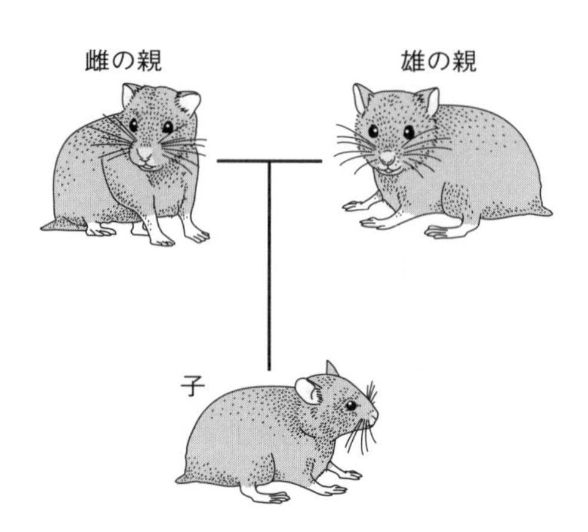

(1) ゴールデンハムスターのからだの形や毛色などのように，生物がもつ形や性質などの特徴を何というか。　[　　　]

(2) 親のもつ形や性質が子や孫の世代にも現れることを，何というか。　[　　　]

(3) 生物の形や性質のもとになるものを，何というか。　[　　　]

2 〈親から子への遺伝①〉 重要

エンドウは，自然状態では自家受粉をする。右の図のように，世代を重ねても丸い種子をつくるエンドウXと，世代を重ねてもしわのある種子をつくるエンドウYをかけ合わせると，丸い種子(子)ができた。次の問いに答えなさい。

X

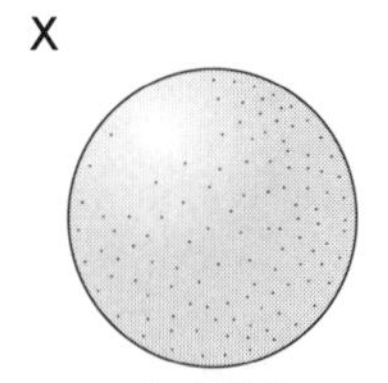

丸い種子

Y

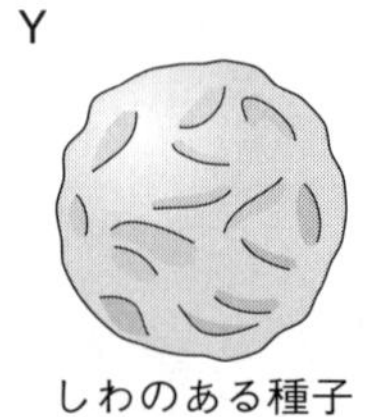

しわのある種子

(1) エンドウX，Yのように，自家受粉で親，子，孫と代を重ねても，その形質がすべて親と同じである場合，これらを何というか。

[　　　]

(2) エンドウの種子の形の丸としわの形質のように，対になっている形質を何というか。　[　　　]

(3) 種子の形について，丸の形質はしわの形質に対して顕性か，潜性か。

[　　　]

ミス注意 (4) 丸い種子をつくる形質を伝える遺伝子をA，しわのある種子をつくる形質を伝える遺伝子をaとすると，次の①～⑤のもつ遺伝子はどうなるか。

① エンドウXの体細胞　[　　　]

② エンドウYの体細胞　[　　　]

③ エンドウXがつくる生殖細胞　[　　　]

④ エンドウYがつくる生殖細胞　[　　　]

⑤ かけ合わせてできた丸い種子(子)　[　　　]

3 〈親から子への遺伝②〉 重要

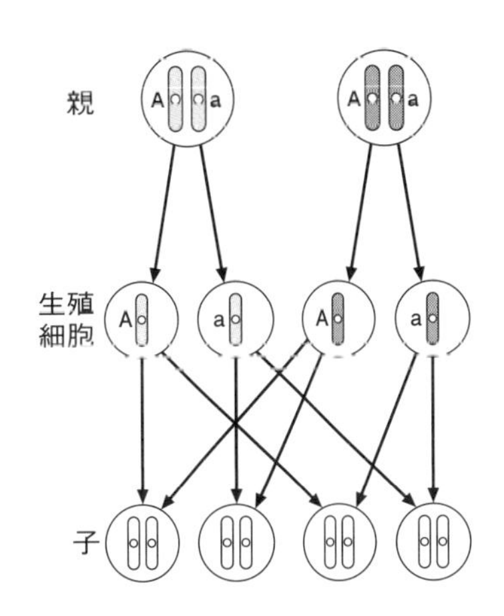

右の図は，遺伝子Aaをもつエンドウを親として自家受粉させ，うまれた子がどのように遺伝子を受けつぐかを示そうとしたものである。Aは丸い種子をつくる形質を伝える遺伝子，aはしわのある種子をつくる形質を伝える遺伝子であるとし，丸い種子の形質が顕性であるとする。次の問いに答えなさい。

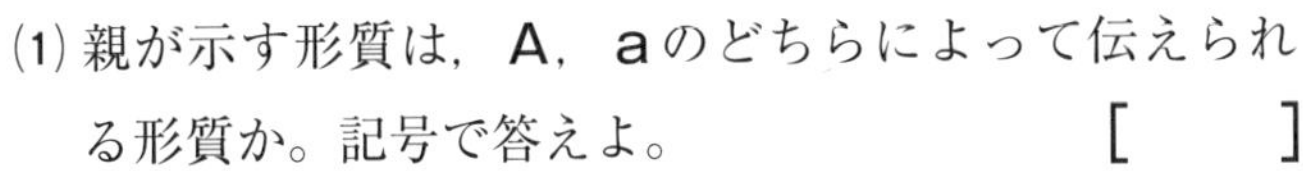

(1) 親が示す形質は，A，aのどちらによって伝えられる形質か。記号で答えよ。 [　　]

ミス注意 (2) 図中の子の代の遺伝子の組み合わせを，次のア～カから選び，記号で答えよ。 [　　]

ア　AA，AA，Aa，Aa　　イ　AA，Aa，Aa，aa
ウ　Aa，Aa，Aa，Aa　　エ　AA，AA，aa，aa
オ　AA，Aa，aa，aa　　カ　Aa，Aa，aa，aa

(3) 子の代で，しわのある種子がもつ遺伝子の組み合わせは，どうなっているか。記号で答えよ。 [　　]

(4) 子の代で，丸い種子としわのある種子の数の比はどうなるか。次のア～オから選び，記号で答えよ。 [　　]

ア　1：3　　イ　1：2　　ウ　1：1　　エ　2：1　　オ　3：1

4 〈遺伝子の本体〉

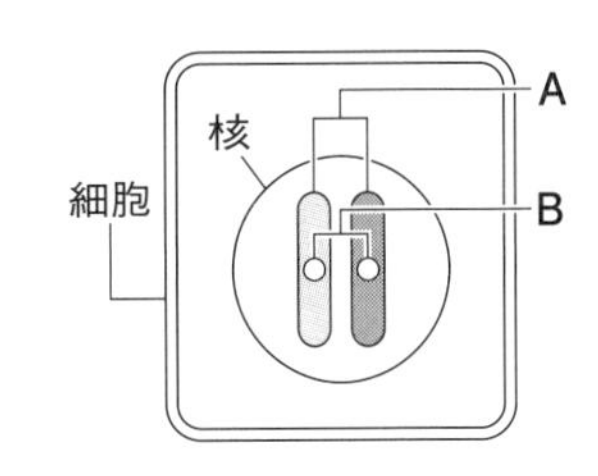

右の図は，遺伝に関係する細胞のつくりを模式的に示したものである。次の問いに答えなさい。

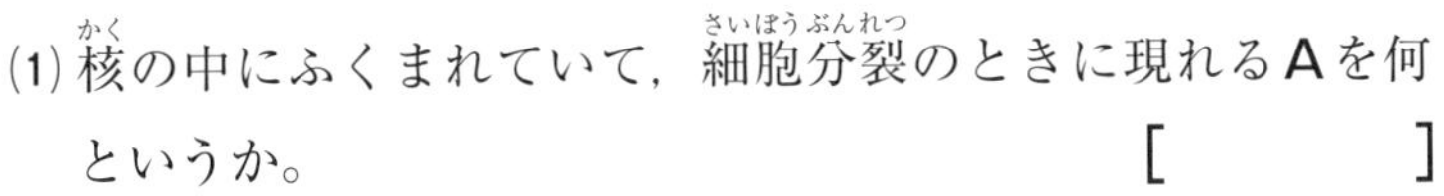

(1) 核の中にふくまれていて，細胞分裂のときに現れるAを何というか。 [　　　]

(2) Aにふくまれる，遺伝子の本体である物質Bを何というか。[　　　　　　]

(3) 物質Bを扱う技術の利用例を次のア～エから2つ選び，記号で答えよ。 [　　　]

ア　太陽の光を利用して，効率的に発電をする。
イ　遺伝が関係する病気の治療法を見つける。
ウ　地震のゆれについて短時間で調べ，津波警報を出す。
エ　乾燥に強い植物を品種改良し，砂漠を緑化する。

ヒント

2 (4)③④ 減数分裂のときには，対になっている遺伝子は分かれ，別べつの生殖細胞に入る。
3 (4) 遺伝子の組み合わせがAAまたはAaだと丸い種子，aaだとしわのある種子がつくられる。
4 (1) 細胞分裂のときには，核の中にひものようなものが現れる。

標準問題

▶答え　別冊p.9

1　〈メンデルの実験〉 重要

次の実験について，あとの問いに答えなさい。ただし，緑色の子葉をつくる形質を伝える遺伝子をa，黄色の子葉をつくる形質を伝える遺伝子をAとする。

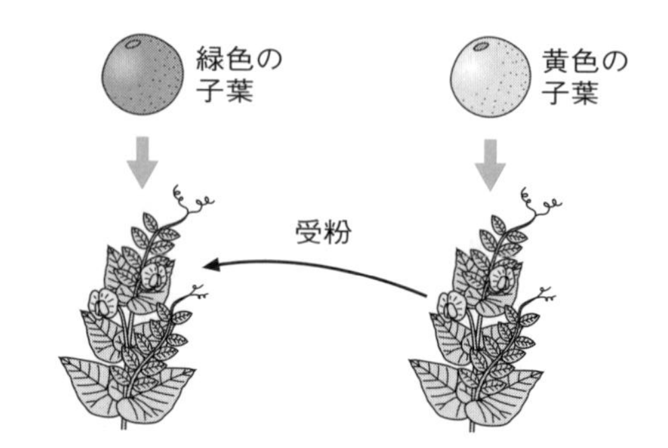

〔**実験**〕[1]　緑色の子葉をつくる純系のエンドウのめしべに，黄色の子葉をつくる純系のエンドウの花粉をつけて他家受粉させた。できた種子の子葉の形を調べると，すべて黄色であった。

[2]　[1]でできた種子から育てたエンドウを自家受粉させ，できた種子の子葉の色をそれぞれ調べて，その数を数えた。

(1) 自家受粉ではないものを，次の**ア**～**ウ**から選び，記号で答えよ。　[　　]

ア　ある花の花粉が，同じ花のめしべにつく受粉

イ　ある花の花粉が，同じ株の別の花のめしべにつく受粉

ウ　ある花の花粉が，別の株の花のめしべにつく受粉

ミス注意 (2) [1]でできた種子の子葉がすべて黄色になったのはなぜか。その理由を次の**ア**～**エ**から選び，記号で答えよ。　[　　]

ア　一方の親から遺伝子aだけを受けつぎ，もう一方の親からAを受けつがなかったから。

イ　一方の親から遺伝子aを受けつがず，もう一方の親からAだけを受けついだから。

ウ　両親から遺伝子aとAを受けつぎ，aによる形質がAによる形質に対して顕性であるから。

エ　両親から遺伝子aとAを受けつぎ，aによる形質がAによる形質に対して潜性であるから。

(3) 次の文章の①，②の[　　]にあてはまる比を，最も簡単な整数の比で示せ。

①[　　　　]　②[　　　　]

子の代につくられる生殖細胞では，遺伝子aとAをもつものが[　①　]の比でできる。これらの生殖細胞が受精をするため，孫の代の個体の遺伝子の組み合わせは，

aa：Aa：AA＝[　②　]

となる。

ミス注意 (4) [2]の結果を，次の**ア**～**オ**から選び，記号で答えよ。　[　　]

ア　すべての種子の子葉が緑色になった。

イ　約75％の種子の子葉が緑色になり，約25％の種子の子葉が黄色になった。

ウ　約50％の種子の子葉が緑色になり，約50％の種子の子葉が黄色になった。

エ　約25％の種子の子葉が緑色になり，約75％の種子の子葉が黄色になった。

オ　すべての種子の子葉が黄色になった。

2

〈遺伝(いでん)①〉

エンドウのさやの形については，「ふくれ」と「くびれ」の2つが対立形質(たいりつけいしつ)になっていて，「ふくれ」は「くびれ」に対して顕性である。表1は，遺伝子AAの組み合わせの個体と，遺伝子aaの組み合わせの個体をかけ合わせたときに，子にどのように遺伝子が伝わるかを示したものである。次の問いに答えなさい。

表1　親（AA）

親（aa）

生殖細胞の遺伝子	A	A
a	Aa	Aa
a	Aa	Aa

（表中の Aa は子）

A：さやの形が「ふくれ」の形質を伝える遺伝子

a：さやの形が「くびれ」の形質を伝える遺伝子

(1) **表1**に示された子のエンドウのさやはどうなるか。

[　　　　　　　　　　　　　　　　]

(2) **表1**のかけ合わせでできた個体と，遺伝子**aa**の組み合わせの個体とをかけ合わせたとき，その子にどのように遺伝子が伝わるかを，**表2**に示そうとした。**表1**を参考に，**表2**の空欄①～⑤に入る遺伝子を書け。

①[　　　　]
②[　　　　]　③[　　　　]
④[　　　　]　⑤[　　　　]

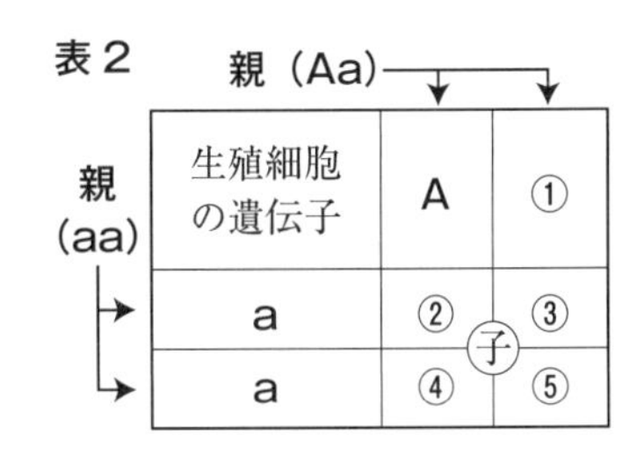

表2　親（Aa）

親（aa）

生殖細胞の遺伝子	A	①
a	②	③
a	④	⑤

（表中の②～⑤は子）

(3) (2)のかけ合わせの結果できる子のさやの形について，「ふくれ」と「くびれ」の個体の数の比はどうなるか。最も簡単な整数の比で示せ。　[　　　　]

差がつく (4) (2)のかけ合わせの結果できる子の代のうち，さやの形が「くびれ」である個体を自家受粉させた。このとき，その次の代のさやの形はどうなるか。簡単に説明せよ。

[　　　　　　　　　　　　　　　　]

3

〈遺伝②〉　差がつく

マツバボタンの花の色については，赤色と白色の2つが対立形質になっていて，赤い花の遺伝子Rと白い花の遺伝子rの両方がある場合には，必ず赤い花をさかせる。次の問いに答えなさい。

赤い花

白い花

(1) 赤い花をさかせる個体**A**と，白い花をさかせる個体**B**を親として子の代を得たところ，子の代の花の色は，すべて赤色になった。個体**A**と個体**B**のもつ遺伝子の組み合わせを，次の**ア**～**オ**からそれぞれ選び，記号で答えよ。

A[　　]　B[　　]

ア　RR　　**イ**　Rr　　**ウ**　rr　　**エ**　R　　**オ**　r

(2) 赤い花をさかせる個体**C**と，白い花をさかせる個体**D**を親として子の代を得たところ，子の代の花の色は，赤色：白色＝1：1となった。個体**C**のもつ遺伝子の組み合わせを，(1)の**ア**～**オ**から選び，記号で答えよ。　[　　]

(3) 赤い花をさかせる個体**E**と，別の赤い花をさかせる個体**F**を親として子の代を得たところ，子の代の花の色は，赤色：白色＝3：1となった。個体**E**と個体**F**のもつ遺伝子の組み合わせを，(1)の**ア**～**オ**からそれぞれ選び，記号で答えよ。　E[　　]　F[　　]

2章 生命の連続性

③生物の種類の多様性と進化

重要ポイント

①生物どうしの類縁関係

□ **脊椎(せきつい)動物の類縁関係**…魚類・両生類・は虫類・鳥類・哺乳(ほにゅう)類の間に，段階的な共通性がある。共通する特徴が多いほど，近いなかまである。

特徴		魚類	両生類	は虫類	鳥類	哺乳類
背骨をもつ		○	○	○	○	○
呼吸器官(きかん)	えらの時期がある	○	○			
	肺の時期がある		○	○	○	○
体表	羽毛や毛がない	○	○	○		
	羽毛や毛がある				○	○
ふえ方	卵生(らんせい)	○	○	○	○	
	胎生(たいせい)					○

□ **植物の類縁関係**…種子植物は，コケ植物よりもシダ植物に近いなかまである。

②生物の進化(しんか)

□ **進化**…生物が，長い年月をかけて代を重ねる間にしだいに変化すること。

□ **相同器官(そうどうきかん)**…現在の形やはたらきは異なっていても，もとは同じ器官であったと考えられるもの。
└陸上の脊椎動物の前あしと魚類の胸びれは相同器官

□ **痕跡器官(こんせきかん)**…はたらきを失って痕跡のみとなっているもの。
└ヘビやクジラの後ろあしなど。

両生類　は虫類　鳥類　哺乳類
カエル（親）　カメ　ハト　イヌ
（前あし）　（前あし）　（翼）　（前あし）
└陸上を歩くのに適する　└空を飛ぶのに適する

□ **進化の証拠となる生物**

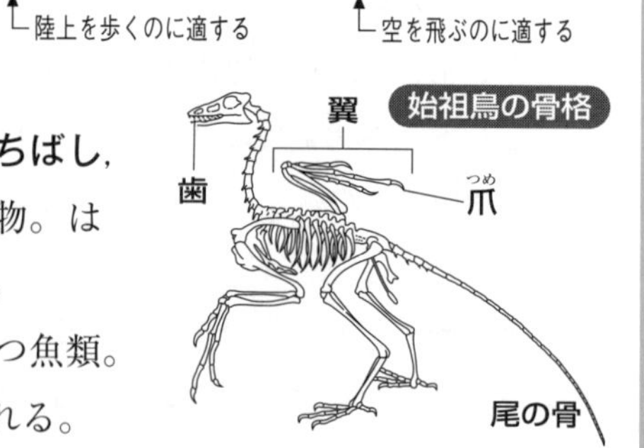

・**始祖鳥(シソチョウ)**…**鳥類の特徴**(**羽毛(うもう)**，**くちばし**，**翼(つばさ)**)**とは虫類の特徴**(**歯**，**翼の爪**)をもつ生物。は虫類と鳥類の特徴をあわせもつ生物である。
└化石として見つかる，約1億5000万年前の生物

・**シーラカンス**…**あし**のような骨格(こっかく)の**ひれ**をもつ魚類。両生類への進化の初期段階の生物と考えられる。
└生きている化石といわれる深海魚

・**カモノハシ**…**子を乳で育て**，**からだは毛でおおわれ**ているが，**卵生**である。進化の初期段階の哺乳類と考えられる。
└オーストラリアに生息する哺乳類

□ **脊椎動物の出現の順序**…**魚類→両生類→は虫類・哺乳類→鳥類**の順。
└水中生活から陸上生活に適した動物に進化した。

□ **植物の出現の順序**…**コケ植物→シダ植物→裸子(らし)植物→被子(ひし)植物**の順。
└より乾燥した環境で生きられるように進化した。

◉脊椎動物について，類縁関係や進化の流れを意識して，共通する特徴をあらためて確認する。
◉相同器官は，外見がまったく異なることがあるので，進化の流れと関連づけておさえる。
◉進化の証拠となる生物は，何類と何類の特徴をあわせもつかを理解しておく。

ポイント **一問一答**

①生物どうしの類縁関係

□(1) 下の①～⑤の特徴をもつなかまを，次のア～オからそれぞれすべて選び，記号で答えなさい。

ア 魚類　**イ** 両生類　**ウ** は虫類
エ 鳥類　**オ** 哺乳類（ほにゅう）

① 背骨をもつ。
② えらで呼吸する時期がある。
③ 肺で呼吸する時期がある。
④ 羽毛や毛がある。
⑤ 卵生（らんせい）である。

□(2) 種子植物はシダ植物とコケ植物のどちらに近いなかまか。

②生物の進化（しんか）

□(1) 生物が，長い年月をかけて代を重ねる間にしだいに変化することを何というか。
□(2) 現在の形やはたらきは異なっていても，もとは同じ器官（きかん）であったと考えられる器官を，何というか。
□(3) はたらきを失って痕跡（こんせき）のみとなった器官を何というか。
□(4) 始祖鳥（しそちょう）(シソチョウ)は，何類と何類の特徴をあわせもつか。
□(5) 最初に出現した脊椎動物は何類か。
□(6) 両生類とは虫類では，どちらが先に出現したか。
□(7) は虫類と鳥類では，どちらが先に出現したか。
□(8) コケ植物とシダ植物では，どちらが先に出現したか。
□(9) シダ植物と裸子（らし）植物では，どちらが先に出現したか。

① (1) ① ア，イ，ウ，エ，オ　② ア，イ　③ イ，ウ，エ，オ　④ エ，オ　⑤ ア，イ，ウ，エ
(2) シダ植物
② (1) 進化　(2) 相同器官（そうどうきかん）　(3) 痕跡器官　(4) は虫類と鳥類　(5) 魚類　(6) 両生類　(7) は虫類
(8) コケ植物　(9) シダ植物

基礎問題

▶答え　別冊p.9

1 〈脊椎動物の類縁関係〉

下の表は，５種類の脊椎動物の特徴をまとめたものである。この表をもとにして，あとの問いに答えなさい。

特徴		魚類	両生類	は虫類	鳥類	哺乳類
背骨をもつ		○	○	○	○	○
呼吸器官	えらの時期がある	○	○			
	肺の時期がある		○	○	○	○
体表	羽毛や毛がない	○	○	○		
	羽毛や毛がある				○	○
ふえ方	卵生	○	○	○	○	
	胎生					○

(1) 魚類に最も近いなかまは何類だといえるか。　[　　　]

(2) (1)の次に魚類に近いなかまは何類だといえるか。　[　　　]

(3) 魚類から最も遠いなかまは何類だといえるか。　[　　　]

2 〈進化の証拠となる器官〉 重要

右の図は，脊椎動物のからだの一部をくらべたものである。次の問いに答えなさい。

両生類　は虫類　鳥類　哺乳類

カエル（親）　カメ　ハト　イヌ

（前あし）　（前あし）　（翼）　（前あし）

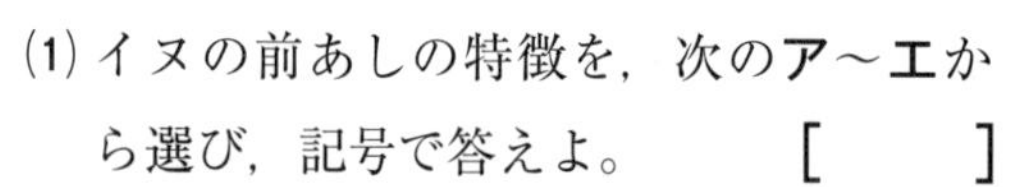

(1) イヌの前あしの特徴を，次の**ア**～**エ**から選び，記号で答えよ。　[　　]

ア　空を飛ぶのに適している。

イ　水中を泳ぐのに適している。

ウ　陸上を歩くのに適している。

エ　木の上をつたって移動するのに適している。

(2) ハトの翼の特徴を，(1)の**ア**～**エ**から選び，記号で答えよ。　[　　]

(3) イヌの前あしとハトの翼は，もとは魚類の何という器官だったと考えられているか。

[　　　]

(4) 図で示した両生類，は虫類，哺乳類の前あしと鳥類の翼のように，現在の形やはたらきは異なっていても，もとは同じ器官であったと考えられる器官を何というか。

[　　　]

3 〈進化の証拠となる生物〉 重要

右の図は，化石として見つかった，鳥のような生物の骨格（こっかく）を示したものである。次の問いに答えなさい。

歯　翼　爪

(1) 図の生物を何というか。 [　　　　]

ミス注意 (2) 図の生物がもつ，鳥類と異なる特徴を，次のア～エからすべて選び，記号で答えよ。 [　　　　]

ア　翼の先に爪（つめ）がある。　イ　からだの表面に羽毛が生えている。

ウ　くちばしに歯がある。　エ　前あしが翼のようになっている。

(3) 図の生物は，何類と何類の特徴をあわせもっているといえるか。

[　　　　　　　　　　　　]

(4) 生物が，長い年月をかけて代を重ねる間にしだいに変化し，別の種類の生物になることを何というか。 [　　　　]

(5) 次の文章は，(4)の証拠の1つと考えられているシーラカンスについての説明である。①～③の[　]に適当な語を入れ，文章を完成させよ。

①[　　　　] ②[　　　　] ③[　　　　]

シーラカンスは，生きている化石といわれる深海魚であり，陸上の脊椎動物のあしのような骨格をした[　①　]をもつ。このことから，シーラカンスは，[　②　]類が[　③　]類へと変わる初期段階の生物であると考えられている。

4 〈脊椎動物の出現の順序〉

次の文章の①～⑥の[　]に適当な語を入れ，文章を完成させなさい。

①[　　　　] ②[　　　　] ③[　　　　]
④[　　　　] ⑤[　　　　] ⑥[　　　　]

脊椎動物は，

[　①　]類→[　②　]類→[　③　]類・哺乳類→鳥類

の順に出現したと考えられている。また，植物は，

[　④　]植物→[　⑤　]植物→[　⑥　]植物→被子（ひし）植物

の順に出現したと考えられている。

ヒント

1 共通して○がついている特徴が多いほど近いなかま，少ないほど遠いなかまであると考える。

3 あるグループと別のグループの特徴をあわせもつ化石などが見つかれば，一方のグループからもう一方のグループが進化したと考えることができる。

4 脊椎動物も植物も，より乾燥（かんそう）した環境で生きられるように進化してきているといえる。

標準問題

▶答え　別冊p.10

1

〈動物の類縁関係と進化〉 重要

右の表は，5種類の脊椎動物の特徴をまとめたものである。次の問いに答えなさい。

特徴	A	B	C	D	E
背骨	ある				
呼吸器官	えら	(子)えら　(親)肺	肺		
体表	うろこ	しめった皮ふ	うろこ	羽毛	毛
子のふやし方	卵生				胎生
生活場所	水中		陸上		

⑴ A～Eは，それぞれ何類か。

A [　　　　]
B [　　　　]
C [　　　　]
D [　　　　]
E [　　　　]

⑵ 次の文章は，AとB～Eの類縁関係について説明したものである。①～④の[　　]に適当な記号を入れ，文章を完成させよ。

① [　　　　] ② [　　　　] ③ [　　　　] ④ [　　　　]

Aに最も近いなかまは[①]である。その次に近いなかまは[②]，次に[③]であり，最も遠いなかまは[④]である。

ミス注意 ⑶ BとCのうむ卵のうち，乾燥に強いのはどちらか。記号で答えよ。 [　　]

⑷ A～Dを，最初に出現したなかまから進化した順に並べよ。 [　　　　　　]

2

〈植物の類縁関係と進化〉 差がつく

右の表は，3種類の植物の特徴をまとめたものである。次の問いに答えなさい。

特徴	A	B	C
生活場所	陸上		
維管束	ない	ある	
水の吸収	からだの表面から	根から	
ふえ方	胞子		種子

⑴ A～Cは何植物か。次のア～ウからそれぞれ選び，記号で答えよ。

A [　　　　]
B [　　　　]
C [　　　　]

ア　コケ植物
イ　種子植物
ウ　シダ植物

⑵ Cに近いなかまは，AとBのどちらか。記号で答えよ。 [　　]

⑶ 最も乾燥に弱いなかまを，A～Cから選び，記号で答えよ。 [　　]

⑷ A～Cの植物を，出現した順に並べるとどうなるか。記号で答えよ。 [　　　　]

⑸ 種子植物のうち，先に出現したのは被子植物と裸子植物のどちらか。 [　　　　]

3 〈相同器官〉

右の図は，哺乳類のからだの一部をくらべたものである。次の問いに答えなさい。

コウモリ　クジラ　ヒト

（翼）　（胸びれ）　（うで）

(1) コウモリの翼とクジラのひれは，それぞれ何をするのに都合がよいか。

コウモリの翼 [　　　　　　　　]

クジラのひれ [　　　　　　　　]

差がつく (2) 図で示した部分の相同器官を，次の**ア**～**エ**からすべて選び，記号で答えよ。 [　　　　]

ア　魚類の胸びれ　　**イ**　昆虫類のはね

ウ　鳥類の翼　　**エ**　は虫類の前あし

(3) 次の**ア**～**エ**から，正しいものを1つ選び，記号で答えよ。 [　　　　]

ア　コウモリとヒトは，クジラから進化したと考えられる。

イ　コウモリは鳥類から進化し，クジラは魚類から進化したと考えられる。

ウ　図で示されたからだの一部は，それぞれの動物が生きる環境に都合のよい特徴をもつ。

エ　図で示されたからだの一部の形やはたらきは，それぞれの動物が生きる環境と関係がない。

(4) クジラでは，後ろあしははたらきを失って痕跡のみとなっている。このような器官を何というか。 [　　　　]

4 〈進化の証拠となる生物〉

右の図は，シーラカンスとカモノハシを示している。次の問いに答えなさい。

シーラカンス　　カモノハシ

胸びれ　腹びれ

(1) シーラカンスの胸びれや腹びれの骨格は，魚類よりも別の脊椎動物のなかまのものに近い。何類のものに近いか。

[　　　　]

差がつく (2) カモノハシがもつ，一般的な哺乳類と異なる特徴は何か。次の**ア**～**エ**からすべて選び，記号で答えよ。 [　　　　]

ア　雌が子に乳をやって育てる。　　**イ**　卵生である。

ウ　からだが毛におおわれている。　　**エ**　水中で一生生活をする。

(3) シーラカンスは，何類から何類が進化したことを示す証拠と考えられているか。次の**ア**～**オ**から選び，記号で答えよ。 [　　]

ア　魚類から鳥類　　**イ**　魚類から両生類

ウ　魚類から哺乳類　　**エ**　両生類から哺乳類

オ　は虫類から哺乳類

実力アップ問題

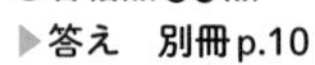
◎制限時間40分
◎合格点80点
▶答え　別冊p.10

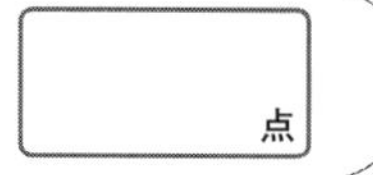

1 次のように，タマネギの細胞分裂を観察した。これについて，あとの問いに答えなさい。

《(1)〜(4)3点×4，(5)〜(7)4点×3》

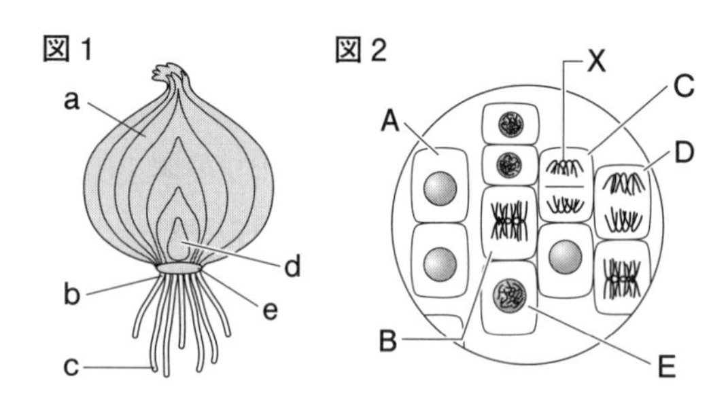

〔観察〕1　タマネギを水につけて図1のように根を成長させてから，その一部分を切りとり，うすい塩酸に入れて約60℃で3分間あたためた。

2　その後，塩酸からとり出して水で塩酸を洗い流してから，酢酸カーミン溶液で染色し，プレパラートをつくって顕微鏡で観察した。図2は，観察したものをスケッチしたものである。

(1) 1で切りとったのはどの部分か。図1のa〜eから選び，記号で答えよ。

(2) 1で下線部のような操作をした目的を，次のア〜エから選び，記号で答えよ。

ア　細胞膜をこわして細胞の中のものを見やすくするため。

イ　細胞の核をこわして見やすくするため。

ウ　細胞どうしの結合を切り，それぞれの細胞を離れやすくするため。

エ　細胞分裂が進むようにするため。

(3) 酢酸カーミン溶液でよく染まるものを，次のア〜オから2つ選び，記号で答えよ。

ア　細胞壁　　**イ**　核　　**ウ**　細胞質　　**エ**　細胞膜　　**オ**　図2のX

(4) 細いひものような，図2のXを何というか。

(5) 分裂後の細胞では，図2のXの数は，もとの細胞とくらべると，どうなっているか。簡単に説明せよ。

(6) 図2のA〜Eは，細胞分裂の過程のいろいろな時期を示している。Aを最初として，B〜Eを細胞分裂の進む順に並べよ。

(7) タマネギの根がのびるときには，細胞分裂のほかにどのようなことが起きているか。簡単に説明せよ。

(1)		(2)		(3)		(4)		
(5)								
(6)	A→							
(7)								

2

右の図は，カエルの受精卵からおたまじゃくしへの発生の過程での，いろいろな時期のようすを示している。次の問いに答えなさい。

〈(1)～(3)・(5)2点×6，(4)4点〉

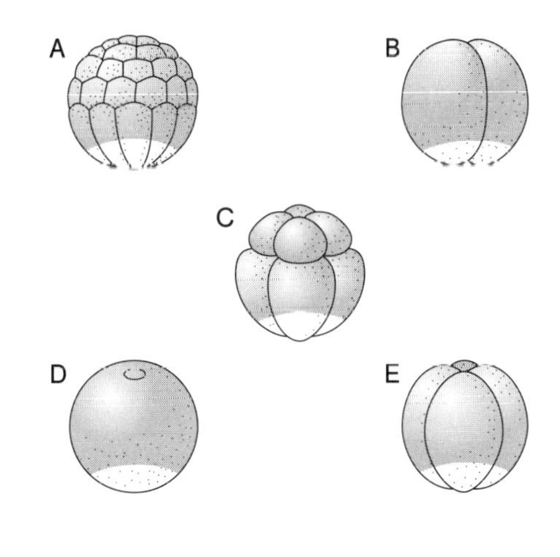

(1) 受精卵は，カエルの雌がつくる何と雄がつくる何の核が合体してできるか。

(2) カエルの雌，雄の体内で，(1)の細胞をつくる部分を，それぞれ何というか。

(3) (1)の２種類の細胞の核が合体することを，何というか。

(4) Ａ～Ｆを，発生の順に並べよ。

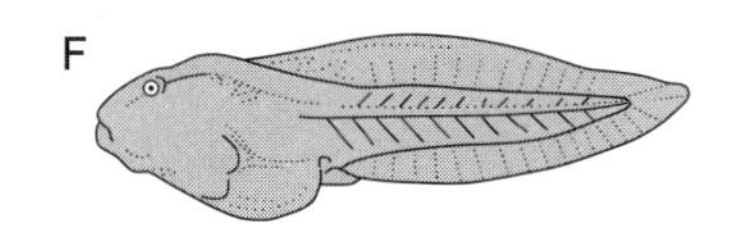

(5) 受精卵の細胞分裂の開始から，おたまじゃくしになって自分で食物をとりはじめる前までのものを何というか。

(1)	雌	雄	(2)	雌	雄
(3)		(4)	→　→　→　→		
(5)					

3

右の図は，ジャガイモの２種類の生殖Ａ，Ｂを示している。次の問いに答えなさい。〈3点×3〉

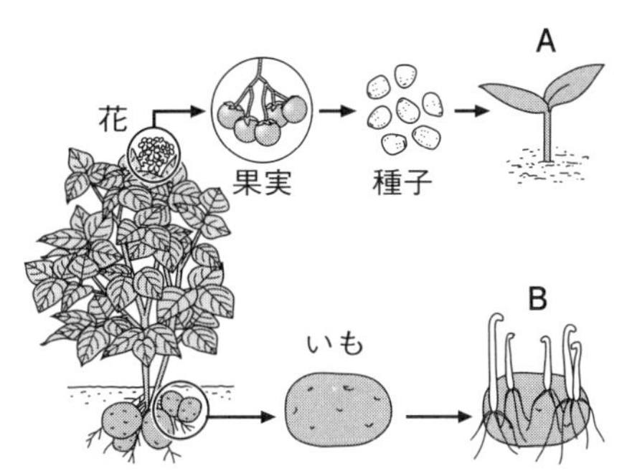

(1) 無性生殖を示しているのは，Ａ，Ｂのどちらか。記号で答えよ。

(2) 生殖の前後に起こる細胞分裂が，体細胞分裂だけではない生殖は，Ａ，Ｂのどちらか。記号で答えよ。

(3) Ａ，Ｂについての説明で正しいものを，次のア～エからすべて選び，記号で答えよ。

ア　Ａでは，雌の親と雄の親から遺伝子を受けついだ子が，必ず雌の親と同じ形質をもつようになる。

イ　Ａでは，同じ株からできた子の遺伝子の組み合わせが，すべて同じとは限らない。

ウ　Ｂでは，親のもつ遺伝子の組み合わせとまったく同じ遺伝子の組み合わせをもつ子ができるため，親とまったく同じ形質を示す。

エ　ＡとＢでできる子のもつ遺伝子と形質は，まったく同じである。

(1)		(2)		(3)	

4 **エンドウでは，ある個体がつくるさやの色は，必ず緑色か黄色のどちらかであることがわかっている。緑色のさやをつくる純系のエンドウと，黄色のさやをつくる純系のエンドウを親としてかけ合わせると，子の代ではすべての個体が緑色のさやをつくった。次の問いに答えなさい。** 《(1)〜(4)3点×5，(5)4点》

緑色のさやをつくる純系
黄色のさやをつくる純系
すべての子が緑色のさや

(1) エンドウのさやの色の緑色と黄色のように，対になっている形質を何というか。

(2) 黄色のさやをつくる純系のエンドウを自家受粉させると，その子の代の個体がつくるさやは何色になるか。

(3) エンドウのさやの色などの形質を伝える遺伝子は，細胞の中の何にふくまれているか。次の**ア〜オ**から選び，記号で答えよ。

ア 細胞壁　**イ** 細胞膜　**ウ** 核　**エ** 葉緑体　**オ** 液胞

(4) 次の文章は，下線部についての説明である。①，②の[　]に適当な語を入れ，文章を完成させよ。

純系の親どうしをかけ合わせたとき，子は一方の親と同じ形質を現す。エンドウのさやの色の場合には，緑色のさやをつくる形質を[　①　]の形質といい，黄色のさやをつくる形質を[　②　]の形質という。

(5) 下線部の子の代の個体を自家受粉させて得た孫の代では，緑色のさやをつくる個体と，黄色のさやをつくる個体の数の比はどうなるか。最も簡単な整数の比で示せ。

(1)		(2)		(3)	
(4)	①	②	(5)	**緑色：黄色＝**	

5 **次の実験について，あとの問いに答えなさい。ただし，丸い種子をつくる形質を伝える遺伝子をA，しわのある種子をつくる形質を伝える遺伝子をaとする。** 《(1)〜(3)2点×6，(4)・(5)4点×2》

〔実験〕 1　丸い種子をつくる純系のエンドウ**P**のめしべに，しわのある種子をつくる純系のエンドウ**Q**の花粉を受粉させると，子のエンドウ**R**は丸い種子をつくった。

2　どのような遺伝子をもつかが不明な丸い種子から育ったエンドウ**X**，**Y**のそれぞれのめしべに，エンドウ**R**，**Q**の花粉を受粉させると，次の代の丸い種子としわのある種子の数は右の表のようになった。

雌の親	雄の親	子	
X　丸	R　丸	1073	0
Y　丸	Q　しわ	512	494

(1) 種子の形の形質について，エンドウ**P**，**Q**，**R**がもつ遺伝子の組み合わせを，**A**，**a**の記号を使ってそれぞれ示せ。

(2) エンドウ**R**がつくった生殖細胞がもつ遺伝子は，どのようになっていると考えられるか。次の**ア**～**オ**からすべて選び，記号で答えよ。

ア AA　**イ** Aa　**ウ** aa　**エ** A　**オ** a

(3) 種子の形の形質について，エンドウ**X**，**Y**のもつ遺伝子の組み合わせを，**A**，**a**の記号を使ってそれぞれ示せ。

(4) エンドウ**Y**を自家受粉させて得た子の代では，AA：Aa：aaの遺伝子の組み合わせの比はどうなるか。最も簡単な整数の比で示せ。

(5) 遺伝子についての説明で正しいものを，次の**ア**～**エ**からすべて選び，記号で答えよ。

ア　遺伝子の本体は，染色体にふくまれるＤＮＡ(デオキシリボ核酸)である。

イ　遺伝子が子に伝わるときには，決して変化することはない。

ウ　遺伝子には，病気の原因に関係するものもある。

エ　遺伝子を操作して，害虫の被害にあいにくい農作物をつくる品種改良が行われている。

(1)	P	Q	R	(2)	
(3)	X	Y	(4)	(5)	

6 右の図の**A**～**C**は，カメの前あし，ハトの翼，ヒトのうでの骨格をくらべたものである。次の問いに答えなさい。〈4点×3〉

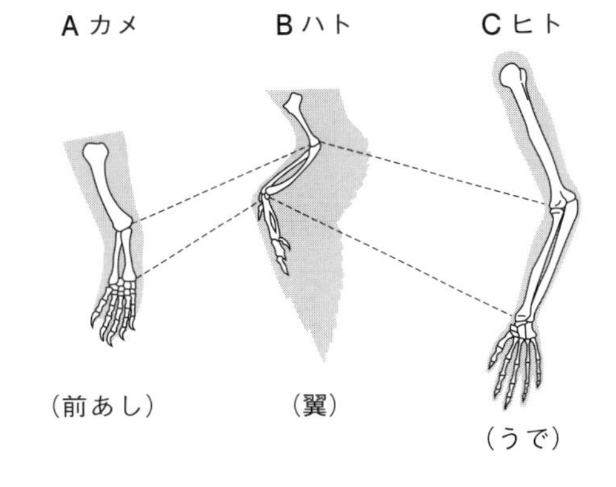

(1) **A**～**C**のように，現在の形やはたらきが異なっていても，もとは同じ器官であったと考えられるものを，何というか。

(2) **A**～**C**の部分は，もとは魚類の何という器官だったと考えられているか。次の**ア**～**エ**から選び，記号で答えよ。

ア　背びれ　**イ**　腹びれ　**ウ**　胸びれ　**エ**　尾びれ

(3) **A**～**C**のように，もとは魚類の(2)の器官であったと考えられるものを，次の**ア**～**エ**からすべて選び，記号で答えよ。

ア　コウモリの翼　**イ**　チョウのはね　**ウ**　クジラの尾びれ　**エ**　ウマの前あし

(1)		(2)		(3)	

3章 運動とエネルギー

①力の合成と分解

重要ポイント

① 力の合成と分解（ごうせい・ぶんかい）

□ **力の合成**…**1つの物体にはたらく2つの力と同じはたらきをする，1つの力を求めること**。求めた力を合力（ごうりょく）という。

└→力には向きがあるので，1Nの力と2Nの力の合力が3Nになるとは限らない。

□ **力の分解**…**1つの力を，もとの力と同じはたらきをする2つの力に分けること**。求めた力を，それぞれ分力（ぶんりょく）という。

└→いろいろな向きの2つの力に分けることができる。

□ **力の平行四辺形の法則**…一直線上にない2力の合力を表す矢印は，もとの2力を表す矢印を2辺とする平行四辺形の対角線で表される。

同じ向きの2力の合成

合力の大きさは，F_1 と F_2 の大きさの和になる

もとの力 F_1　もとの力 F_2　合力 F

反対向きの2力の合成

合力の大きさは，F_1 と F_2 の大きさの差になる

合力 F　もとの力 F_1　もとの力 F_2

一直線上にない2力の合成

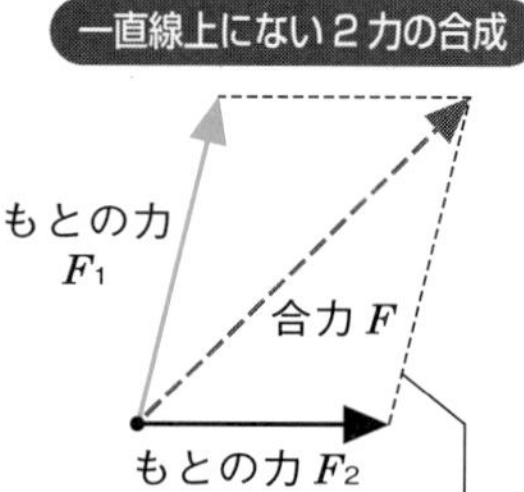

力の分解

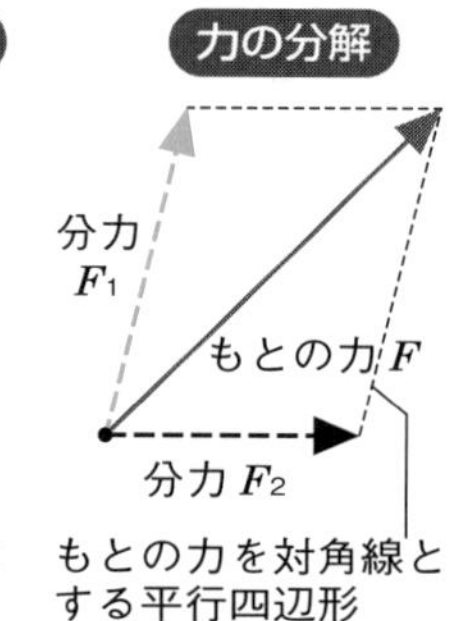

② 作用・反作用の法則（さよう・はんさよう）

□ **作用・反作用の法則**…物体Aが物体Bに力を加えたとき，物体Aは物体Bから，大きさが等しく，一直線上にあり，向きが反対の力を受ける。

（力を加えた → 作用，力を受ける → 反作用）

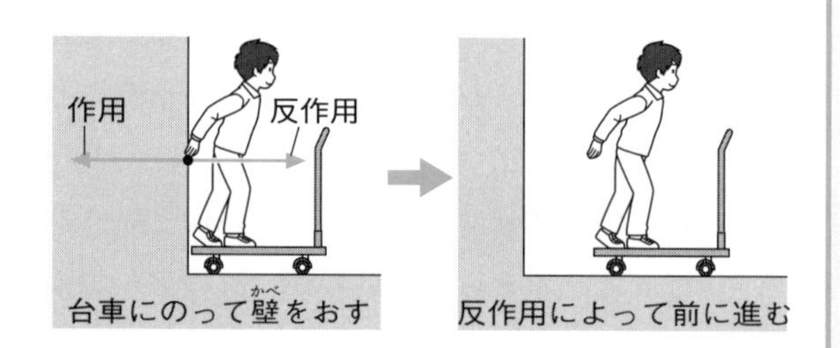

③ 水中ではたらく力

□ **水圧**（すいあつ）…水の重さによって生じる圧力。あらゆる方向からはたらく。

└→水の深さが深くなるほど，水圧は大きくなる。

□ **浮力**（ふりょく）…水中の物体にはたらく，上向きの力。水中の物体の上面と下面にはたらく水圧の差によって生じる。

└→物体の重さよりも大きい浮力がはたらけば，その物体は浮く。

└→水の深さが深くなっても変化しない。

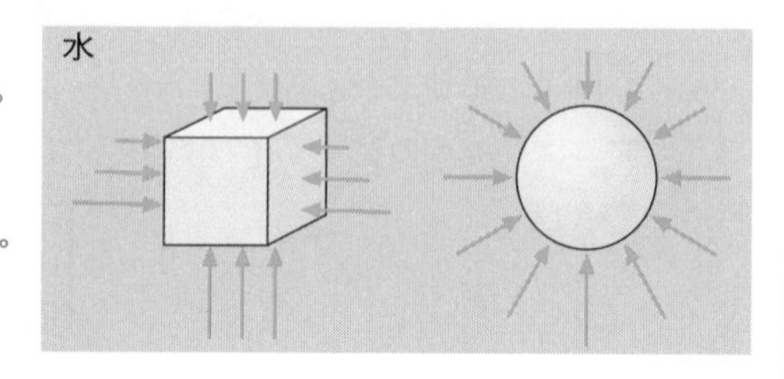

◉平行四辺形の作図による力の合成・分解に慣れておく。
◉力の矢印をかくときには，作用点(さようてん)の位置と矢印の長さが重要。面全体にはたらく力や物体全体にはたらく重力などの場合には，面や物体の中心を作用点として，1本の矢印で代表させる。

ポイント 一問一答

① 力の合成(ごうせい)と分解(ぶんかい)

□ (1) 1つの物体にはたらく2つの力と同じはたらきをする，1つの力を求めることを，何というか。
□ (2) (1)によって求めた力を何というか。
□ (3) 一直線上にあり，反対の向きにはたらく大きさ2Nの力Aと大きさ5Nの力Bの(2)の大きさは何Nか。
□ (4) 1つの力を，もとの力と同じはたらきをする2つの力に分けることを何というか。
□ (5) (4)によって求めたそれぞれの力を何というか。
□ (6) 一直線上にない2力の合力を表す矢印は，もとの2力を表す矢印を2辺とする平行四辺形の何で表されるか。

② 作用(さよう)・反作用(はんさよう)の法則

□ (1) 物体Aが物体Bに力を加えたとき，物体Aは物体Bから力を受ける。これを何の法則というか。
□ (2) (1)で，物体Aが加えた力と物体Aが受ける力の大きさは，どうなっているか。
□ (3) (1)で，物体Aが加えた力と物体Aが受ける力の向きは，どうなっているか。

③ 水中ではたらく力

□ (1) 水の重さによって生じる，あらゆる方向からはたらく圧力を何というか。
□ (2) 物体を沈める深さが深くなると，物体にかかる(1)の大きさはどうなるか。
□ (3) 水中の物体にはたらく，上向きの力を何というか。
□ (4) 沈んでいる物体にはたらく(3)の大きさは，沈んでいる水の深さが深くなるとどうなるか。

答
① (1) 力の合成　(2) 合力(ごうりょく)　(3) 3N　(4) 力の分解　(5) 分力(ぶんりょく)　(6)対角線
② (1) 作用・反作用の法則　(2) 等しくなっている。　(3) 反対になっている。
③ (1) 水圧(すいあつ)　(2) 大きくなる。　(3) 浮力(ふりょく)　(4) 変わらない。

基礎問題

▶答え　別冊p.11

1 〈力の合成〉 重要

力の合成について，次の問いに答えなさい。

(1) ある物体に，5Nの力F_1と3Nの力F_2がはたらいている。

① F_1とF_2が同じ向きのとき，F_1とF_2の合力Fは何Nか。　[　　　]

② F_1とF_2が反対向きのとき，F_1とF_2の合力Fは何Nか。　[　　　]

(2) 右の図で，F_1とF_2の合力Fを作図せよ。

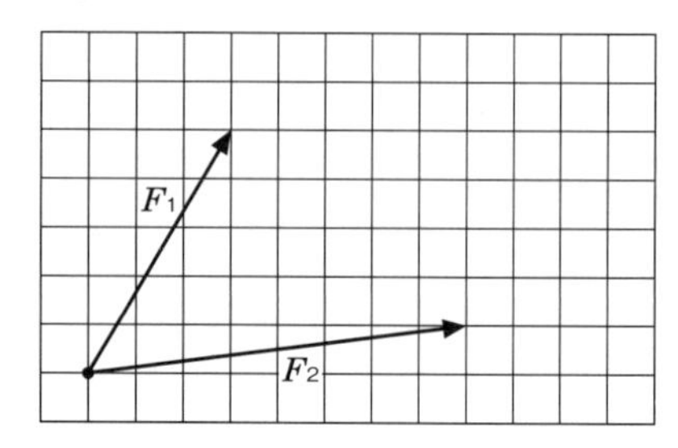

2 〈力の分解〉

右の図は，ある物体にはたらく65Nの力を表している。方眼1目盛りが5Nの力を表しているとして，次の問いに答えなさい。

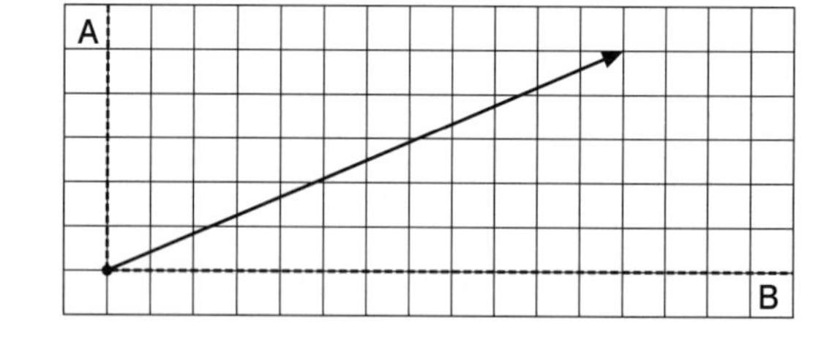

(1) 図の力を，A，Bの2つの向きに分解せよ。

(2) A，Bの向きの分力の大きさは，それぞれ何Nか。

A [　　　] B [　　　]

3 〈作用・反作用の法則〉 重要

図1のように，AさんとBさんが荷物台車に乗っている。AさんがBさんを右向きに20Nの力でおしたとして，次の問いに答えなさい。

図1

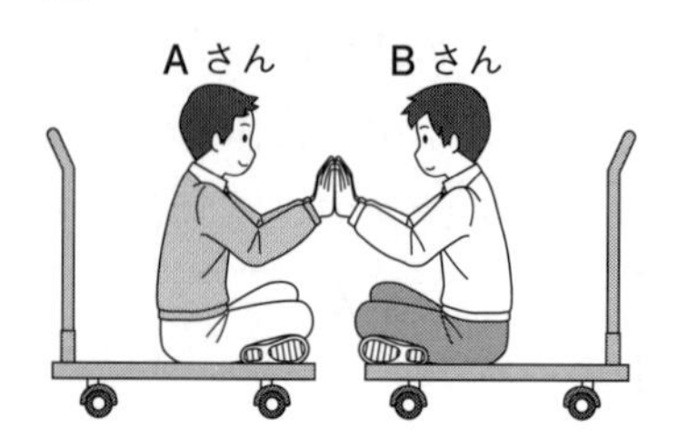

(1) AさんがBさんをおすと，AさんはBさんから力を受ける。

① このように，ある物体が別の物体に力を加えるとき，2つの物体の間でたがいに力をおよぼし合うことを，何の法則というか。　[　　　]

② Aさんが受ける力の向きは，右向きか，左向きか。　[　　　]

③ Aさんが受ける力の大きさは何Nか。　[　　　]

(2) AさんがBさんをおすと，AさんとBさんはどうなるか。次のア～ウからそれぞれ選び，記号で答えよ。　Aさん［　　］ Bさん［　　］

ア　右向きに動く。　イ　左向きに動く。　ウ　動かない。

ミス注意 (3) 図２は，磁石(じしゃく)のＮ極どうしを近づけたときにはたらく同じ大きさの力X，Yを示している。

① X，Yの２つの力は，つり合っているといえるか。［　　］

② X，Yの２つの力は，作用・反作用の関係にあるといえるか。［　　］

図２

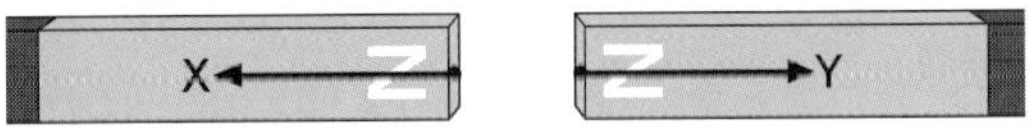

X　N　N　Y

4 〈水圧(すいあつ)と浮力(ふりょく)〉

空中でばねばかりにおもりをつるすと，ばねばかりが示す値は3.0Nだった。次に，右の図のようにおもりを水中に沈(しず)めると，ばねばかりが示す値は2.7Nになった。次の問いに答えなさい。

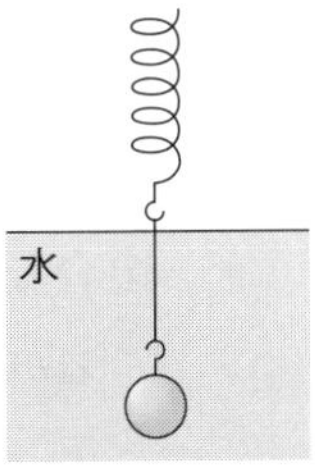

水

(1) 水圧がおもりにはたらくようすを矢印で正しく示しているものを，次のア～エから選び，記号で答えよ。［　　］

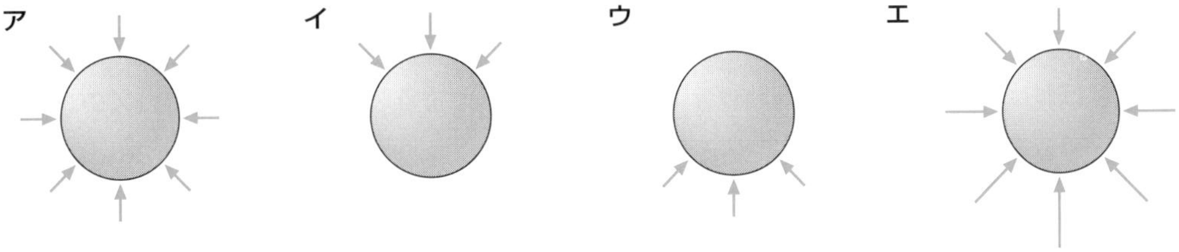

ア　イ　ウ　エ

ミス注意 (2) このおもりを図よりさらに深く沈めたとき，おもりの各部分にはたらく水圧の大きさはどうなるか。［　　］

(3) 図のように水中にあるとき，おもりが受ける浮力は何Nか。［　　］

ミス注意 (4) このおもりを図よりさらに深く沈めたとき，浮力の大きさはどうなるか。

［　　］

ヒント

1 (2) もとの２つの力を表す矢印を２辺とする平行四辺形をかくと，対角線が合力を表す。

2 (1) もとの力を表す矢印を対角線とする平行四辺形をかくと，２辺がそれぞれの向きの分力を表す。

3 作用と反作用は，大きさが等しく，一直線上にあり，向きが反対である。

4 (4) 浮力は，水中にある物体の上面と下面にはたらく水圧の差によって生じる。

標準問題

▶答え　別冊p.12

1

〈力の合成〉

図1のように，一方の端を固定したばねを，2本のばねばかりA，Bで引いた。このとき，ばねばかりAは2.0N，ばねばかりBは1.0Nを示していた。次の問いに答えなさい。

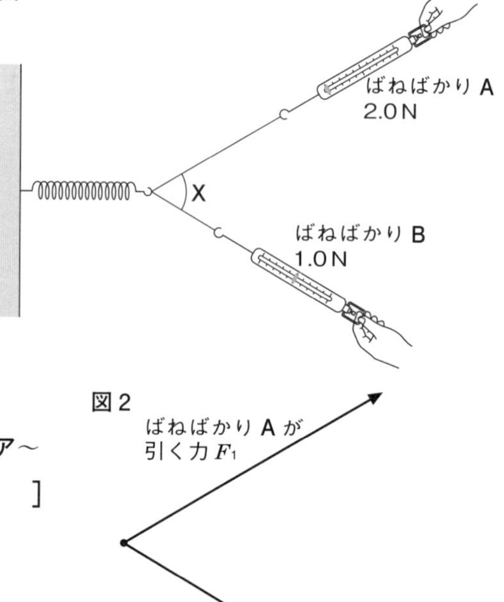

(1) 図2は，図1でばねを引く力を，1Nの力を2cmの矢印で模式的に表したものである。次の①，②に答えよ。

① F_1とF_2の合力Fを，図2に作図せよ。

② 合力Fの大きさとして正しいものを次の**ア**～**カ**から選び，記号で答えよ。　[　　]

ア　約1.1N　　**イ**　約1.6N

ウ　約2.1N　　**エ**　約2.6N

オ　約3.1N　　**カ**　約3.6N

(2) ばねばかり**A**が2.0N，ばねばかり**B**が1.0Nを示すようにしたまま，**図1**の**X**の角度を大きくすると，ばねののびはどうなるか。　[　　　　　　]

2

〈斜面上の物体にはたらく力〉 重要

右の図のように，なめらかな斜面の上に物体を置き，ばねばかりで支えたところ，静止した。次の問いに答えなさい。なお，図中の矢印は，この物体にはたらく重力を表しており，方眼1目盛りは2Nの力を表すものとする。

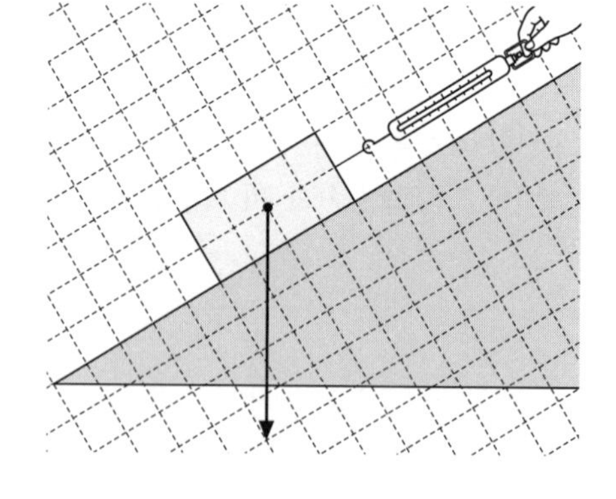

(1) 図中の重力を，斜面に平行な方向と斜面に垂直な方向に分解し，図中に示せ。

(2) この物体にはたらく垂直抗力は何Nか。

[　　　]

(3) ばねばかりは何Nを示しているか。　[　　　]

(4) 斜面の傾きを大きくすると，ばねばかりの示す値はどうなるか。

[　　　　　　]

3 〈水圧〉

次の実験について，あとの問いに答えなさい。

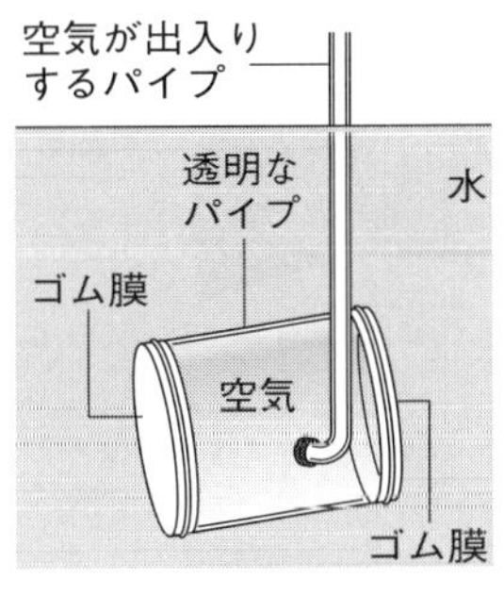

〔実験〕1 右の図のようなゴム膜を張った透明なパイプを，水平な向きにしたまま水に入れ，ゴム膜のようすを調べた。パイプの中には空気が入っている。

2 1でのパイプの向きを変えて縦向きにし，1と同じように調べた。

(1) 1の結果を次の**ア**～**エ**から選び，記号で答えよ。 [ ]

ア パイプ ゴム膜 **イ** 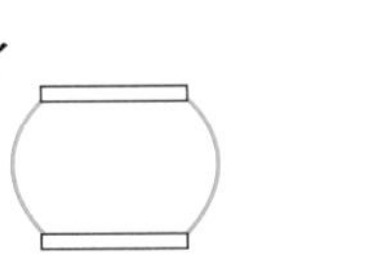 **ウ** **エ** 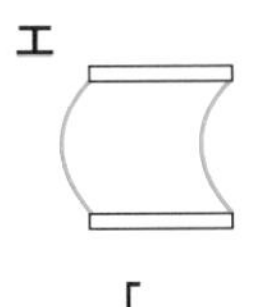

(2) 2の結果を次の**ア**～**エ**から選び，記号で答えよ。 [ ]

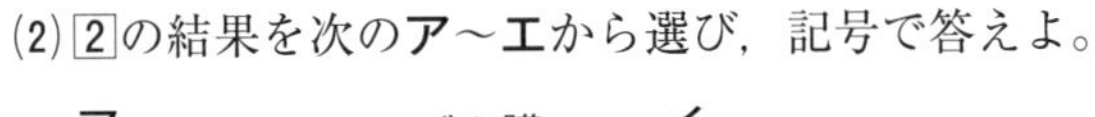
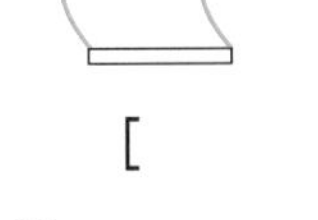

ア 

イ 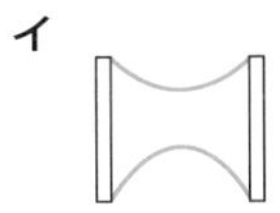 **ウ** 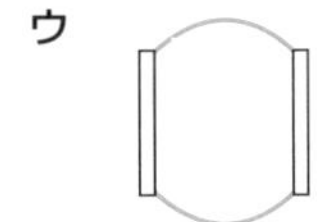 **エ** 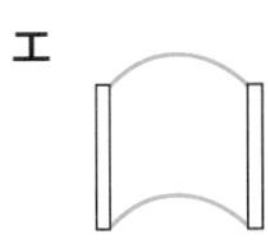

4 〈浮力〉 重要

次の実験について，あとの問いに答えなさい。

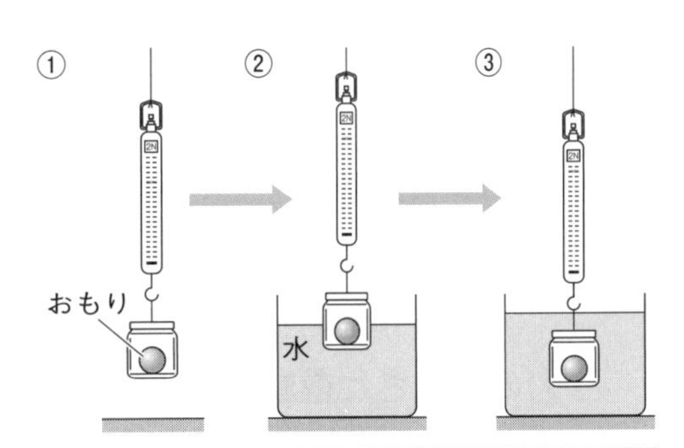

〔実験〕1 右の図のような容器におもりAを入れてばねばかりにつるし，①，②，③の状態でのばねばかりの示す値を調べた。

2 おもりB，Cも，1と同じように調べた。

3 1，2で調べた値をまとめると，右の表のようになった。

	おもり	①	②	③
ばねばかりの示す値〔N〕	A	0.60	0.35	0.10
	B	0.92	0.67	0.42
	C	1.50	1.25	1.00

ミス注意 (1) 1の②，③のときに容器にはたらく浮力は，それぞれ何Nか。

② [ ] ③ [ ]

(2) この実験からわかる，水中にある物体の体積と浮力との関係を，簡単に説明せよ。

[ ]

(3) この実験からわかる，物体の重さと浮力との関係を，簡単に説明せよ。

[ ]

差がつく (4) この容器におもりを入れずにばねばかりで重さをはかると，0.15Nであった。次の①～③のときに，容器をゆっくり水に沈めていくと，それぞれどうなるか。下の**ア**～**エ**からそれぞれ選び，記号で答えよ。ただし，100gの物体にはたらく重力を1Nとする。

① 容器におもりを入れないとき [ ]

② 容器に10gのおもりを入れたとき [ ]

③ 容器に45gのおもりを入れたとき [ ]

ア まったく水に沈まない。 **イ** 少し沈むが，それ以上は沈まない。

ウ 半分まで沈み，それ以上は沈まない。 **エ** 全体が沈む。

3章 運動とエネルギー

② 物体の運動

重要ポイント

① 速さ

- □ **運動のようす**…物体の運動のようすは，運動の向きと速さで表される。
- □ **速さ**…一定時間あたりの移動距離を表す。単位はm/s，km/hなど。
  - └→それぞれメートル毎秒，キロメートル毎時と読む。秒はs，分はmin，時間はhで表す。

速さ＝移動距離／移動にかかった時間

- ・平均の速さ…一定時間を同じ速さで移動し続けたと仮定したときの速さ。
- ・瞬間の速さ…ごく短い時間における速さ。
  - ┌→時間の変化に応じて刻こくと変化する。
- □ **記録タイマー**…物体の運動が速いほど記録タイマーの打点間隔が広い。
  - ┌→東日本では1秒間に50打点，西日本は1秒間に60打点。
  - └→打点間隔1個が$\frac{1}{50}$秒または$\frac{1}{60}$秒の移動距離を表す。

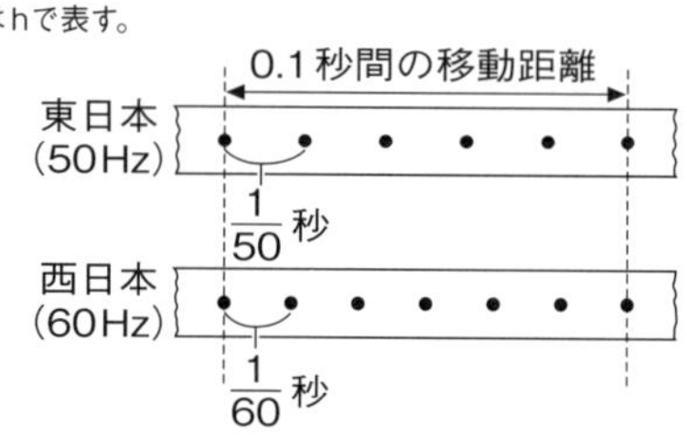

② 力がはたらくときの運動

- □ **力の向きと運動**…力の向きと物体の運動の向きが同じとき，物体はだんだん速くなる。力の向きと物体の運動の向きが反対のとき，物体はだんだん遅くなる。
- □ **力の大きさと運動**…物体にはたらく力が大きいほど，物体の速さの変化が大きい。
  - └→斜面上の台車にはたらく力は，斜面の角度が同じならば，位置によらず一定である。

斜面の傾き：小

垂直抗力 N
斜面に平行な分力 A
斜面に垂直な分力 B
重力 W

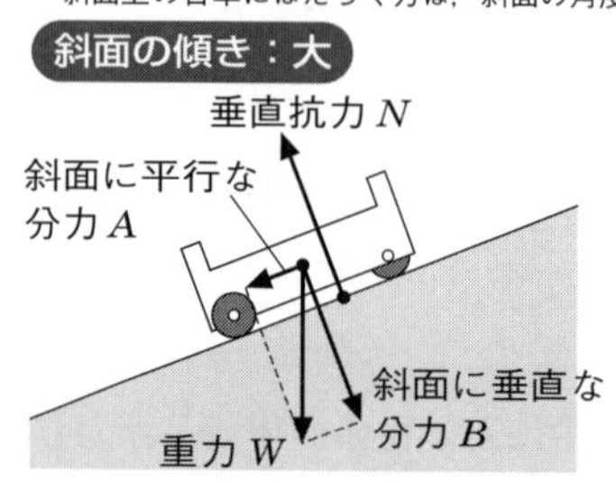

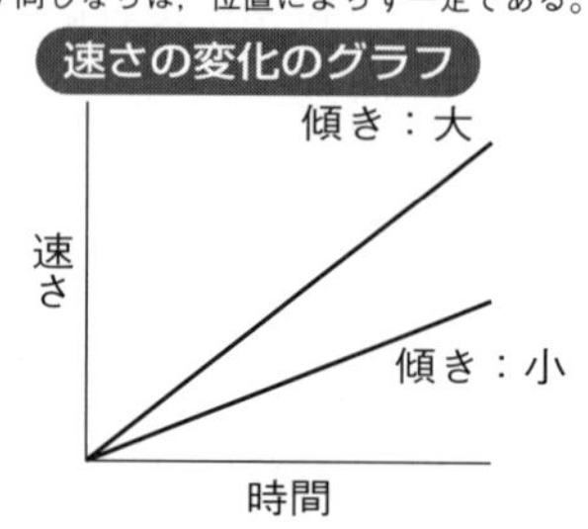

- □ **自由落下(運動)**…物体が自然に真下に落下するときの運動。
  - └→斜面の角度が90°のときの運動と考えることができる。

③ 力がはたらかないときの運動

- □ **等速直線運動**…一直線上を同じ速さで移動する運動。
  - └→「移動距離＝速さ×時間」の関係が成り立つ。
- □ **慣性の法則**…物体に力がはたらいていないときや，物体にはたらく力がつり合っているとき，静止している物体は**静止し続け**，運動している物体は**等速直線運動を続ける**。
  - └→このような物体の性質を慣性という。

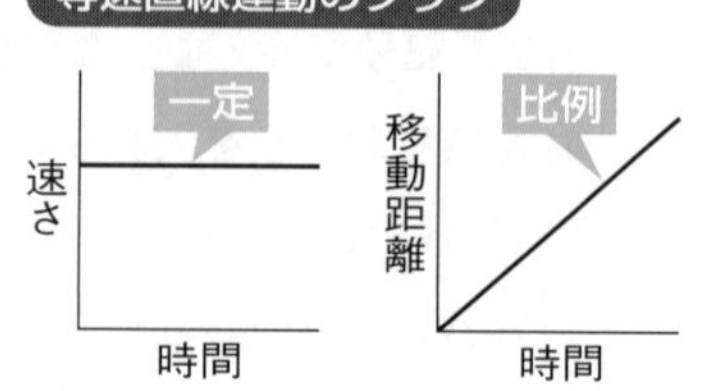

◉記録タイマーの記録したテープを読みとって速さを求められるようにしておく。
◉斜面上の物体の運動では，重力の分解が同時に出題されることが多い。物体の速さが変化しても，斜面に平行な分力は一定であることに注意する。

ポイント 一問一答

①速さ

□(1) 物体の運動のようすは，運動の何と何で表されるか。
□(2) 一定時間あたりの移動距離を何というか。
□(3) 一定時間を同じ速さで移動し続けたと仮定したときの速さを何というか。
□(4) ごく短い時間における速さを何というか。
□(5) 1秒間に50打点する記録タイマーで物体の運動を調べたとき，記録タイマーの打点間隔1個は，何秒間の移動距離を表すか。
□(6) 記録タイマーで物体の運動を調べたとき，物体の運動が速いほど，記録タイマーの打点間隔はどうなるか。

②力がはたらくときの運動

□(1) 力の向きと物体の運動の向きが同じとき，物体の速さはどうなるか。
□(2) 力の向きと物体の運動の向きが反対のとき，物体の速さはどうなるか。
□(3) 物体にはたらく力が大きいほど，物体の速さの変化はどうなるか。
□(4) 斜面上にある物体の速さの変化は，斜面の傾きが大きいほどどうなるか。
□(5) 物体が自然に真下に落下するときの運動を何というか。

③力がはたらかないときの運動

□(1) 一直線上を同じ速さで移動する運動を何というか。
□(2) 物体に力がはたらいていないときや，物体にはたらく力がつり合っているとき，物体は静止または等速直線運動を続けようとする。これを何の法則というか。

答

① (1) 向き，速さ (2) 速さ (3) 平均の速さ (4) 瞬間の速さ (5) $\frac{1}{50}$秒間 (6) 広くなる。
② (1) (だんだん)速くなる。 (2) (だんだん)遅くなる。 (3) 大きくなる。 (4) 大きくなる。 (5) 自由落下(運動)
③ (1) 等速直線運動 (2) 慣性の法則

基礎問題

▶答え 別冊p.13

1 〈運動のようす〉

次の①～④にあてはまる運動を，あとのア～エからそれぞれ選び，記号で答えなさい。

① 向きも速さも変化する運動 [　　]

② 向きは変化するが，速さは変化しない運動 [　　]

③ 向きは変化しないが，速さは変化する運動 [　　]

④ 向きも速さも変化しない運動 [　　]

ア 投げたフライングディスク　イ 氷の上をすべるアイスホッケーのパック　ウ 真下に落ちるリンゴ　エ 回転している観覧車

2 〈記録テープの分析〉 重要

次の図は，台車の運動を，1秒間に50回打点する記録タイマーを使って調べたときのようすを示している。あとの問いに答えなさい。

A　B　C　D

台車

0　5　10　15　20　25　30〔cm〕

ミス注意 (1) A～Dの区間における台車の運動のようすを，次のア～ウからそれぞれ選び，記号で答えよ。

A [　　] B [　　] C [　　] D [　　]

ア 時間とともに，速さがだんだん速くなっている。

イ 時間とともに，速さがだんだん遅くなっている。

ウ 一定の速さで運動している。

(2) 1秒間に50回打点する記録タイマーを使ったとき，打点間隔1個は，何秒間の台車の運動を表しているか。 [　　]

(3) A～Dの区間での台車の平均の速さは，それぞれ何cm/sか。

A [　　] B [　　] C [　　] D [　　]

3 〈力がはたらくときの運動〉

1秒間に60回打点する記録テープをつけた台車を斜面(しゃめん)に置き，記録タイマーで記録できるようにして，静かに手をはなしたところ，台車は斜面を下っていった。右の図は，そのときの記録テープを途中から6打点ごとに切り，順に並べたものの一部である。次の問いに答えなさい。

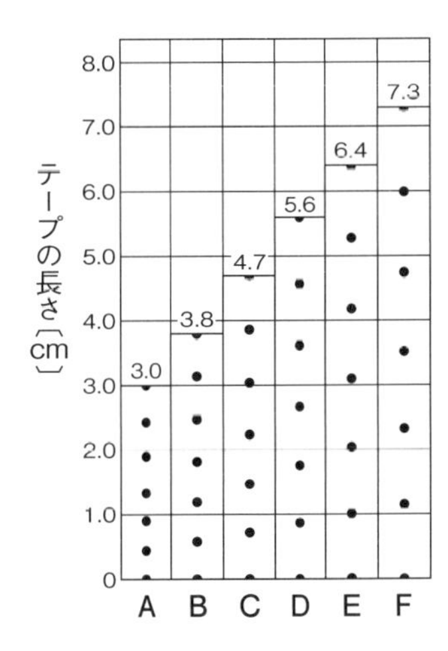

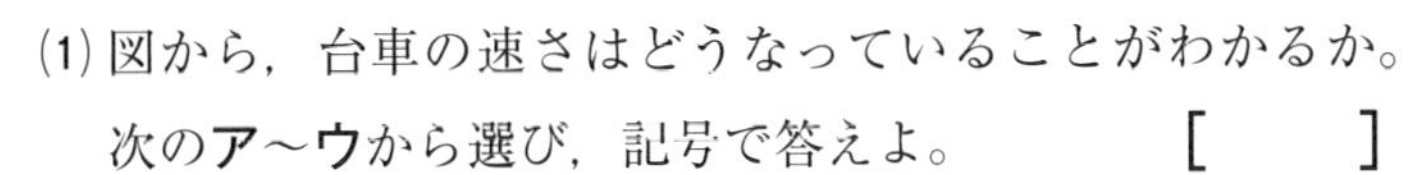

(1) 図から，台車の速さはどうなっていることがわかるか。次のア～ウから選び，記号で答えよ。 [ ]

ア だんだん速くなっている。

イ だんだん遅くなっている。

ウ 変化していない。

(2) 台車にはたらいている力の向きは，台車の運動の向きと同じか，反対か。

[ ]

(3) ①Dのテープを記録しているとき，②AのテープをA記録してからFのテープを記録するまでの台車の平均の速さは，それぞれ何cm/sか。答えは小数第1位を四捨五入して，整数で求めよ。 ① [ ] ② [ ]

4 〈力がはたらかないときの運動〉 重要

次の図は，水平面上を移動しているアイスホッケーのパックの位置を，0.2秒ごとに記録したものである。あとの問いに答えなさい。

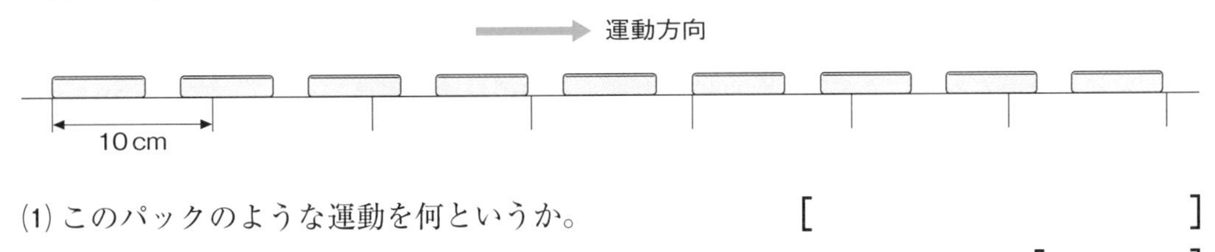

(1) このパックのような運動を何というか。 [ ]

(2) このパックの速さは，何cm/sか。 [ ]

(3) 次の①～③の[ ]に適当な語を入れ，文章を完成させよ。

① [ ] ② [ ] ③ [ ]

物体に力がはたらいていないときや，物体にはたらいている力が[①]ときは，静止している物体は[②]し続けようとし，運動している物体は(1)の運動を続けようとする。物体がもっているこのような性質を[③]という。

ヒント

2 打点間隔(かんかく)が広いほど，物体の運動の速さが速い。

3 力の向きと物体の運動の向きが同じとき，物体はだんだん速くなり，力の向きと物体の運動の向きが反対のとき，物体はだんだん遅くなる。

標準問題

▶答え　別冊p.13

1

〈記録テープの分析〉

下の図は，ある物体の運動を，1秒間に50回打点する記録タイマーで記録したときのものである。次の問いに答えなさい。

A　B　C　D　E　F　G　H　I　J　K　L

0　8　17　27　38　50　63　77　92　108　125　143〔mm〕

⑴ この物体の速さは，どのように変化しているか。

[　　　　　　　　　　　　　　　　　　　　]

⑵ **F**を打点してから0.1秒間の平均の速さは何cm/sか。　[　　　　]

⑶ ⑵の速さを，km/hの単位で表せ。　[　　　　]

2

〈斜面を下る台車の運動〉 重要

図1のように，なめらかな斜面上に台車を置き，静かに手を離したところ，台車は斜面を下っていった。次の問いに答えなさい。

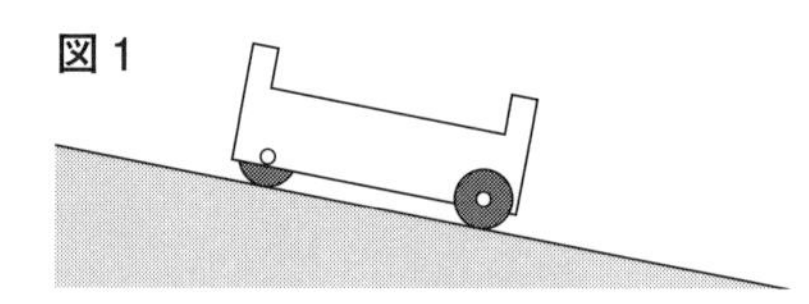

ミス注意 ⑴ 次の①，②は，時間とともにどのように変化するか。**図2**の**ア**～**エ**からそれぞれ選び，記号で答えよ。

① 台車にはたらく重力の斜面に平行な分力　[　　]

② 台車の速さ　[　　]

⑵ 斜面をゆるやかにすると，台車にはたらく重力の斜面に平行な分力の大きさはどうなるか。　[　　　　]

⑶ ⑵のとき，台車の運動のようすはどうなるか。「斜面をゆるやかにする前とくらべて」という書き出しに続けて説明せよ。

[斜面をゆるやかにする前とくらべて　　　　　　　　　　　　]

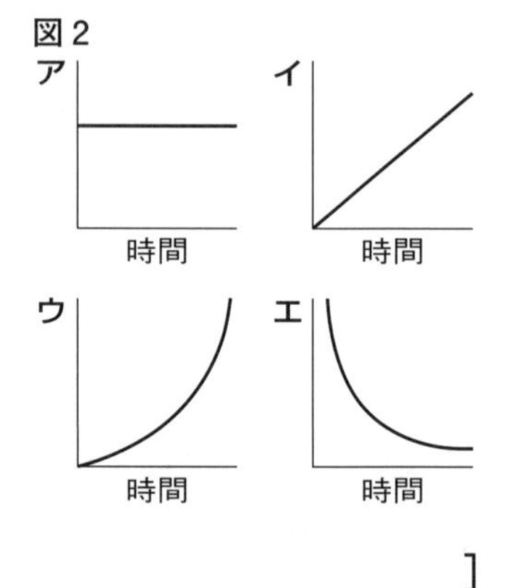

3

〈斜面上での球の運動〉

右の図のように，球を斜面の上へ向かって転がした。次の①～③の[　]に適当な語を入れ，文章を完成させなさい。

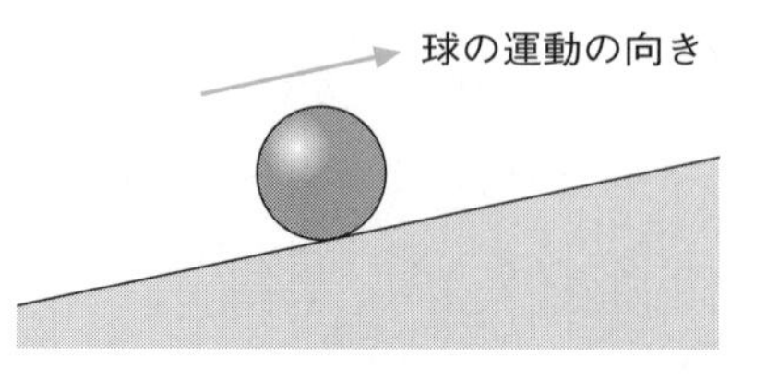

① [　　　　] ② [　　　　] ③ [　　　　]

球が斜面を上へ向かって転がっているときは，球の運動の向きと球にはたらく力の向きが[①]であるため，球の速さはしだいに[②]なる。その後，球は斜面上で一瞬[③]し，すぐに斜面を下へ向かって転がりはじめる。

4 〈慣性の法則〉

右の図のように，Aさんは，一定の速さで走っている電車の中に立っている。次の問いに答えなさい。

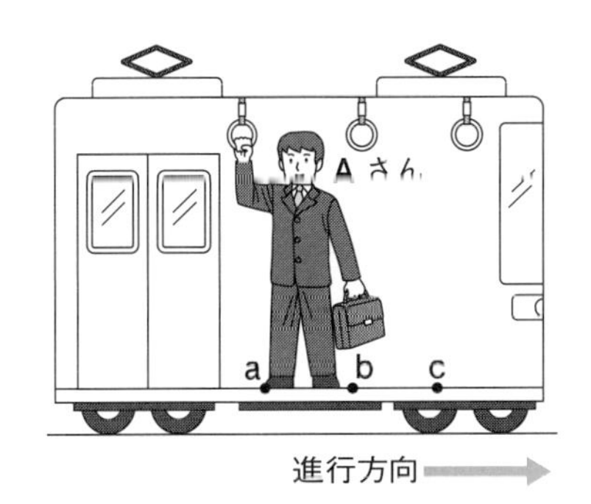

差がつく (1) 電車が一定の速さで走っているとき，Aさんがかばんから手を離した。かばんは，電車の中のa～cのどこに落ちるか。　[　　]

(2) 電車が急ブレーキをかけるとAさんはどのように動くか。
[　　　　　　　　　　]

差がつく (3) 電車が急ブレーキをかけたのと同時に，Aさんがかばんから手を離した。かばんは，電車の中のa～cのどこに落ちるか。　[　　]

5 〈物体の運動〉

次の実験について，あとの問いに答えなさい。

〔実験〕図1のように，AB間でだけ摩擦力がはたらき，それ以外では摩擦力がはたらかない水平面上に金属球を静かに置き，軽く突いて水平面上を運動させた。このときの運動をデジタルビデオカメラで撮影したところ，金属球は摩擦力がはたらかないところでは等速直線運動を続けていたことがわかった。図2は，図1の点A，点Bの付近における0.2秒ごとの金属球の位置を示しており，表は，点Pから点Tまでのそれぞれの区間の距離を示している。

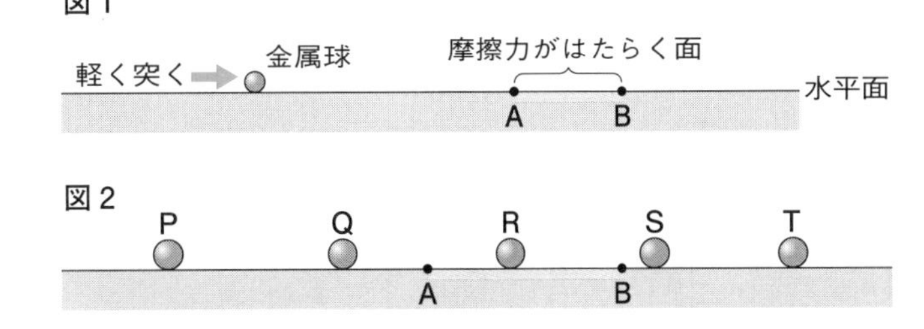

区間	PQ間	QR間	RS間	ST間
距離〔cm〕	8.0	7.8	6.8	6.5

(1) 物体に力がはたらいていないときや，物体にはたらく力がつり合っているとき，物体がその運動を続けようとする性質を何というか。　[　　]

(2) この実験で，金属球のPT間における平均の速さは何cm/sか。答えは小数第1位を四捨五入して，整数で求めよ。　[　　]

(3) この実験で，金属球の点Sにおける瞬間の速さは何cm/sか。答えは小数第1位を四捨五入して，整数で求めよ。　[　　]

差がつく (4) この実験において，金属球が点Qから0.1秒間に移動した距離をq〔cm〕，金属球がRから0.1秒間に移動した距離をr〔cm〕とする。

① 点QからQRの中点までの距離q_1〔cm〕とqとの大小関係を，等号または不等号を使って表せ。　[　　]

② 点RからRSの中点までの距離r_1〔cm〕とrとの大小関係を，等号または不等号を使って表せ。　[　　]

③仕事とエネルギー

重要ポイント

①仕事

□ **仕事**…物体に力を加え，物体をその向きに動かしたとき，**力は物体に対して仕事をしたという。**
└→力を加えても物体が動かなかったときや，力の向きと物体の移動の向きが垂直なときは，仕事をしたとはいえない。

仕事〔J(ジュール)〕＝力の大きさ〔N〕×力の向きに動いた距離(きょり)〔m〕

□ **仕事の原理**…滑車(かっしゃ)や斜面(しゃめん)，てこなどの道具を使って仕事をしても，**道具を使わなかったときと，仕事の大きさは変化しない。**
└→動滑車を使うと，力は半分ですむが，動かす距離が２倍になる。
└→必要な力が$\frac{1}{2}$，$\frac{1}{3}$，…ですんでも，動かす距離が２倍，３倍，…になるため。

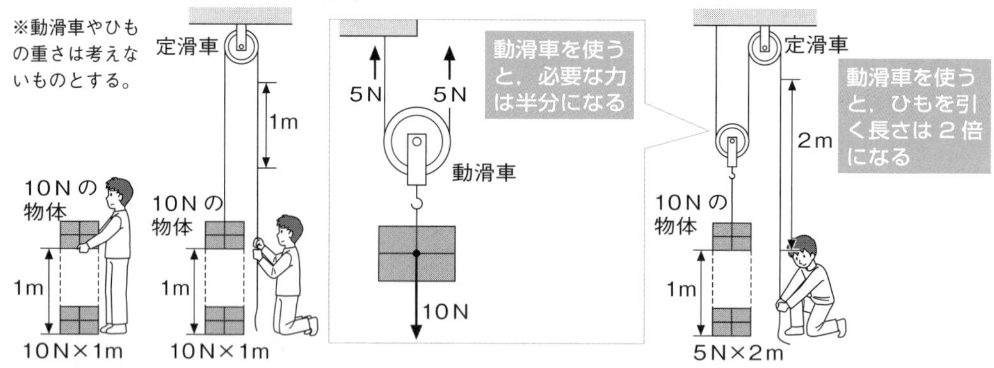

□ **仕事率**…力が単位時間あたりにする仕事の大きさ。

$$仕事率〔W(ワット)〕＝\frac{仕事の大きさ〔J〕}{仕事にかかった時間〔s〕}$$

②力学的(りきがくてき)エネルギー

□ **エネルギー**…ほかの物体に仕事をする能力。
└→仕事をするとエネルギーが減り，仕事をされるとエネルギーがふえる。

□ **位置エネルギー**…高いところにある物体がもつエネルギー。物体の質量が大きいほど，また，位置が高いほど，位置エネルギーは大きい。

□ **運動エネルギー**…運動している物体がもつエネルギー。物体の質量が大きいほど，また，速さが速いほど，運動エネルギーは大きい。

□ **力学的エネルギー**…位置エネルギーと運動エネルギーの和。

□ **力学的エネルギーの保存**…摩擦(まさつ)や空気の抵抗(ていこう)などがなければ，力学的エネルギーは一定に保たれる。
└→床をすべる物体がやがて止まるのは，おもに摩擦のためである。

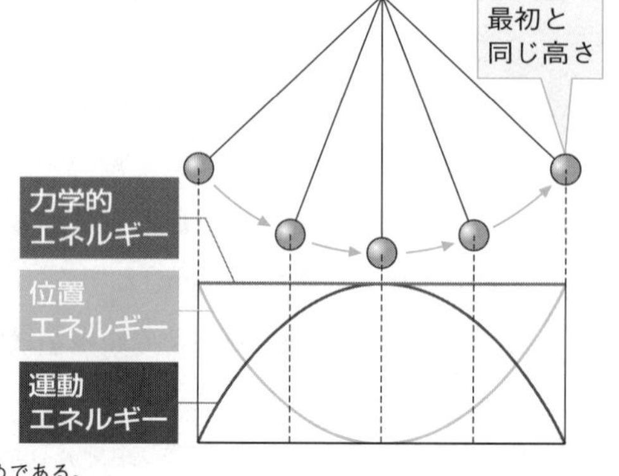

◉理科では，力を加えた方向に物体が動かないかぎり，仕事をしたことにはならない。
◉仕事の原理と仕事を求める式を使えば，仕事の大きさ〔J〕と力の向きに動いた距離〔m〕から，力の大きさ〔N〕を求めることができる。

ポイント 一問一答

①仕事

□(1) 物体に力を加え，物体をその向きに動かしたとき，力は物体に対して何をしたというか。

□(2) (1)の単位Jは何と読むか。

□(3) 次の式の①，②にあてはまる言葉を書け。
仕事〔J〕=(①)の大きさ〔N〕×力の向きに動いた(②)〔m〕

□(4) 道具を使っても，道具を使わなかったときと仕事の大きさは変化しない。これを何というか。

□(5) 力が単位時間あたりにする仕事の大きさを何というか。

□(6) (5)の単位Wは何と読むか。

□(7) 右の式の①，②にあてはまる言葉を書け。仕事率〔W〕= $\dfrac{(①)の大きさ〔J〕}{仕事にかかった(②)〔s〕}$

②力学的(りきがくてき)エネルギー

□(1) ほかの物体に仕事をする能力を何というか。

□(2) 高いところにある物体がもつエネルギーを何というか。

□(3) 物体の質量が大きいほど，位置エネルギーはどうなるか。

□(4) 物体の位置が高いほど，位置エネルギーはどうなるか。

□(5) 運動している物体がもつエネルギーを何というか。

□(6) 物体の質量が大きいほど，運動エネルギーはどうなるか。

□(7) 物体の速さが速いほど，運動エネルギーはどうなるか。

□(8) 位置エネルギーと運動エネルギーの和を何というか。

□(9) 摩擦(まさつ)や空気の抵抗(ていこう)などがなければ，力学的エネルギーは一定に保たれる。これを何というか。

答

① (1) 仕事 (2) ジュール (3) ① 力 ② 距離(きょり) (4) 仕事の原理 (5) 仕事率 (6) ワット (7) ① 仕事 ② 時間

② (1) エネルギー (2) 位置エネルギー (3) 大きくなる。 (4) 大きくなる。 (5) 運動エネルギー (6) 大きくなる。 (7) 大きくなる。 (8) 力学的エネルギー (9) 力学的エネルギーの保存(力学的エネルギー保存の法則)

基礎問題

▶答え　別冊p.14

1
〈仕事〉 重要

仕事について，次の問いに答えなさい。

(1) 重さが20Nの物体を真上にゆっくりと引き続けて，4mもち上げた。このときの仕事は何Jか。　[　　　]

ミス注意 (2) 水平面上に置かれている重さが5Nの物体を2.4Nの力で水平におし続け，50cm動かした。このときの仕事は何Jか。

[　　　]

(3) 右の図のように，300Nの力で壁(かべ)をおしたが，壁は動かなかった。このとき，仕事をしたといえるか。　[　　　]

2
〈仕事の原理〉 重要

AさんとBさんの2人が，重さが5Nの荷物をそれぞれ0.6mもち上げた。このとき，Aさんは直接もち上げ，Bさんは動滑車(どうかっしゃ)を使ってもち上げた。滑車やロープの重さは無視できるものとして，次の問いに答えなさい。

(1) Aさんが行った仕事は何Jか。　[　　　]

(2) Bさんは，ロープを何Nの力で引いたか。　[　　　]

(3) Bさんは，ロープを何m引いたか。　[　　　]

(4) Bさんが行った仕事は何Jか。　[　　　]

(5) 道具を使ったとき，使わなかったときにくらべて仕事の大きさはどうなるか。

[　　　　　　]

(6) (5)のことを何というか。　[　　　　　　]

3
〈仕事率〉

クレーンを使って重さが500Nの物体を4mもち上げるのに，16秒かかった。次の問いに答えなさい。

(1) クレーンがした仕事は，何Jか。

[　　　]

(2) クレーンがこの仕事をしたときの仕事率は何Wか。　[　　　]

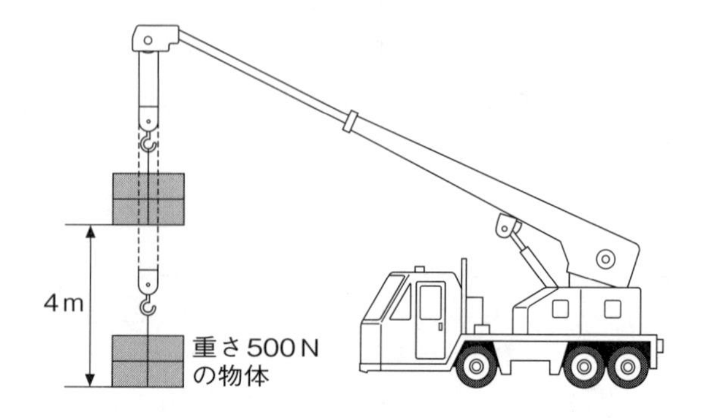

4 〈位置エネルギー〉

右の図のように，なめらかな水平面上の物体とおもりをひもでつなぎ，おもりから静かに手を離したところ，おもりに引かれて物体が動いた。次の問いに答えなさい。

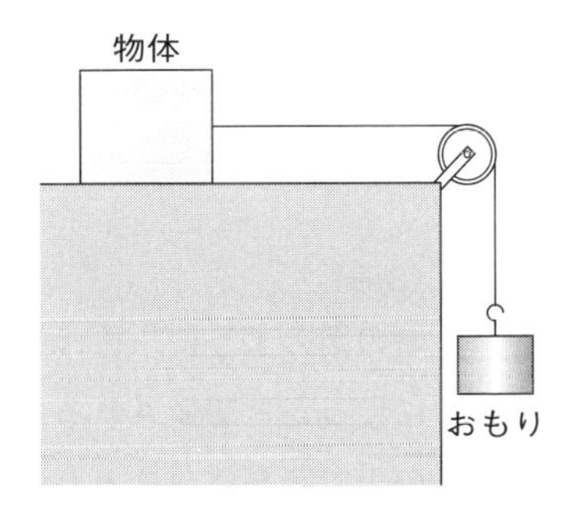

(1) ほかの物体に仕事をする能力を何というか。

[　　　　　　　　]

(2) 図のおもりのように，高いところにある物体がもっている(1)を何というか。　[　　　　　　　　]

(3) 図のおもりの位置が低くなるにつれて，おもりの(2)の大きさはどうなるか。

[　　　　　　　　]

(4) 図のおもりを質量が大きいものにとりかえると，(2)の大きさはどうなるか。

[　　　　　　　　]

5 〈運動エネルギー〉

右の図のように，水平面上に置いた木片に運動している台車を衝突させると，木片が動いた。次の問いに答えなさい。

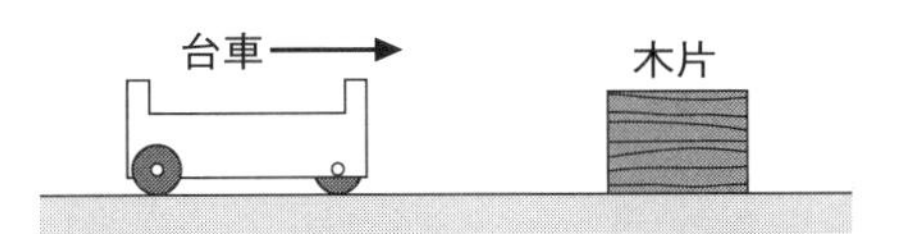

(1) 図の台車のような，運動している物体がもっているエネルギーを何というか。

[　　　　　　　　]

(2) 台車の速さを速くすると，台車の(1)はどうなるか。　[　　　　　　　　]

(3) 図の台車を質量が小さいものにとりかえると，(1)の大きさはどうなるか。

[　　　　　　　　]

6 〈力学的エネルギーとその保存〉 重要

右の図は，振り子の運動を模式的に表したものである。あとの問いに答えなさい。

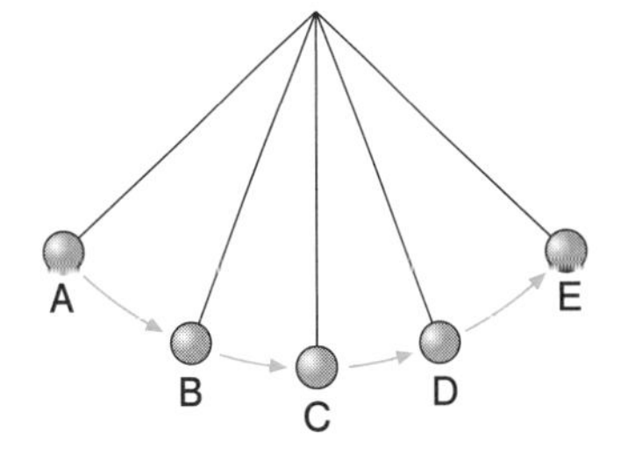

(1) 物体がもつ位置エネルギーと運動エネルギーの和を何というか。　[　　　　　　　　]

(2) 摩擦や空気の抵抗がなければ，おもりの(1)は，A～Eのどの位置でも同じである。これを何というか。

[　　　　　　　　]

1 仕事〔J〕＝力の大きさ〔N〕×力の向きに動いた距離〔m〕

3 仕事率〔W〕＝ $\dfrac{\text{仕事の大きさ〔J〕}}{\text{仕事にかかった時間〔s〕}}$

標準問題 1

▶答え　別冊p.15

1 〈仕事〉

右の図のように，古代の人びとが大きな石を運ぶのに使ったと想像される修羅（しゅら）を復元して，どれくらいの力で石を運ぶことができるか実験した。修羅の質量を3000 kg，運ぶ石の質量を20000 kg，石を動かす距離（きょり）を50 mとして，次の問いに答えなさい。

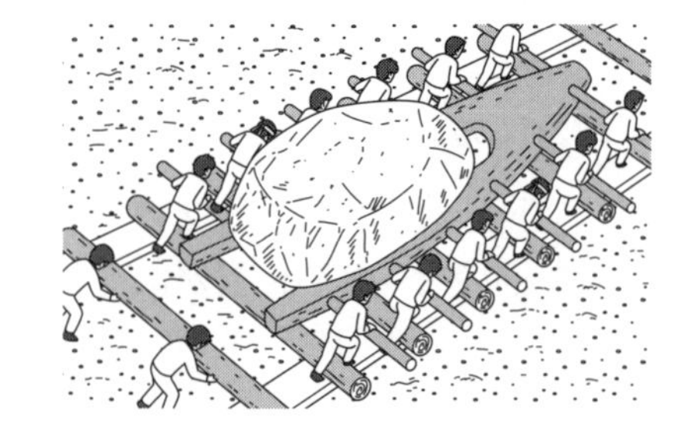

(1) 石をのせた修羅をそのまま地面の上に置き，引っぱったところ，動かすのに200000 Nの力が必要であった。このときの仕事は何Jか。　[　　　　]

(2) 図のように，地面の上に板を並べ，修羅と板の間に丸太を入れて動かしたところ，50000 Nの力が必要であった。このときの仕事は何Jか。　[　　　　]

差がつく (3) (2)では，(1)のときにくらべて，必要な仕事が小さくなる。その理由を簡単に説明せよ。

[　　　　　　　　　　　　　　　　　　　　]

2 〈てこを使った仕事〉

右の図のようなてこを使って，重さが800 Nの石を20 cmもち上げたい。てこ自体の重さは無視できるものとして，次の問いに答えなさい。

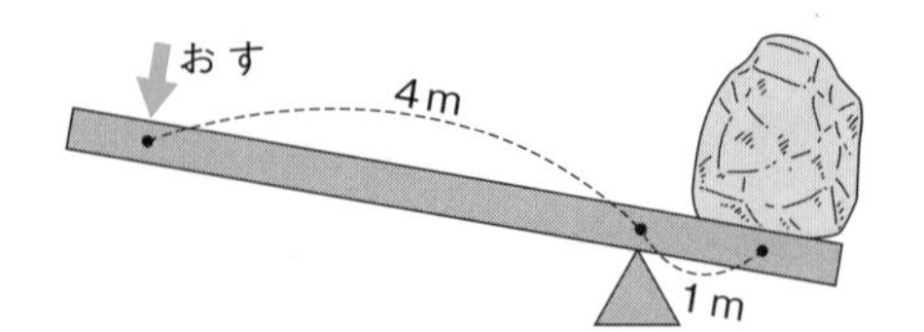

(1) 800 Nの石を20 cmもち上げるときの仕事は何Jか。

[　　　　]

(2) 石をもち上げるためには，何Nの力を加えればよいか。　[　　　　]

(3) 石をもち上げるためには，てこを何cmおし下げればよいか。　[　　　　]

3 〈坂道を使った仕事〉 重要

ある物体をばねばかりにつるしてゆっくりと真上に引き上げたところ，引いている間，ばねばかりは10 Nを示していた。次に，右の図のような装置でなめらかな斜面（しゃめん）にそって物体をA点からB点までゆっくりと80 cm引き上げると，もとの位置より40 cm高くなった。次の問いに答えなさい。

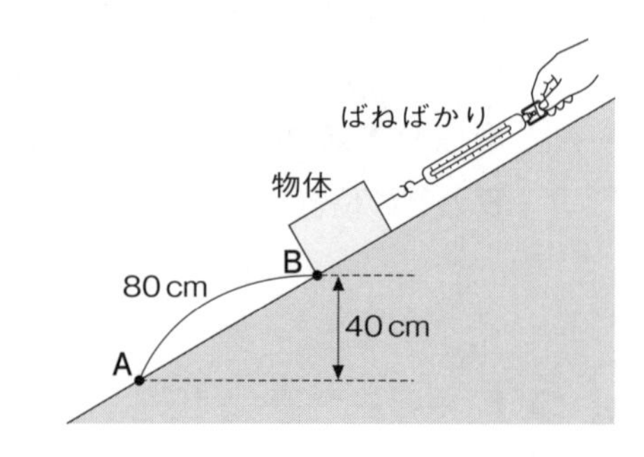

ミス注意 (1) このときの仕事は何Jか。　[　　　　]

(2) 斜面にそって物体を引き上げている間，ばねばかりは何Nを示していたか。　[　　　　]

4 〈輪軸(りんじく)を使った仕事〉 差がつく

右の図のように，質量のわからない物体を，半径の比が1：3の輪軸を使ってゆっくりと20cm引き上げた。このとき，ばねばかりは1.5Nを示していた。100gの物体にはたらく重力を1Nとして，次の問いに答えなさい。

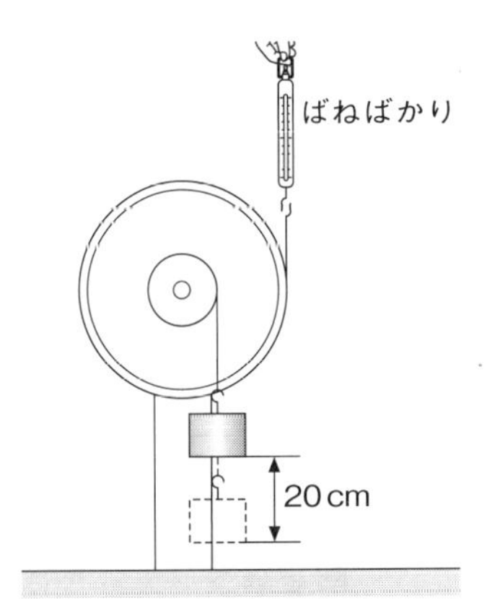

(1) 物体を20cm引き上げるには，ばねばかりを上に何cm引けばよいか。 [　　　　]

(2) このときの仕事は何J(ジュール)か。 [　　　　]

(3) この物体の質量は何gか。 [　　　　]

5 〈仕事率〉 重要

右の図のように，モーターにつないだ手回し発電機を回して，質量が500gの物体を0.8mの高さまでもち上げたところ，10秒かかった。100gの物体にはたらく重力を1Nとして，次の問いに答えなさい。

(1) このときの，モーターの仕事は何Jか。 [　　　　]

(2) このときの，モーターの仕事率は何Wか。 [　　　　]

(3) この物体を，仕事率が0.5Wの別のモーターを使って0.8mの高さまでもち上げると，何秒かかるか。 [　　　　]

6 〈仕事の総合問題〉

右の図のように，1個の質量が200gの滑車(かっしゃ)とモーターを組み合わせた装置をつくり，質量3kgの物体を50cmもち上げたところ，5秒かかった。100gの物体にはたらく重力を1Nとし，ひもの質量や摩擦力(まさつりょく)は無視できるものとして，次の問いに答えなさい。

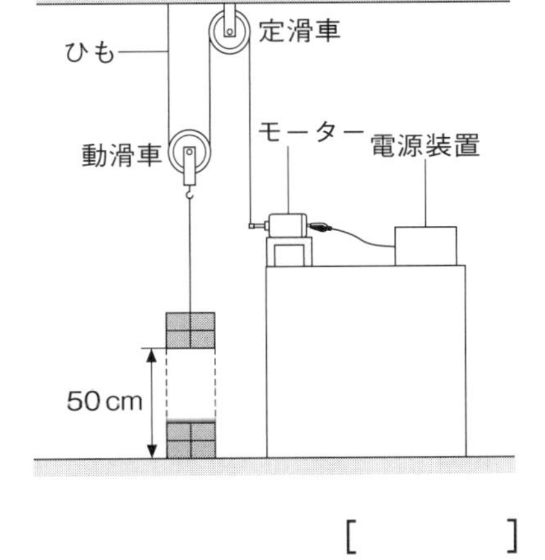

(1) モーターがひもを引く力は何Nか。 [　　　　]

(2) モーターが巻きとったひもの長さは何cmか。 [　　　　]

(3) モーターが行った仕事は何Jか。 [　　　　]

(4) このときのモーターの仕事率は何Wか。 [　　　　]

(5) この物体を，道具を使わずに50cmもち上げたときの仕事は何Jか。 [　　　　]

(6) モーターが行った仕事が(5)の仕事より大きくなった理由を，簡単に説明せよ。

[　　　　　　　　　　　　　　　　　　　　]

標準問題 2

▶答え　別冊p.15

1

〈位置エネルギーを調べる実験〉 重要

図1のような装置を使い，斜面(しゃめん)上から小球を転がして木片に当て，木片の移動距離(きょり)を調べる実験を行った。質量が20gの小球を使い，高さを変えて実験を行うと，図2の結果が得られた。また，高さを一定にして，異なる質量の小球を転がしたところ，図3の結果が得られた。次の問いに答えなさい。

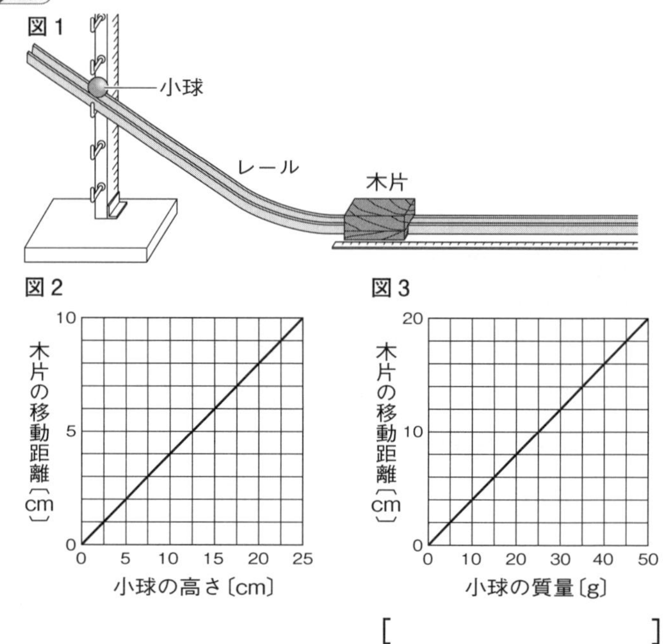

(1) 小球がもつ位置エネルギーの大きさが大きいほど，木片の移動距離はどうなるか。　[　　　　]

(2) 図2の結果から，小球の高さと位置エネルギーの大きさの間には，どのような関係があることがわかるか。　[　　　　]

(3) 図3の結果から，小球の質量と位置エネルギーの大きさの間には，どのような関係があることがわかるか。　[　　　　]

(4) 質量が20gの小球を，35cmの高さから転がすと，木片は何cm移動すると考えられるか。　[　　　　]

(5) 下線部では，小球を何cmの高さから転がしたか。　[　　　　]

2

〈運動エネルギーを調べる実験〉

図1のような装置を使い，水平な面の上で小球を転がして木片に当て，木片の移動距離を調べる実験を行った。表1は質量が30gの小球を速さを変えて転がしたときの結果，表2はいろいろな質量の小球を速さ0.5m/sで転がしたときの結果を示している。あとの問いに答えなさい。

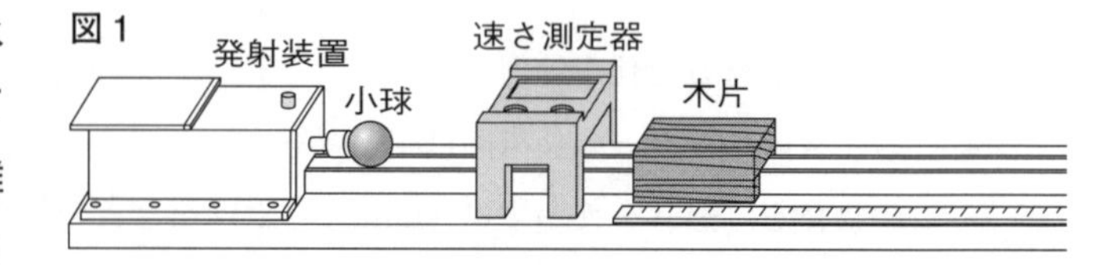

表1

小球の速さ〔m/s〕	0.2	0.5	0.8	1.0
木片の移動距離〔cm〕	0.4	2.6	6.7	10.4

表2

小球の質量〔g〕	10	20	30	50
木片の移動距離〔cm〕	0.9	1.7	2.6	4.3

ミス注意 (1) **表 1**，**表 2** の実験結果を示すグラフを，それぞれ**図 2** にかけ。

(2) 実験結果から，小球の質量・速さと運動エネルギーの大きさには，どのような関係があることがわかるか。

[　　　　　　　　　　]

図 2

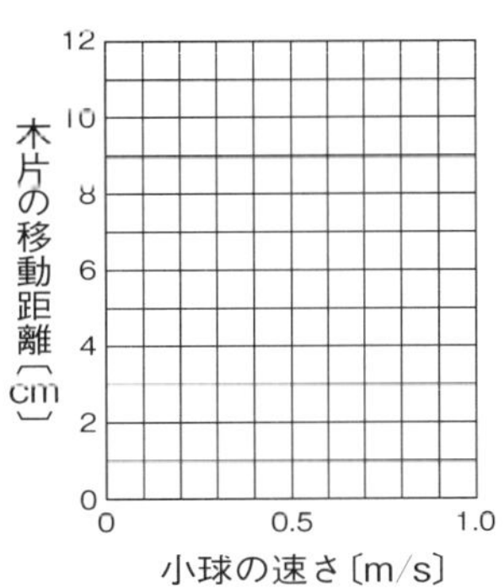

(3) 次の①～③のとき，木片は何cm移動すると考えられるか。最も適当なものをあとの**ア**～**ケ**からそれぞれ選び，記号で答えよ。

① 質量が30gの小球を0.7m/sで転がしたとき [　　]

② 質量が120gの小球を0.5m/sで転がしたとき [　　]

差がつく ③ 質量が70gの小球を0.6m/sで転がしたとき [　　]

ア 2.6cm　**イ** 3.7cm　**ウ** 5.2cm　**エ** 6.1cm　**オ** 7.5cm

カ 8.6cm　**キ** 10.4cm　**ク** 16.9cm　**ケ** 19.7cm

3 〈力学的エネルギーの移り変わり〉

図 1 のように，振り子のおもりを A 点で静かに離し，運動させたところ，E 点まで上がった。図 2 は，そのときのエネルギーの変化のようすを示している。摩擦や空気の抵抗は無視できるものとして，次の問いに答えなさい。

図 1

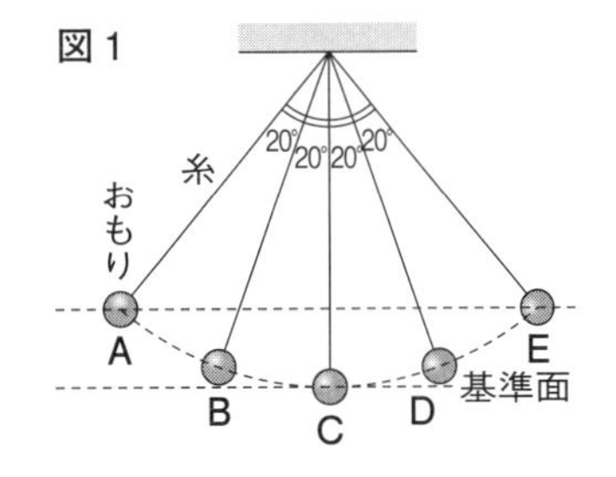

図 2

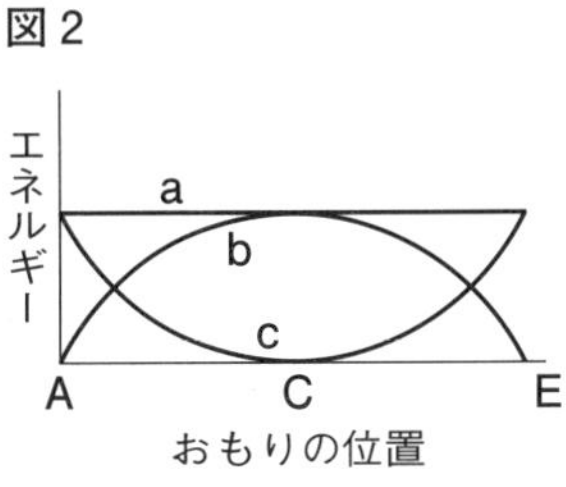

重要 (1) 次の①，②の変化を示しているものを，**図 2** の **a**～**c** からそれぞれ選び，記号で答えよ。

① 運動エネルギー [　　]

② 力学的エネルギー [　　]

差がつく (2) おもりが **A** 点から **B** 点まで移動するのにかかる時間を t_1，**B** 点から **C** 点まで移動するのにかかる時間を t_2，**C** 点から **D** 点まで移動するのにかかる時間を t_3 とする。

① t_1 と t_2 の大小関係を，等号または不等号を使って表せ。 [　　　]

② t_2 と t_3 の大小関係を，等号または不等号を使って表せ。 [　　　]

図 3

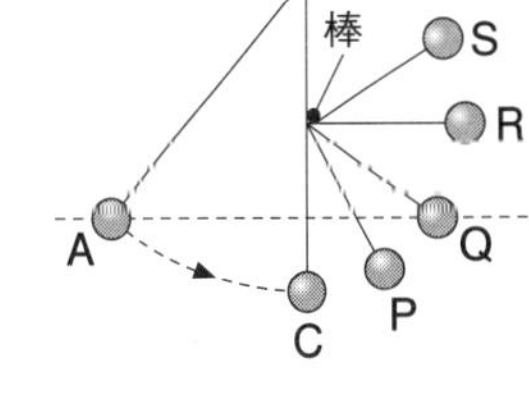

(3) **図 3** のように，棒を置いて途中で振り子の運動のようすが変わるようにした。おもりは，図中の **P**～**S** のどの点まで上がるか。 [　　　]

実力アップ問題

◎制限時間40分
◎合格点80点
▶答え　別冊p.16

点

1 右の図のように，2本のポールの間に張ったロープの中央に1kgの物体Xをつるしたところ，aの角度が120°になった。100gの物体にはたらく重力を1Nとし，5Nの力を1cmの矢印で表すものとして，次の問いに答えなさい。

〈(1)・(5)・(6)3点×3，(2)〜(4)4点×3〉

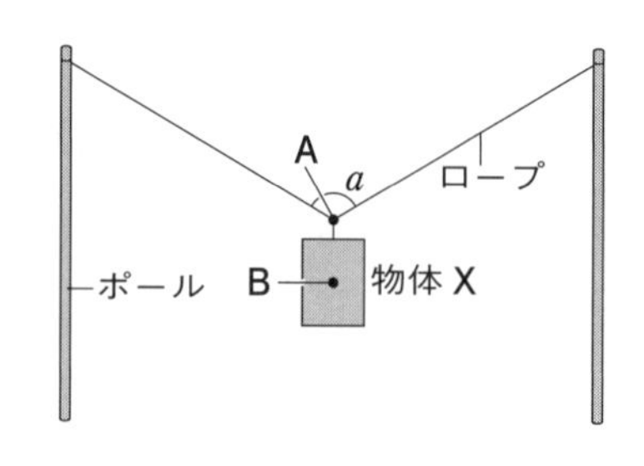

(1) 物体Xにはたらく重力は何Nか。

(2) 物体Xにはたらく重力を，点Bを作用点として図中に示せ。

(3) 物体Xにはたらく重力とつり合う力を，点Aを作用点として図中に示せ。

(4) (3)の力を，それぞれのロープの方向に分解(ぶんかい)し，図中に示せ。

(5) (4)の2つの分力(ぶんりょく)の大きさは何Nか。

(6) ロープの長さを調節し，aの角度を100°にすると，(4)の分力の大きさはどうなるか。次のア〜ウから選び，記号で答えよ。

ア　aの角度が120°のときより大きくなる。　**イ**　aの角度が120°のときと同じになる。

ウ　aの角度が120°のときより小さくなる。

(1)		(2)	図に記入せよ。	(3)	図に記入せよ。	(4)	図に記入せよ。
(5)		(6)					

2 次の実験について，あとの問いに答えなさい。ただし，100gの物体にはたらく重力を1Nとする。〈3点×6〉

〔実験〕1　まず，プラスチック容器A，Bの質量をはかった。次に，それぞれの容器の中に入る水の量をはかり，容器の容積を調べた。

2　容器が傾かないように，質量20gのおもりを1個ずつ加えていき，容器が沈(しず)むときのおもりの個数を調べた。

3　調べた結果を，右の表にまとめた。

	容器の質量	容器の容積	おもりの個数
A	20g	100cm^3	5個
B	40g	300cm^3	14個

(1) この実験で，いくつかおもりを加えるまで容器が沈まないのは，水中の物体に上向きの力がはたらいているからである。この力を何というか。

(2) 次の①，②のときに，容器にはたらく(1)の力はそれぞれ何Nか。

① おもりを加えていない容器A

② おもりを4個加えた容器B

(3) 水の中にある物体には，水にはたらく重力による圧力が加わっている。この圧力を何というか。

(4) (3)の圧力にはどのような特徴があるか。次の**ア**～**エ**から選び，記号で答えよ。

ア　物体の上の面と下の面でくらべると，上の面のほうが大きい。

イ　物体の上の面と下の面でくらべると，下の面のほうが大きい。

ウ　物体の上の面と下の面では等しい。

エ　物体の上の面と左右の面では等しい。

(5) (3)の圧力は，水の深さが深くなるほどどうなるか。簡単に説明せよ。

(1)		(2)	①	②	(3)		(4)	
(5)								

3　図1のように斜面（しゃめん）と水平面をなめらかにつなぎ，1秒間に60回打点する記録タイマーにつないだ台車を，斜面上に置いた。台車から静かに手を離したところ，台車は斜面を下ってから，水平面上を移動した。図2は，そのときの記録タイマーを6打点ごとに切り，左から順にはりつけたものである。摩擦（まさつ）や空気の抵抗（ていこう）は無視できるものとして，次の問いに答えなさい。　〈3点×7〉

図1

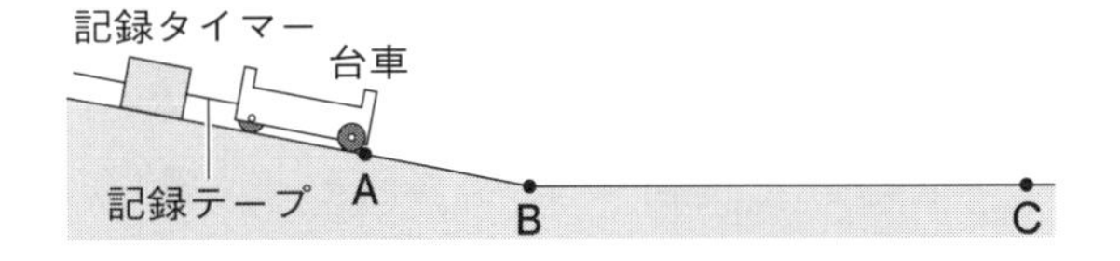

図2

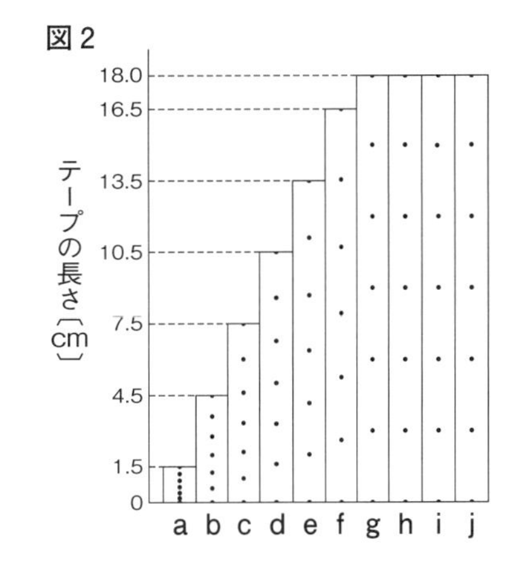

(1) テープ**d**を記録したときの台車の平均の速さは，何cm/sか。

(2) テープ**a**を記録してからテープ**j**を記録するまでの台車の平均の速さは，何cm/sか。

(3) 台車が水平面上を移動しているときの運動は，何とよばれるか。

(4) **AB**間の距離（きょり）を変えずに斜面の角度をゆるやかにして，同様の実験を行った。次の①～④は，斜面の角度を変える前とくらべてどうなるか。

① 台車にはたらく重力の大きさ

② 台車にはたらく垂直抗力（すいちょくこうりょく）の大きさ

③ 台車が**B**点を通過するときの速さ

④ 台車が**C**点に達するまでの時間

(1)		(2)		(3)	
(4)	①	②	③	④	

4 右の図のように，一端を天井に固定したロープを，床に置かれた質量が10kgの物体Pをつけた動滑車と，天井に固定した定滑車にかけた。その後，手でロープをゆっくりと真下に引き，物体Pを床から引き上げた。滑車の質量や摩擦は無視できるものとし，100gの物体にはたらく重力を1Nとして，次の問いに答えなさい。 〈3点×3〉

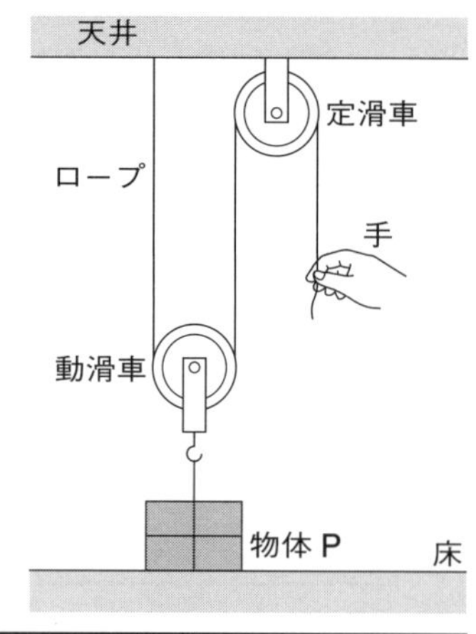

(1) 手がロープを引く力の大きさは何Nか。

(2) 物体Pを2.0m引き上げるのに，5.0秒かかった。このときの仕事率は何Wか。

(3) このときのロープを引く速さは，何cm/sか。

(1)		(2)		(3)	

5 次の実験について，あとの問いに答えなさい。 〈(1)5点，(2)〜(4)4点×3〉

〔実験〕1 図1のように斜面と水平面が点Aでなめらかにつながった台を準備し，点Bの位置にアクリル板をはさんだ本を固定した。

図1

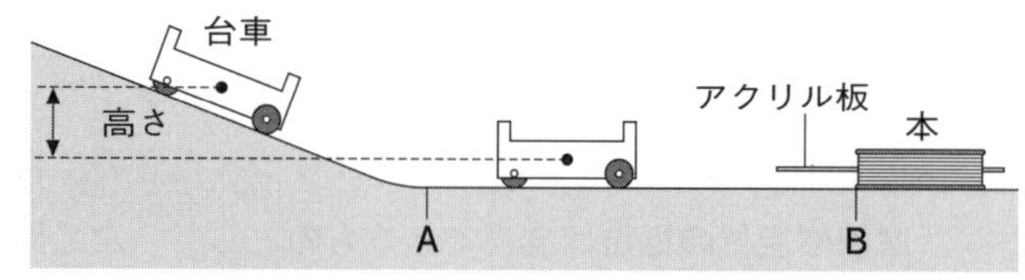

2 質量が1.0kgの台車Pを斜面のいろいろな高さに置き，静かに手を離してアクリル板に当て，アクリル板の移動距離を調べた。

図2

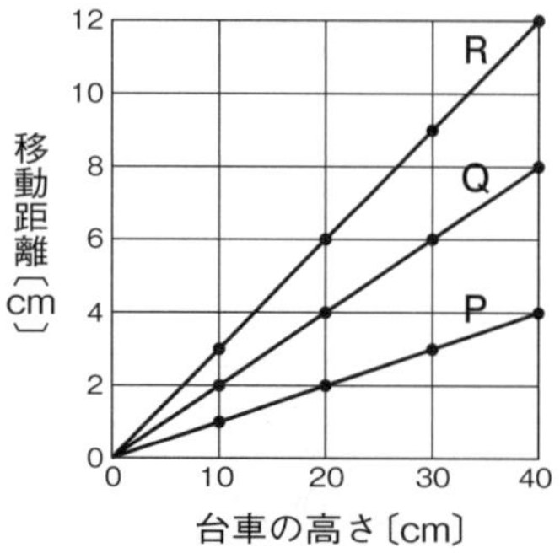

移動距離〔cm〕 台車の高さ〔cm〕 R Q P

図3

移動距離〔cm〕 台車の質量〔kg〕

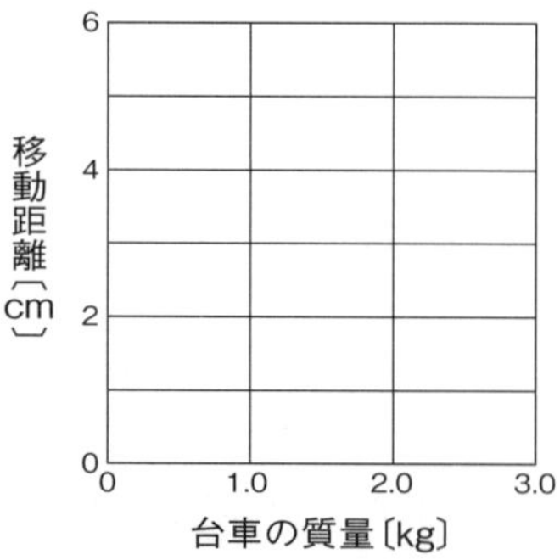

3 おもりをのせて質量を2.0kgにした台車Q，3.0kgにした台車Rについても同様の実験を行ったところ，図2のグラフが得られた。

(1) 台車の高さが20cmのときの台車の質量とアクリル板の移動距離の関係を表すグラフを，図3にかけ。

(2) 台車Rを50cmの高さに置いて同様の実験を行うと，アクリル板の移動距離は何cmになると考えられるか。

(3) 質量が3.5kgの台車Sを20cmの高さに置いて同様の実験を行うと，アクリル板の移動距離は何cmになると考えられるか。

(4) 質量が4.0kgの台車Tを25cmの高さに置いて同様の実験を行うと，アクリル板の移動距離は何cmになると考えられるか。

(1)	図3に記入せよ。	(2)		(3)		(4)	

6 図1のように，2つの斜面AE，FGと2つの水平面EF，GIがなめらかにつながっている。小球を斜面上のA点に置いて静かに手を離したところ，小球は静かに転がりはじめ，B～Iの各点を通過した。図2のグラフは，小球のA点からの水平方向の距離と，A点からI点までの小球がもつ位置エネルギーの関係を示したグラフである。H点を通過した瞬間の台車の速さが5m/sであったとして，次の問いに答えなさい。ただし，摩擦や空気の抵抗は無視できるものとする。

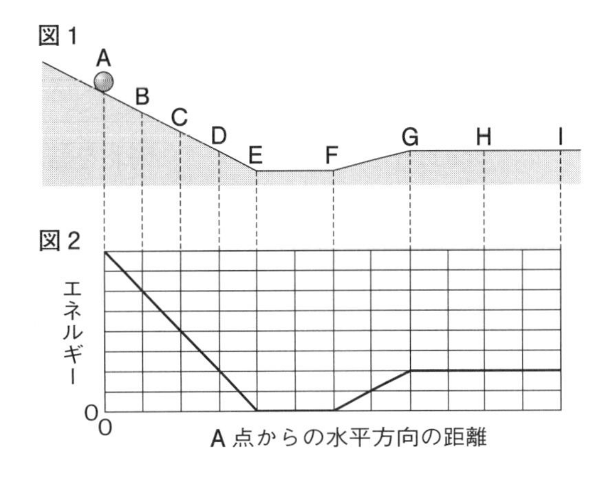

《(3)5点，(1)･(2)･(4)3点×3》

(1) 小球がAE間を移動しているとき，小球にはたらく重力 W と垂直抗力 N の向きを正しく表しているものを，次のア～エから選び，記号で答えよ。ただし，図中の矢印は力の向きだけを表しており，力の大きさは表していない。

ア
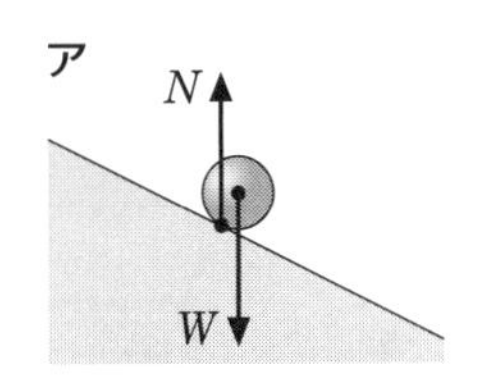

イ
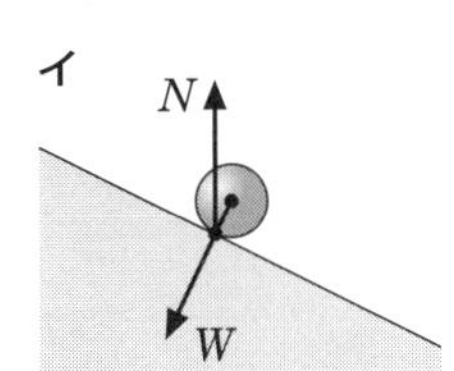

ウ
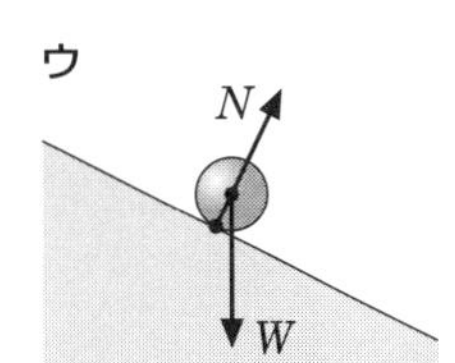

エ
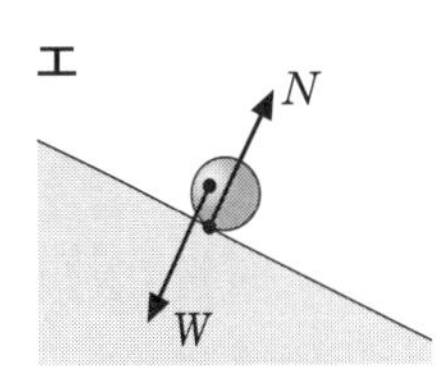

(2) 小球がH点を通過してからI点を通過するまでに0.3秒かかった。H点からI点までの距離は何mか。

(3) この小球がA点からI点まで移動するときの運動エネルギーの変化を，図2にかき入れよ。

(4) 斜面AE上のいずれかの場所に小球を置いて静かに手をはなし，水平面EF上での小球の速さが5m/sになるようにしたい。小球を置く点として適当な点は，A～Dのどれか。記号で答えよ。

(1)		(2)		(3)	図2に記入せよ。	(4)	

4章 地球と宇宙

① 天体の１日の動き

重要ポイント

① 太陽と星の１日の動き

- □ **天球**…プラネタリウムの天井のような仮想の球。
  - 天体との距離が一定であると見立てている。
- □ **天頂**…天球上での，**観測者の真上**の点。
- □ **(天の)子午線**…天頂を通り**南北を結ぶ**線。
- □ **南中**…**天体が真南**(天の子午線の上)にくること。太陽は，ほぼ正午に南中する。
- □ **南中高度**…南中した天体の高度。
  - 地平線から南中した天体までの角度
- □ **日周運動**…１日の間に天体が動いて見える見かけの動き。

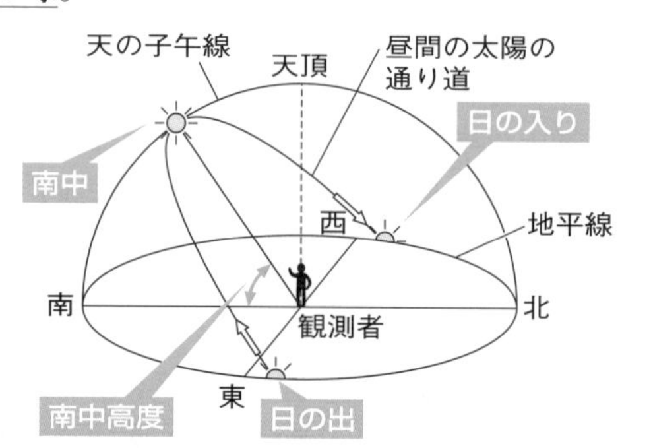

・**太陽の日周運動**…**朝に東**からのぼり，正午に**真南で最も高く**なり，**夕方に西**に沈む。

・**星の日周運動**…北の空では，**北極星を中心に，１時間に約15°反時計回りに回転**する。
- 方位によって動き方はちがうが，星座の形はくずれない。

北半球での星の動き

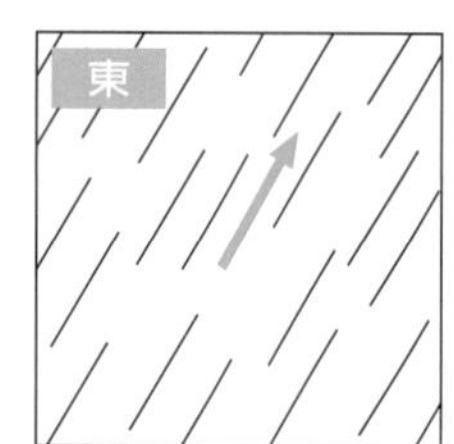

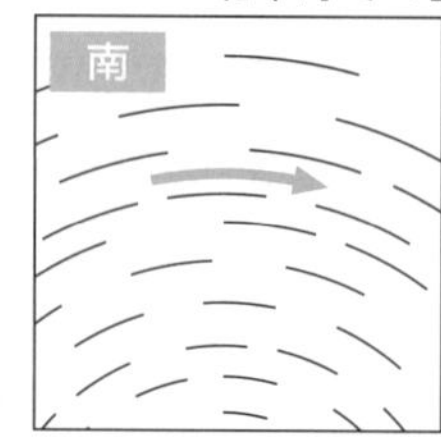

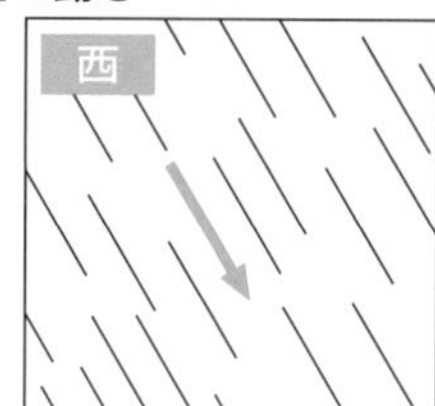

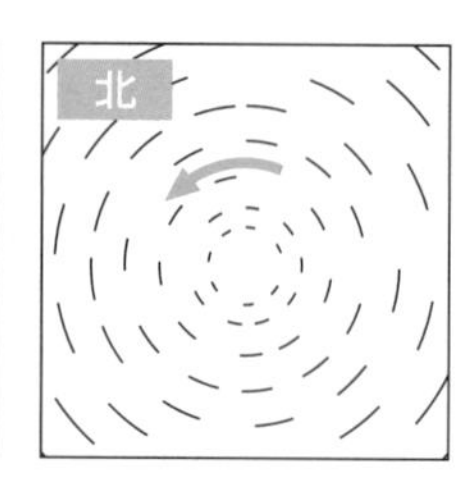

② 地球の自転

- □ **地軸**…地球の北極と南極を結ぶ軸。
- □ **地球の自転**…地軸を中心とした地球の回転。**西から東**の方向に，**１日に１回転**している。
  - １時間では約15°の動き
- □ **日周運動と自転**…地球が自転しているため，**天体は地球の自転とは逆の向きに回転して見える**。その回転は，天の北極と天の南極を結ぶ軸が中心で，１日１回転である。
  - 地軸を延長して天球と交わるところ
- □ **地球上での方位と時刻**…地球上のどの地点でも，**北極の方位が北**である。その地点で，**太陽が真南を通るときが正午**であり，次の正午までの時間が１日(24時間)である。

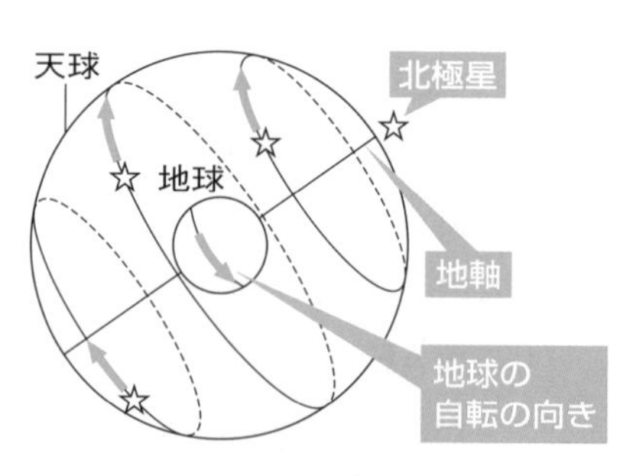

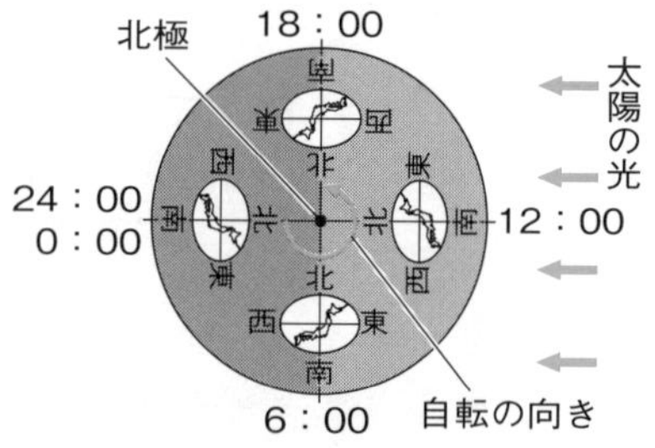

◉天体の日周運動の原因が，地球の自転であることは最重要事項。地球が，地軸を中心に，西から東の方向に1日1回転しているため，天体が日周運動しているように見えるのである。
◉天体の日周運動の角度と経過時間の関係は，必ず計算できるようにしておく。

ポイント 一問一答

①太陽と星の1日の動き

□(1) すべての天体との距離が一定であると見立てた，プラネタリウムの天井のような仮想の球を何というか。
□(2) 天球上での，観測者の真上の点を何というか。
□(3) 天体が真南(天の子午線の上)にくることを何というか。
□(4) 太陽が南中するのはいつごろか。
□(5) 南中した天体の高度を何というか。
□(6) 1日の間に天体が動いて見える見かけの動きを何というか。
□(7) 太陽の日周運動について説明した次の文の①～③にあてはまる言葉は何か。
　太陽は，朝に(　①　)からのぼり，ほぼ正午に(　②　)で高度が最高になり，夕方に(　③　)の空へと沈んでいく。
□(8) 東の空の星は，東の地平線から出て，どの向きに動いていくか。
□(9) 南の空の星は，どの方位からどの方位へ動いていくか。
□(10) 西の空の星は，どの向きに動いて地平線に沈むか。
□(11) 北の空の星の動きについて説明した次の文の①～③にあてはまる言葉や数字は何か。
　北の空の星は，(　①　)を中心に，(　②　)回りに回転していて，1時間あたり(　③　)°の割合で動く。

②地球の自転

□(1) 地球の北極と南極を結ぶ軸を何というか。
□(2) 地球が地軸を中心として回転していることを何というか。
□(3) 日本では，正午の太陽はどの方位にあるか。

答
① (1) 天球　(2) 天頂　(3) 南中　(4) 正午(12時)　(5) 南中高度　(6) 日周運動
(7) ① 東　② 真南(南)　③ 西　(8) 右上　(9) 東から西　(10) 右下
(11) ① 北極星　② 反時計　③ 15
② (1) 地軸　(2) (地球の)自転　(3) 南

基礎問題

▶答え　別冊p.18

1

〈太陽の１日の動き〉

右の図は，太陽の１日の動きを天球(てんきゅう)上に示したものである。次の問いに答えなさい。

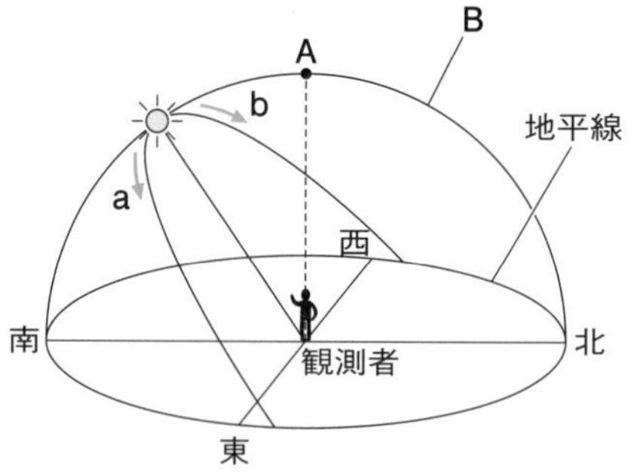

(1) 点Aは，天球上での観測者の真上の点である。点Aを何というか。　[　　　]

(2) 点Aを通って南北を結ぶ線Bを何というか。　[　　　]

(3) 太陽が動く方向は，図中のa，bのどちらか。記号で答えよ。　[　　]

(4) 図のように，太陽が真南にくるのは何時ごろか。　[　　　]

(5) 図のように，太陽が真南にくることを何というか。　[　　　]

(6) (5)のときの太陽の高度を，何というか。　[　　　　]

(7) (5)のときの太陽の高度はどうなっているか。簡単に説明せよ。

[　　　　　　　　　　　　　　　　　　　　　　　　]

(8) １日の間に太陽が動いて見えるようすを，太陽の何というか。　[　　　]

2

〈星の１日の動き①〉 重要

下の図は，東西南北のそれぞれの方位での星の動きを示したものである。あとの問いに答えなさい。

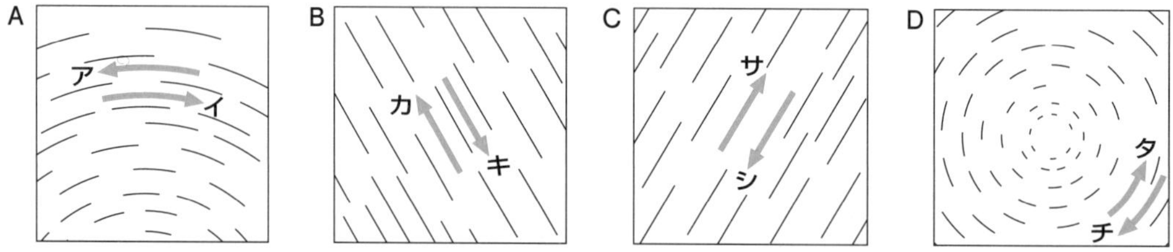

(1) Aの図中で星の動く向きは，ア，イのどちらか。　[　　]

(2) Bの図中で星の動く向きは，カ，キのどちらか。　[　　]

(3) Cの図中で星の動く向きは，サ，シのどちらか。　[　　]

ミス注意 (4) Dの図中で星の動く向きは，タ，チのどちらか。　[　　]

ミス注意 (5) A～Dの図が示しているのは，それぞれ東，西，南，北のどの方位か。

A [　　] B [　　] C [　　] D [　　]

(6) １日の間に星が動いて見えるようすを，星の何というか。　[　　　　]

3 〈星の１日の動き②〉 重要

右の図は，ある日の19時の北の空に見えた北斗七星(ほくとしちせい)のようすである。次の問いに答えなさい。

(1) 図中のXの星は，その後いつ観察しても動いていないように見えた。この星を何というか。 [　　　　]

ミス注意 (2) この日の21時には，北斗七星はどの位置に見えるか。次のア～エから選び，記号で答えよ。 [　　]

ア　Xの星を中心に，時計回りに15°回転した位置

イ　Xの星を中心に，時計回りに30°回転した位置

ウ　Xの星を中心に，反時計回りに15°回転した位置

エ　Xの星を中心に，反時計回りに30°回転した位置

4 〈地球の自転(じてん)〉

右の図は，地球と天球を示したものである。次の問いに答えなさい。

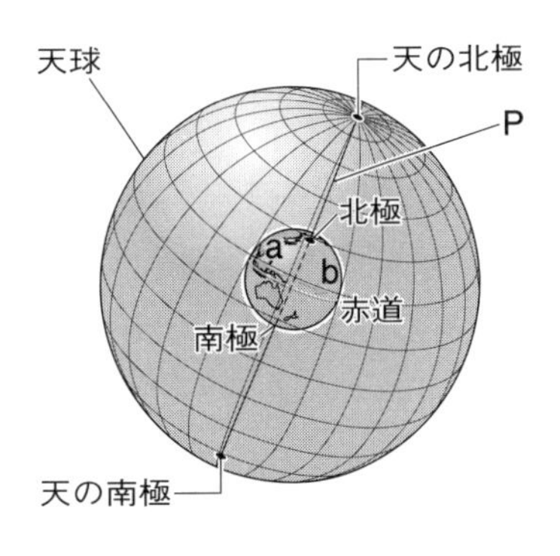

(1) 地球の北極と南極を結ぶ軸Pを何というか。

[　　　　]

(2) 地球は，Pの軸を中心にして，a，bのどちらの方向に回転しているか。記号で答えよ。 [　　]

(3) (2)の回転を１回するのにかかる時間は約何時間か。

[　　　　]

5 〈方位と時刻の決め方〉

右の図のA～Dは，異なる時刻に北極の真上から日本を見たようすである。次の問いに答えなさい。

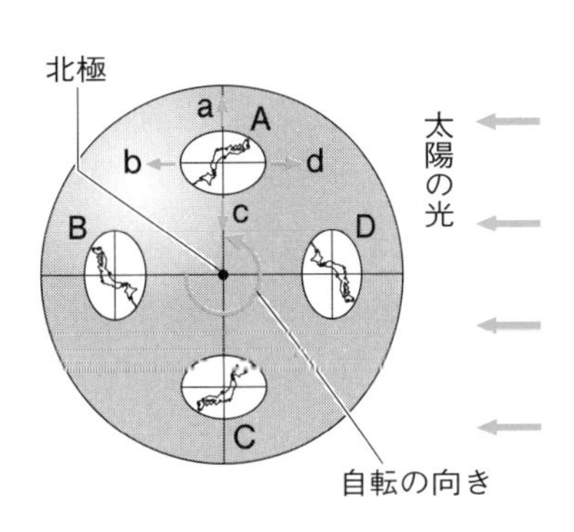

ミス注意 (1) 図中のa～dから，南と西を選べ。

南[　　] 西[　　]

(2) 次の①～③の時刻の日本の位置を，図中のA～Dからそれぞれ選び，記号で答えよ。

① 午前６時ごろ [　　]

② 正午ごろ [　　]

③ 午後６時ごろ [　　]

ヒント

2 天球上で考えれば，星も太陽と同じように動いている。

3 北の空の星は，Xの星を中心にして１日に１回転している。

5 地球上のどの地点でも，北極の方向が北である。

標準問題 1

▶答え　別冊p.18

1 〈太陽の動きの観察〉 重要

次の観察について，あとの問いに答えなさい。

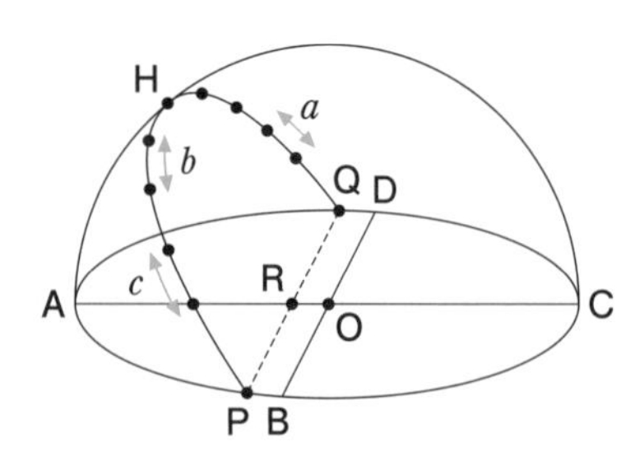

〔観察〕1　日本のある地点で，右の図のように，透明半球にペンで，朝の8時から16時まで1時間ごとに太陽の動きを記録した。

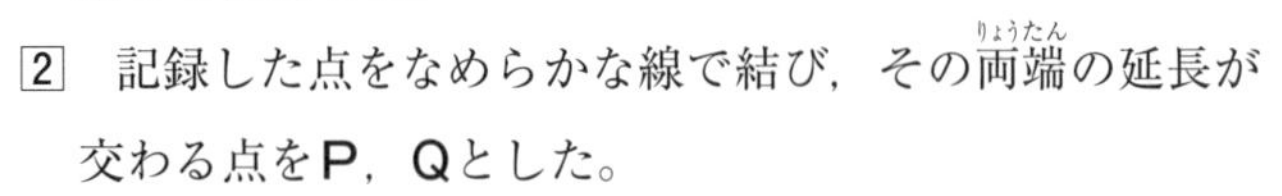

2　記録した点をなめらかな線で結び，その両端の延長が交わる点を**P**，**Q**とした。

(1) 太陽の位置をペンで記録するとき，透明半球上のペン先の影がどの点にくるようにするか。図中の記号で答えよ。　[　　]

(2) 日の出，日の入りの位置を示す点を図中から選び，記号で答えよ。　**日の出** [　　]　**日の入り** [　　]

(3) 真南を示す点を，図中の**A**～**D**から選び，記号で答えよ。　[　　]

ミス注意 (4) 太陽の南中高度を示す角を，次の**ア**～**エ**から選び，記号で答えよ。　[　　]

ア　∠HRA　　**イ**　∠HOA　　**ウ**　∠HAO　　**エ**　∠HOC

(5) 図中のa，b，cは，記録した印の間隔を示している。a，b，cの関係はどうなっているか。次の**ア**～**オ**から選び，記号で答えよ。　[　　]

ア　$a<b<c$　　**イ**　$a<c<b$　　**ウ**　$a=b=c$　　**エ**　$a>b>c$　　**オ**　$a>c>b$

2 〈太陽の日周運動〉

次の観察について，あとの問いに答えなさい。

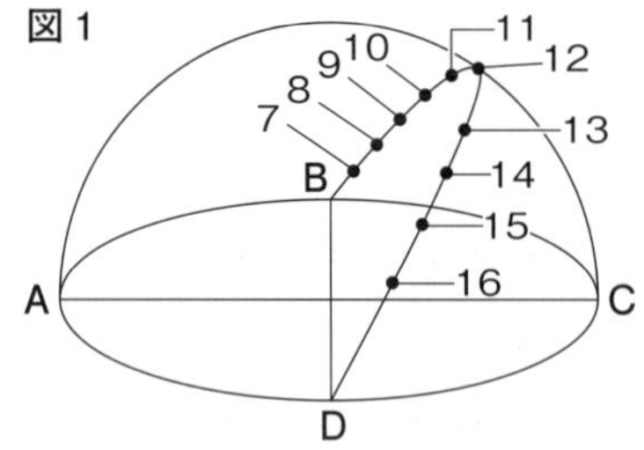

〔観察〕1　**図1**のように，透明半球を使い，7時から16時まで1時間ごとに太陽の動きを記録して，太陽の日周運動を調べた。

2　**図1**の太陽の通り道に細長いテープをあて，透明半球上の印の位置と時刻をうつしてから，**図2**のようにテープをまっすぐにして長さを調べた。

図2
B　7　8　9　10　11　12　13　14　15　16　D
0　10　20　30
〔cm〕

(1) **図1**で西を示す記号を，**A**～**D**から選び，記号で答えよ。　[　　]

(2) 次の日に**B**の位置に太陽がくる時刻は何時ごろだと考えられるか。次から選び，記号で答えよ。　[　　]

ア　4時ごろ　　**イ**　5時ごろ　　**ウ**　6時ごろ　　**エ**　7時ごろ

(3) この日の日の入りの時刻は何時ごろだと考えられるか。次から選び，記号で答えよ。[　　]

ア　17時ごろ　　**イ**　18時ごろ　　**ウ**　19時ごろ　　**エ**　20時ごろ

3 〈地球上の各地での太陽の動き〉

右の図は，日本の春分のころ，地球上の緯度が異なる４地点で太陽の日周運動がどのようになるかを考えようとしたものである。次の問いに答えなさい。

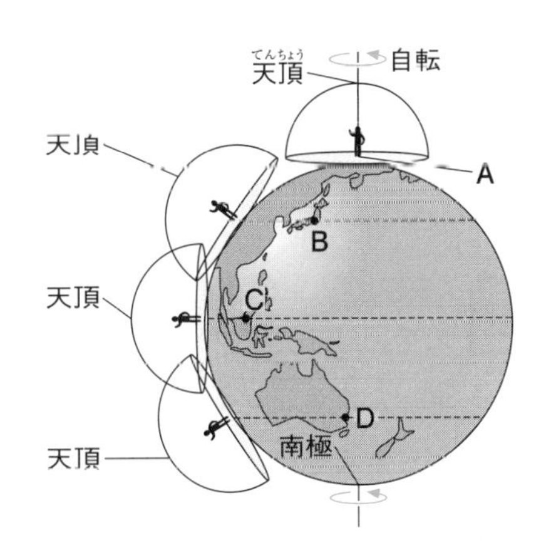

(1) 太陽の動き方は観測地の緯度により異なって見えるが，天球上で考えると，１日に動く角度は同じである。その角度は何度か。　[　　　]

(2) (1)のように，太陽が決まった角度だけ動いて見えるのはなぜか。理由を簡単に説明せよ。

[　　　　　　　　　　　　　　　　　　　　]

差がつく (3) 図中の**A**～**D**の各地点での太陽の日周運動を，次の**ア**～**エ**からそれぞれ選び，記号で答えよ。

A[　　]　B[　　]　C[　　]　D[　　]

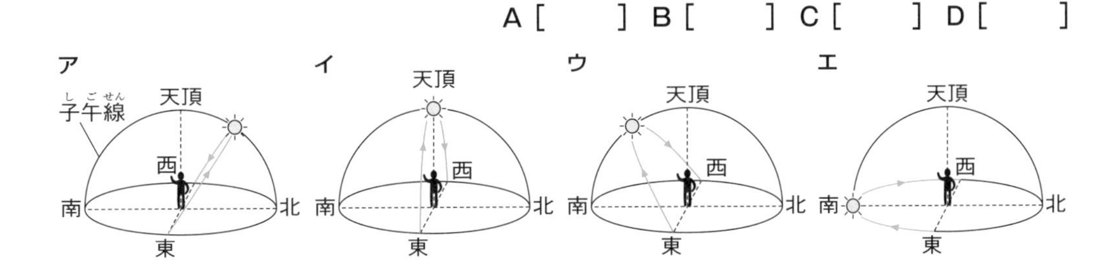

4 〈天球上の星の動き〉

右の図は，日本での星の日周運動のようすを示したものである。次の問いに答えなさい。

(1) 真南の空に見えた星座の形と位置は，その後どうなるか。それぞれ簡単に説明せよ。

形[　　　　　　　　　　]

位置[　　　　　　　　　　]

(2) 図のように，天球上を星が動いて見えるのは，地球がどのような動きをしているからか。簡単に説明せよ。

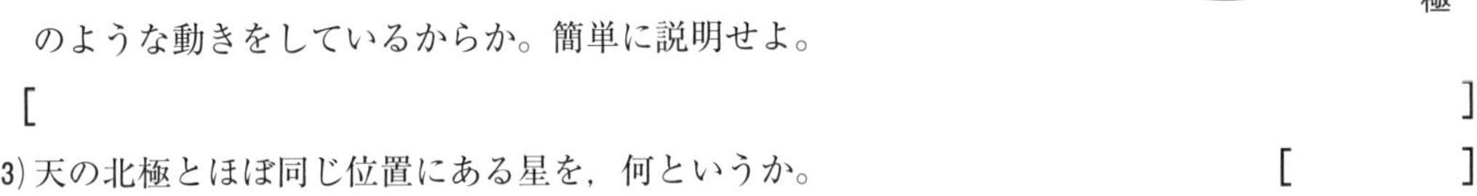

[　　　　　　　　　　　　　　　　　　　　]

(3) 天の北極とほぼ同じ位置にある星を，何というか。　[　　　]

(4) １日じゅう地平線の下に沈まないのはどの星か。図中の**A**～**E**から選び，記号で答えよ。

[　　]

(5) ほぼ真東から出て，ほぼ真西に沈むのはどの星か。図中の**A**～**E**から選び，記号で答えよ。

[　　]

(6) 日本では見ることができない星を，図中の**A**～**E**から選び，記号で答えよ。　[　　]

差がつく (7) 赤道上で星空を見ると，垂直にのぼり，そのまま地平線の近くで見える星はどれか。正しいものを次の**ア**～**エ**から１つ選び，記号で答えよ。　[　　]

ア　**A**の星　　**イ**　**A**と**B**の星　　**ウ**　**A**と**E**の星　　**エ**　**B**，**C**，**D**の星

標準問題 2

▶答え　別冊p.19

1

〈星の動き①〉 重要

右の図は，真夜中にカメラを固定し，シャッターを一定時間開いたままにして撮影した結果を示したものである。次の問いに答えなさい。

B　A　30°

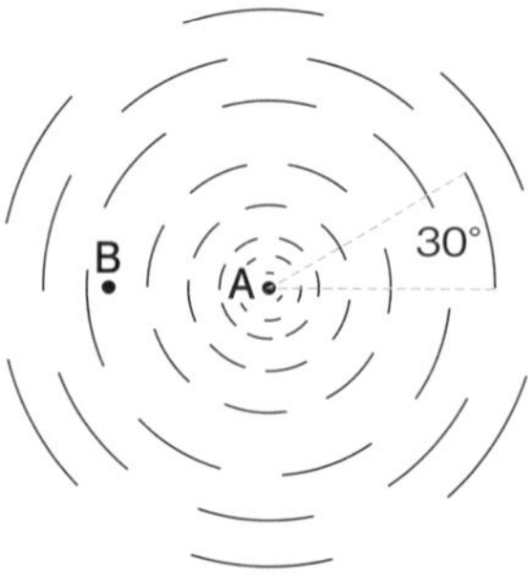

(1) これは，どの方位にカメラを向けて撮影したものか。　［　　　］

(2) 図中のAの星は，ほとんど位置が変わらないように見える。その理由を簡単に説明せよ。

［　　　　　　　　　　　　　　　　　　　　　　　］

(3) このカメラのシャッターを開いていた時間は何時間か。　［　　　］

ミス注意 (4) 図中のBの位置に見えた星は，6時間後にはどの位置に見えるか。次の**ア**～**エ**から選び，記号で答えよ。　［　　］

ア　Aの星の真上の位置　　**イ**　Aの星に対して，Bと正反対の位置

ウ　Aの星の真下の位置　　**エ**　Bの位置

2

〈星の動き②〉 重要

11月10日に，日本のある地域でオリオン座を観察すると，午後8時に右の図のCの位置に見え始め，午後10時には右の図のように見えた。次の問いに答えなさい。

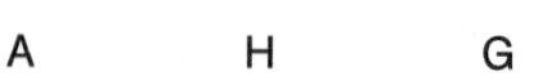

B　a　b　F

(1) 図のような位置のオリオン座は，この後どの方向へ動いていくか。図中の**A**～**H**から選び，記号で答えよ。　［　　］

(2) この後，オリオン座が南中するのは何時ごろか。　［　　　］

(3) オリオン座が西の地平線に沈むときには，どのような向きになっているか。次の**ア**～**エ**から選び，記号で答えよ。　［　　］

ア

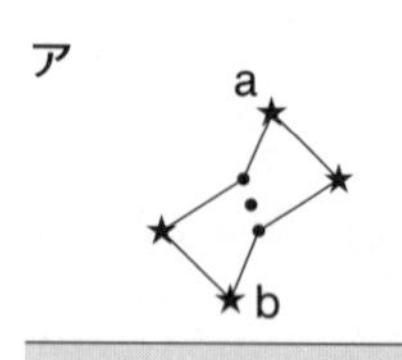

イ

b　a

ウ

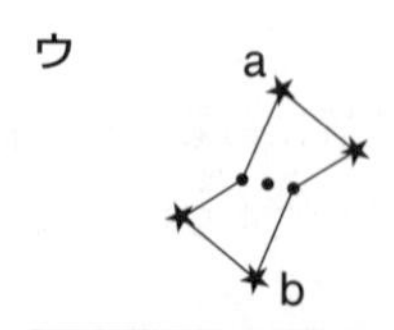

エ

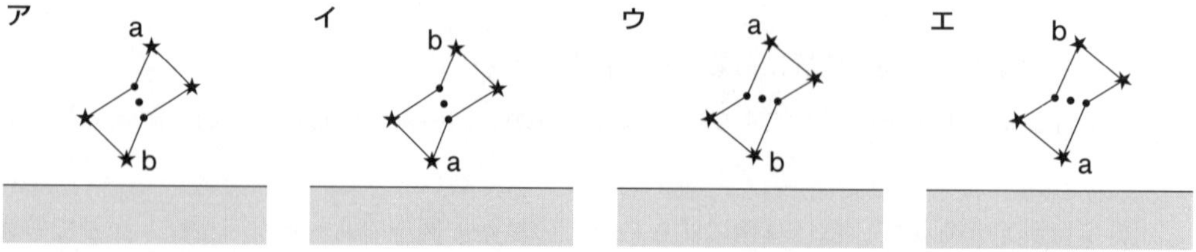

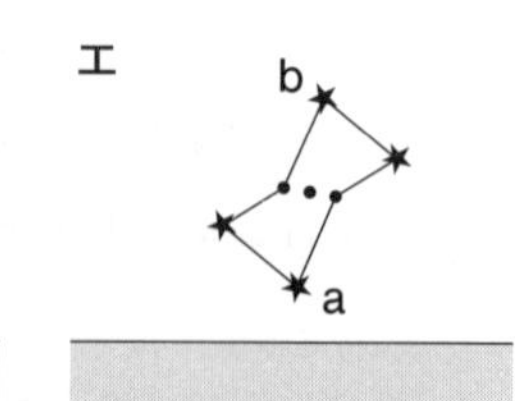

(4) オリオン座が時間とともに動いている理由を，次の**ア**～**エ**から選び，記号で答えよ。［　　］

ア　天球全体が動いているから。

イ　オリオン座の星が地球のまわりを回っているから。

ウ　地球が自転しているから。

エ　地球がオリオン座のまわりを回っているから。

3 〈日本以外での星の見え方〉 差がつく

右の図は，日本とオーストラリアの地球上での位置を示したものである。次の問いに答えなさい。

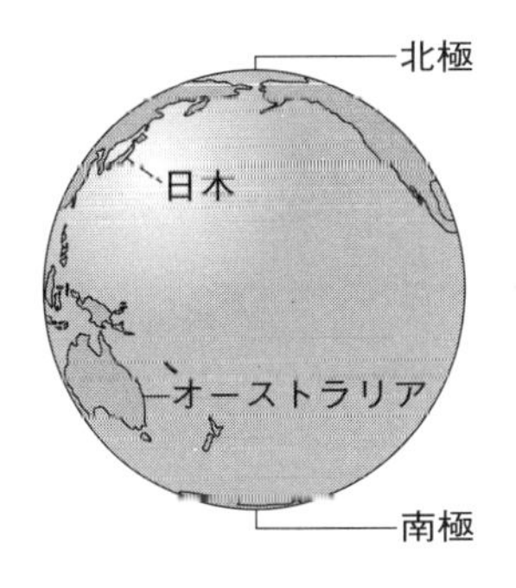

(1) 日本でオリオン座が南の空に見えるとき，オーストラリアでオリオン座が見える方位を，東，西，南，北から選んで答えよ。

[　　]

(2) オーストラリアでは，東の空の星はどのように動くか。次の**ア**～**エ**から選び，記号で答えよ。 [　　]

ア 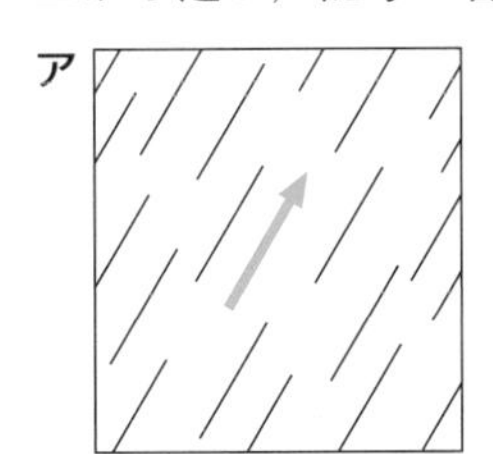 **イ** 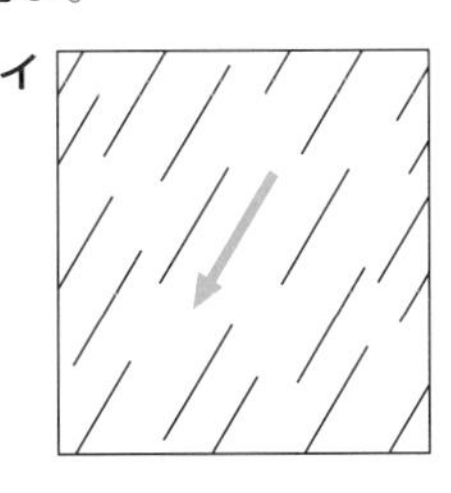 **ウ** 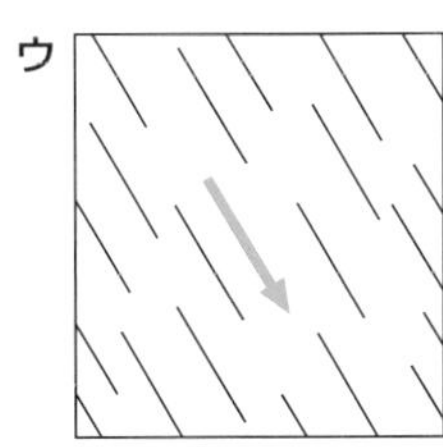 **エ** 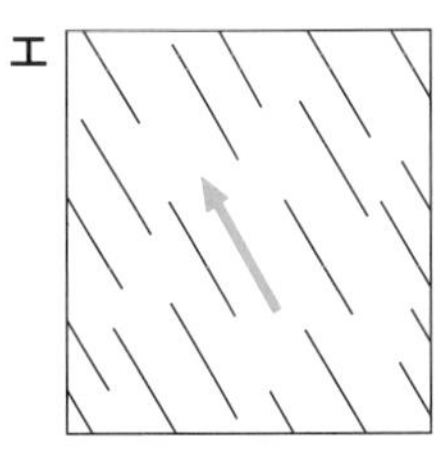

(3) オーストラリアでは，西の空の星はどのように動くか。(2)の**ア**～**エ**から選び，記号で答えよ。

[　　]

(4) オーストラリアでは，南の空の星はどのように動くか。次の**ア**～**エ**から選び，記号で答えよ。

[　　]

ア 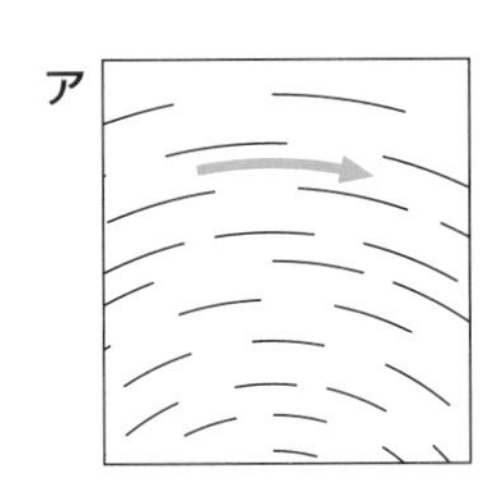 **イ** 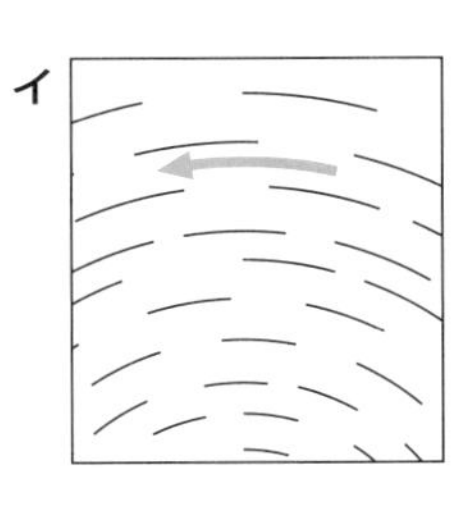 **ウ** 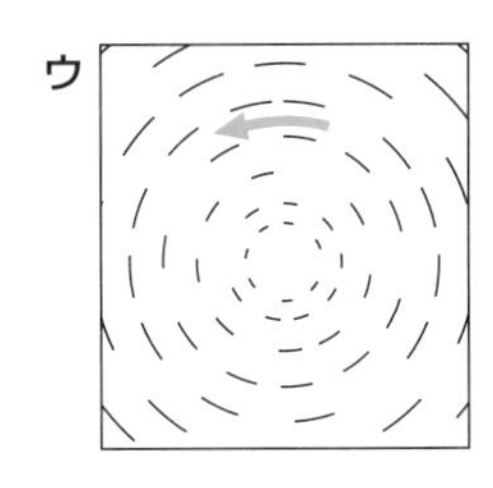 **エ** 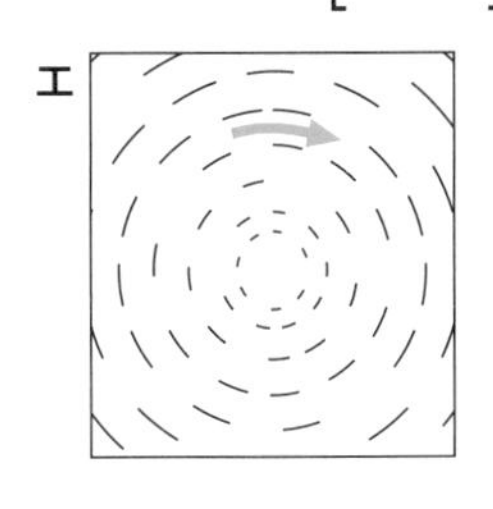

4 〈地球の自転と天体の日周運動〉

右の図は，日本の秋分の日に，天の北極の側から地球と太陽を見たようすを模式的に示したものである。次の問いに答えなさい。

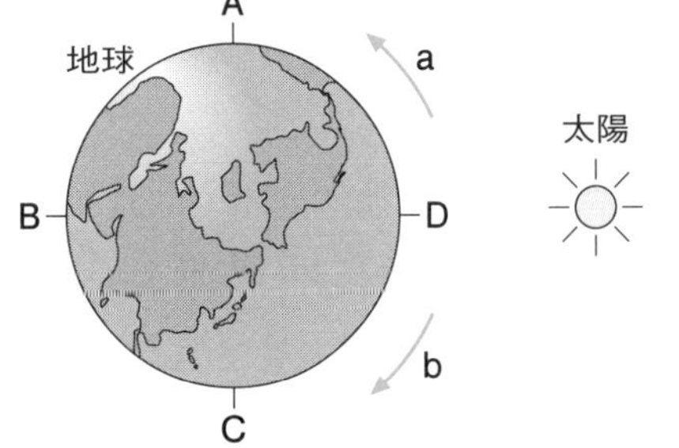

(1) 地球の自転の向きは，図中の**a**，**b**のどちらか。

[　　]

(2) 図中の**A**～**D**から，星が見える地点をすべて選び，記号で答えよ。 [　　　　]

差がつく (3) 図の北極点付近での太陽の見え方はどのようになるか。次の**ア**～**エ**から選び，記号で答えよ。

[　　]

ア　東の空から南の空へのぼっていき，真南で高度が最高になってから，西の空へ沈んでいく。

イ　東の空から北の空へのぼっていき，真北で高度が最高になってから，西の空へ沈んでいく。

ウ　地平線すれすれの高度を動く。

エ　太陽は１日じゅうまったく見えない。

②天体の１年の動き

重要ポイント

①天体の１年の動き

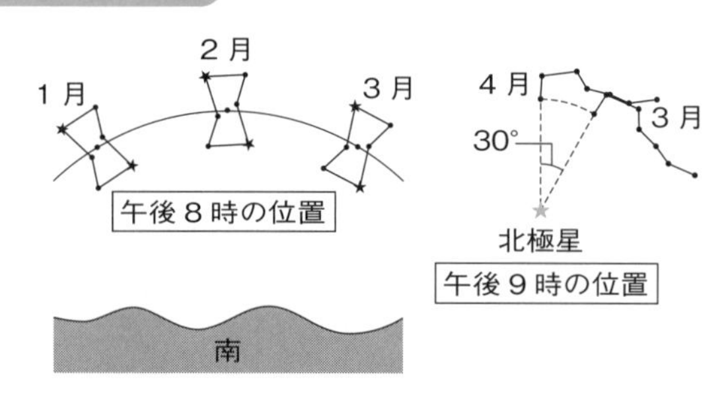

□ **星の年周運動**(ねんしゅううんどう)…ある星を同じ地点で同じ時刻に観測すると，１か月に約30°東から西に動いていき，１年たつと同じ位置にもどってくるように見える。
（└→１年で360°動く。）

□ **太陽の１年の動き**…星座の星の間を西から東に動き，１年たつとまた同じ星座のところにもどる。

□ **黄道**(こうどう)…星座の星の間の太陽の通り道。
（┌→おひつじ座，おうし座などの，黄道12星座）

□ **地球の公転**(こうてん)…地球は，**１年に１回，太陽のまわりを回転**している。
（└→地球の公転により，星の年周運動が起こる。）
（└→回転の向きは自転と同じ。）

□ **地軸の傾き**(ちじく)…地球の地軸は，**公転面に垂直**(すいちょく)**な方向に対して23.4°傾いている**。

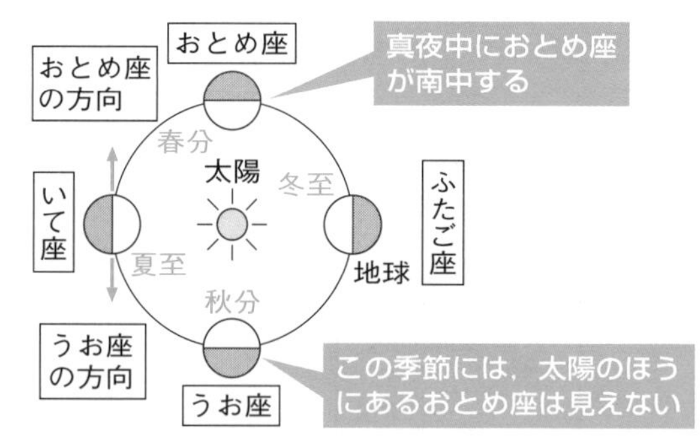

②公転と季節の関係

□ **太陽の通り道の変化**…公転する地球の地軸が傾いているため，太陽の通り道は季節ごとに変化する。

・春分の日・秋分の日(しゅんぶん・しゅうぶん)…日の出の位置が真東で，日の入りの位置が真西。昼と夜の長さはほぼ等しい。

・夏至の日(げし)…日の出，日の入りの位置が最も北寄り。南中高度(なんちゅうこうど)が最も高く，昼が最も長い。

・冬至の日(とうじ)…日の出，日の入りの位置が最も南寄り。南中高度が最も低く，昼が最も短い。

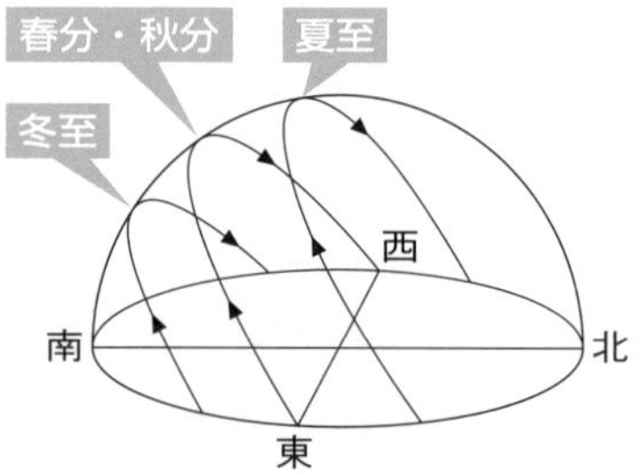

□ **季節が生じる理由**…太陽の南中高度が高く，昼の長さが長くなるほど，**単位面積あたりの地面が受ける光の量が多くなるため**，気温が上がる。地軸の傾きによって，太陽の南中高度や昼夜の長さが１年を通じて周期的に変化するため，季節の変化が生じる。
（太陽光が当たる角度が垂直に近いほど，地面が得るエネルギーが多くなる。）

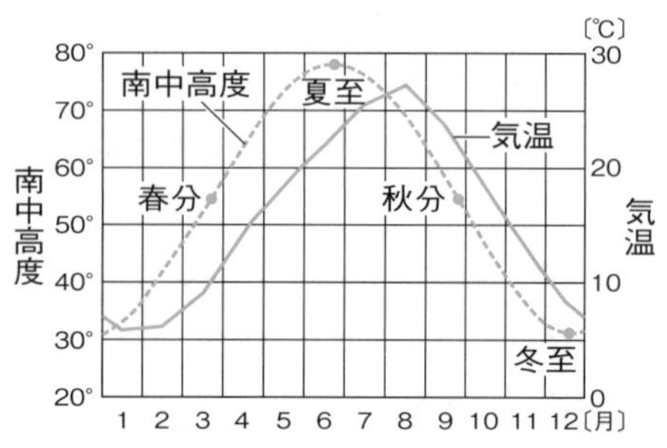

◉星の年周運動の計算は，日周運動の計算と組み合わせて出題されることが多い。
◉地軸が公転面に垂直な方向に対して傾いていることと，太陽の天球上での動きや，季節が生じることとの関係を，きちんと説明できるようにしておく。

ポイント 一問一答

①天体の１年の動き

□(1) ある星を同じ地点で同じ時刻に観測すると，１か月に約30°動いて見える。この動きを星の何というか。
□(2) (1)の動きの向きは，東から西，西から東のどちらか。
□(3) 太陽が星座をつくる星の間を動いていく向きは，東から西，西から東のどちらか。
□(4) 太陽が星座をつくる星の間を動いていく，天球上の太陽の通り道を何というか。
□(5) 地球が１年に１回，太陽のまわりを回ることを何というか。
□(6) (5)の回転の向きは，地球の自転の向きと同じか，異なっているか。
□(7) 地球の地軸は，公転面に垂直な方向に対して傾いているか，傾いていないか。

②公転と季節の関係

□(1) 日の出の位置が真東で，日の入りの位置が真西である日は，何の日か。２つとも答えよ。
□(2) (1)の日において，昼の長さと夜の長さは同じか，異なっているか。
□(3) 日の出，日の入りの位置が最も北寄りで，太陽の南中高度が最も高く，昼が最も長い日は，何の日か。
□(4) 日の出，日の入りの位置が最も南寄りで，太陽の南中高度が最も低く，昼が最も短い日は，何の日か。
□(5) 季節による気温の変化の理由を説明した次の文の①～③にあてはまる言葉は何か。
　太陽の南中高度が（　①　）く，昼の長さが（　②　）くなるほど，単位面積あたりの地面が受ける光の量が（　③　）くなるため，気温が上がる。

答
① (1) (星の)年周運動　(2) 東から西　(3) 西から東　(4) 黄道　(5) 公転　(6) 同じ。
(7) 傾いている。
② (1) 春分の日，秋分の日　(2) 同じ　(3) 夏至の日　(4) 冬至の日　(5) ① 高　② 長　③ 多

基礎問題

▶答え　別冊p.19

1 〈星の年周運動〉 重要

右の図は，1月，2月，3月の10日の午後8時に同じ地点でオリオン座を観察し，その位置を記録したものである。次の問いに答えなさい。

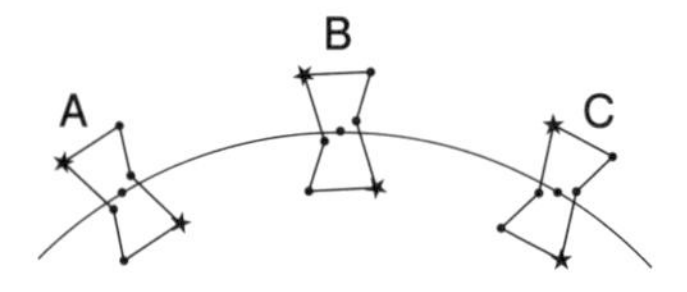

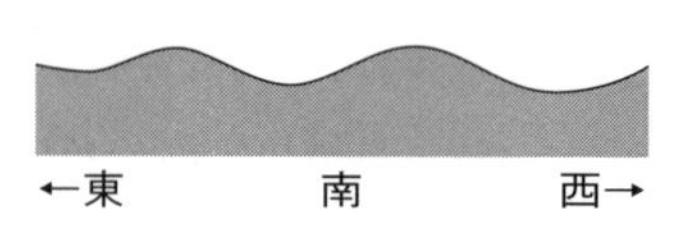

(1) 1月，3月のオリオン座を示しているのは，図中のA～Cのどれか。それぞれ記号で答えよ。

1月［　　］ 3月［　　］

ミス注意 (2) ある星を同じ地点で同じ時刻に観測すると，1か月後には約何度動いて見えるか。［　　　］

(3) オリオン座が年周運動をしているように見えるのはなぜか。理由を次のア～エから選び，記号で答えよ。［　　］

ア　天球が回転しているから。　イ　地球が自転しているから。

ウ　地球が公転しているから。　エ　オリオン座が公転しているから。

2 〈地球の公転〉 重要

右の図は，春分，夏至，秋分，冬至の日の地球の位置と天球の黄道付近にある星座を示したものである。次の問いに答えなさい。

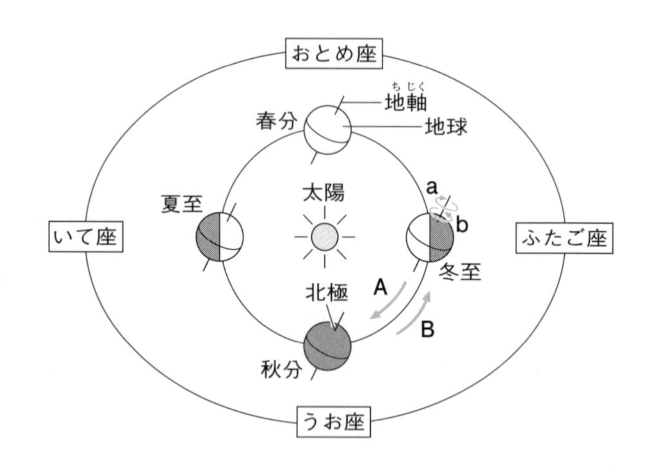

(1) 地球の自転の向きは，図中の矢印a，bのどちらか。［　　］

(2) 地球の公転の向きは，図中の矢印A，Bのどちらか。［　　］

(3) 冬至のころ，太陽は図中の4つの星座のうちどの方向にあるか。

［　　　］

(4) 春分の日の真夜中に南中する星座は，図中の4つの星座のうちのどれか。［　　　］

(5) 夏至の日の夕方暗くなったときに，東の空からのぼってくる星座は，図中の4つの星座のうちのどれか。［　　　］

ミス注意 (6) 秋分の日に，ふたご座が南の空に見えるのは何時ごろか。次のア～エから選び，記号で答えよ。［　　］

ア　午前0時ごろ　イ　午前6時ごろ　ウ　正午ごろ　エ　午後6時ごろ

3 〈天球上での太陽の通り道〉

右の図は，日本のある地点で，春分，夏至，秋分，冬至のそれぞれの日の，透明半球上の太陽の通り道を示したものである。次の問いに答えなさい。

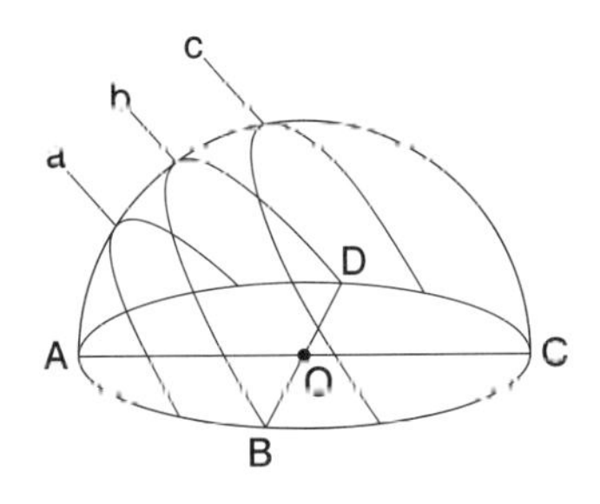

(1) 図中の**A**～**D**のうち，北を示しているのはどれか。記号で答えよ。 [　　]

(2) 春分，夏至，秋分，冬至の日の太陽の通り道を，図中の**a**～**c**からそれぞれ選び，記号で答えよ。

春分 [　　] **夏至** [　　] **秋分** [　　] **冬至** [　　]

(3) 太陽の南中高度が最も高いのは，太陽の通り道が図中の**a**～**c**のどれであるときか。記号で答えよ。 [　　]

(4) 昼の長さが最も短いのは，太陽の通り道が図中の**a**～**c**のどれであるときか。記号で答えよ。 [　　]

4 〈季節が生じる理由〉

右の図は，1年を通じた東京での太陽の南中高度の変化と，気温の変化を示したものである。次の問いに答えなさい。

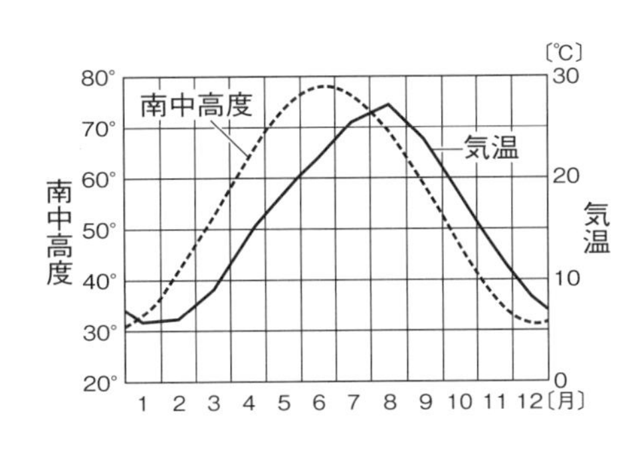

(1) 1年で最も南中高度が高い日を何というか。 [　　　]

(2) (1)の日には，昼の長さはどうなるか。簡単に説明せよ。

[　　　　　　　　　　　　　　　　]

(3) 太陽の南中高度と気温の変化の関係についての正しい説明を，次の**ア**～**ウ**から選び，記号で答えよ。 [　　]

ア 太陽の南中高度が高いほど，単位面積あたりの地面が受ける光の量が少なくなるため，気温が上がる。

イ 太陽の南中高度が高いほど，単位面積あたりの地面が受ける光の量が多くなるため，気温が上がる。

ウ 太陽の南中高度の高さは，気温の変化に関係がない。

ヒント

1 (1)(2) 同じ時刻に同じ地点で観測すると，東から西に動いていくように見え，1年に360°動く。

2 (1)(2) 地球の自転の向きと公転の向きは同じである。

3 (2) 夏至の日の日の出と日の入りの位置は最も北寄りで，冬至の日の日の出と日の入りの位置は最も南寄りである。

4 (3) 太陽の光が当たる角度が垂直に近いほど，単位面積あたりの地面が得るエネルギーは多くなる。

標準問題 1

▶答え　別冊p.19

1 〈星の年周運動〉 重要

右の図は，日本のある場所で冬の日の午後7時に北の空を見たようすを示したものである。次の問いに答えなさい。

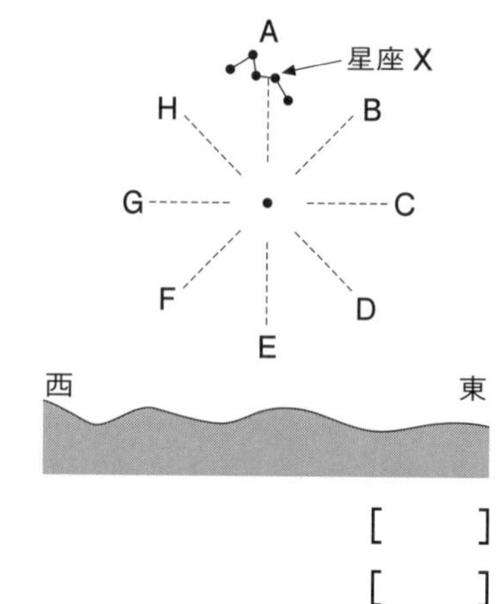

(1) 図中の星座Xの名前を書け。 [　　　]

(2) 星座Xは，9時間後には図中のA～Hのどの位置にあるか。 [　　　]

ミス注意 (3) この場所で，次の①～⑤のときに見える星座Xの位置はどこか。図中のA～Hからそれぞれ選び，記号で答えよ。

① 6か月後の午後7時 [　　]

② 3か月前の午後7時 [　　]

③ 2か月後の午後9時 [　　]

④ 5か月前の午後8時 [　　]

⑤ 1年後の午後10時 [　　]

差がつく (4) 次の日，星座Xが図とまったく同じ位置に見えるのは何時何分か。 [　　　]

2 〈地球の公転と星座①〉 重要

右の図は，四季の地球の位置と，それぞれの時期に，日本で真夜中に南の空に見える星座を示したものである。次の問いに答えなさい。

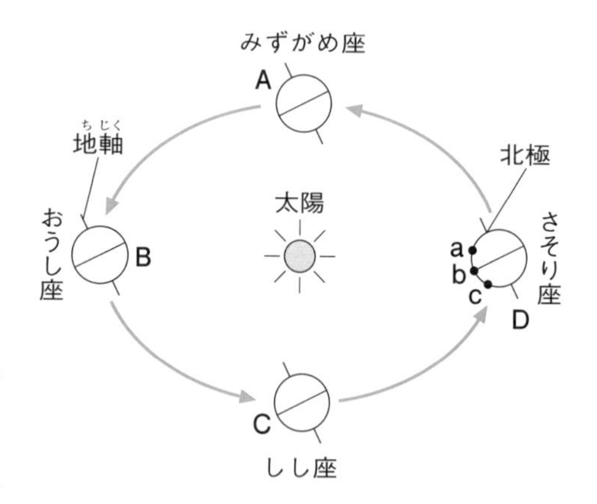

(1) 図中のBの位置にある地球で，夜にあたる部分をぬりつぶして示せ。

(2) 地球がDの位置にあるとき，昼と夜の長さがほぼ同じになるのは，図中のa～cのどの地点か。記号で答えよ。 [　　]

(3) 図中のA～Dは，それぞれいつを示しているか。次のア～エからそれぞれ選び，記号で答えよ。

A [　　] B [　　] C [　　] D [　　]

ア 春分の日　　イ 夏至の日　　ウ 秋分の日　　エ 冬至の日

(4) 地球がCの位置にあるとき，日本では真夜中(0時)の東，西，南の空に，図中のどの星座が見えるか。

東 [　　　] 西 [　　　] 南 [　　　]

(5) 日本で日の入り直後に南の空にみずがめ座が見えるとき，地球の位置はどこか。図中のA～Dから選び，記号で答えよ。 [　　]

(6) 日本でしし座を見ることができないとき，地球の位置はどこか。図中のA～Dから選び，記号で答えよ。　[　　]

(7) 日本で，ある日の真夜中(0時)に真南の空に見えた星座は，1か月後にはどのような位置に見えるか。次のア～エから選び，記号で答えよ。　[　　]

ア　東の方向に約15°回転した位置に見える。

イ　東の方向に約30°回転した位置に見える。

ウ　西の方向に約15°回転した位置に見える。

エ　西の方向に約30°回転した位置に見える。

3 〈地球の公転と星座②〉

右の図は，太陽を中心とした地球の1年間の動きと，黄道付近の星座を模式的に示したものである。次の問いに答えなさい。

差がつく (1) 黄道についての説明で正しいものを，次のア～エからすべて選び，記号で答えよ。　[　　　]

ア　黄道は，地球が公転するときに通る通り道である。

イ　季節を代表する星座は，地球から見て太陽と反対の方向に見える。

ウ　太陽は，黄道を通って，星座の間を東から西へ移動していくように見える。

エ　地球が1年間に1回，太陽のまわりを公転するため，太陽が黄道上を1年かけて1周するように見える。

(2) 日本の季節が冬であるときの地球の位置を，図中のA～Dから選び，記号で答えよ。　[　　]

(3) 地球がBの位置にあるとき，午前0時ごろにほぼ南中する星座を図中から1つ選び，名前を答えよ。　[　　　]

(4) 地球がCの位置にあるとき，ほとんど見ることができない星座を図中から3つ選び，名前を答えよ。　[　　　　　　　　　　]

ミス注意 (5) 地球がDの位置にあるとき，午前0時ごろに東の空からのぼってくる星座を，次のア～エから選び，記号で答えよ。　[　　]

ア　さそり座　　**イ**　いて座　　**ウ**　おひつじ座　　**エ**　おうし座

差がつく (6) 公転する面に対して地軸が垂直であると考えた場合，同一地点で年間を通して変化しないものを，次のア～エからすべて選び，記号で答えよ。　[　　　]

ア　日の出と日の入りの方向

イ　昼と夜の長さ

ウ　真夜中，南の空に見える星座

エ　太陽の南中高度

標準問題 2

▶答え　別冊p.20

1

〈月ごとの星座の動き〉

右の図は，8月15日の午後8時に真南の空に見えた，星座Xの位置を示したものである。次の問いに答えなさい。

東←　南　→西

(1) 星座Xの名前を書け。　[　　　]

ミス注意 (2) 星座Xが，9月15日と10月15日に真南の空に見えたときのそれぞれの位置はどうなるか。次のア～オから正しい説明を選び，記号で答えよ。　[　　]

ア　9月15日には高度が高くなり，10月15日には8月15日と同じ位置になる。

イ　9月15日には高度が高くなり，10月15日にはさらに高度が高くなる。

ウ　9月15日には高度が低くなり，10月15日には8月15日と同じ位置になる。

エ　9月15日には高度が低くなり，10月15日にはさらに高度が低くなる。

オ　9月15日にも10月15日にも，位置は変化しない。

差がつく (3) (2)のようになる理由を，次のア～エから選び，記号で答えよ。　[　　]

ア　地球が1日に1回自転(じてん)しているから。

イ　地球が公転(こうてん)していて，公転面に垂直(すいちょく)な方向に対して地軸(ちじく)が傾いているから。

ウ　地球と天球(てんきゅう)上のすべての天体との距離(きょり)は，どれもほぼ同じであるから。

エ　地球から星座の星までの距離が，太陽から地球までの距離とくらべると非常に大きいから。

2

〈緯度(いど)と天体の高度の関係〉 重要

右の図は，北緯(ほくい)35°の地点での，秋分(しゅうぶん)の日と冬至(とうじ)の日の太陽の南中高度(なんちゅうこうど)を示したものである。次の問いに答えなさい。

(1) この地点での，次の①～③の日の太陽の南中高度はそれぞれ何度か。

① 秋分の日　[　　　]

② 冬至の日　[　　　]

③ 夏至(げし)の日　[　　　]

差がつく (2) この地点の夜空で見えた北極星と，地平線との間の角度は何度か。　[　　　]

(3) 北緯60°の地点での，次の①，②の日の太陽の南中高度はそれぞれ何度か。

① 春分(しゅんぶん)の日　[　　　]

② 夏至の日　[　　　]

3 〈季節の生じる理由〉

赤外線放射温度計(せきがいせんほうしゃ)は，物体にふれずに表面温度を測定できる器具である。次の実験について，あとの問いに答えなさい。

図１

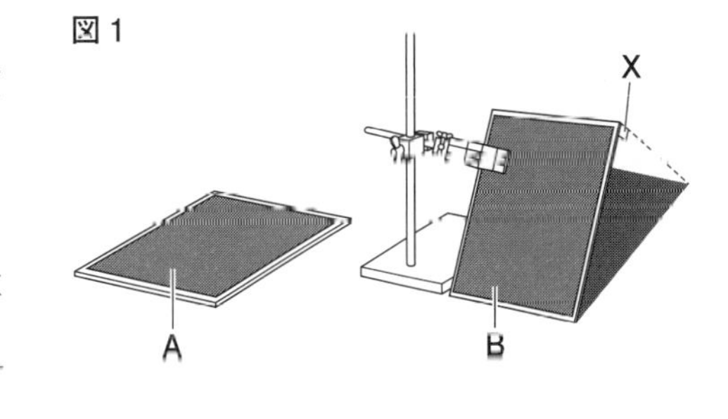

〔実験〕１　図１のように，黒い紙Aは水平な位置に置き，黒い紙Bは，Xの角度が90°になるように固定した。

２　赤外線放射温度計を使って，２分おきに10分間，紙A，Bの表面温度をはかった。図２は，その結果を示したものである。

図２

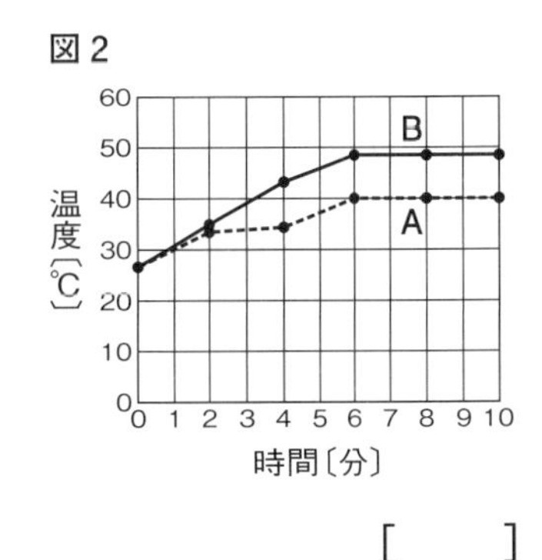

(1) １で下線部のように操作した目的を，簡単に説明せよ。

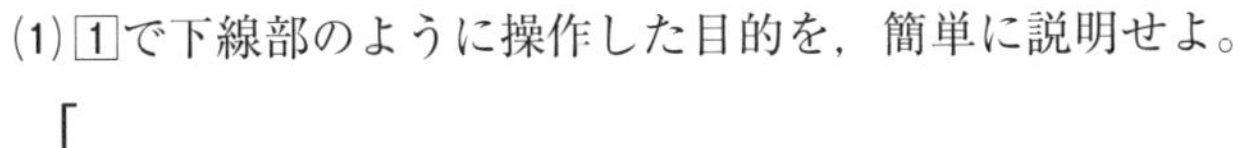

[　　　　　　　　　　　　　　　　　　　　]

(2) 紙Aを１年間そのままにしておくと，最も垂直に近い角度で紙Aに太陽の光が当たるのはいつか。次のア～エから選び，記号で答えよ。　[　　]

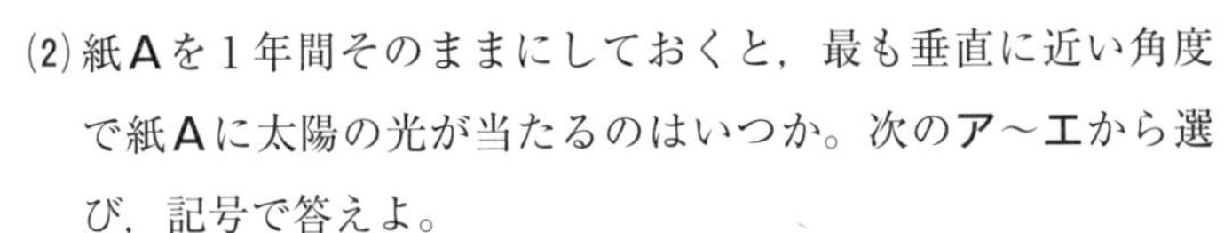

ア　春分の日　　イ　夏至の日　　ウ　秋分の日　　エ　冬至の日

(3) 次の①～④の[　]に適当な語を入れ，文章を完成させよ。

①[　　　　]　②[　　　　]　③[　　　　]　④[　　　　]

この実験から，太陽の光の当たる角度が垂直に近いほど，地面が[　①　]られると考えられる。このことから，四季のうちで[　②　]の気温が最も低く，[　③　]の気温が最も高いことが説明できる。また，四季の気温の変化には，[　④　]の長さの変化も関係がある。

4 〈日本以外での太陽の動きと気候〉

右の図は，地球表面の年平均気温の分布を示したものである。次の問いに答えなさい。

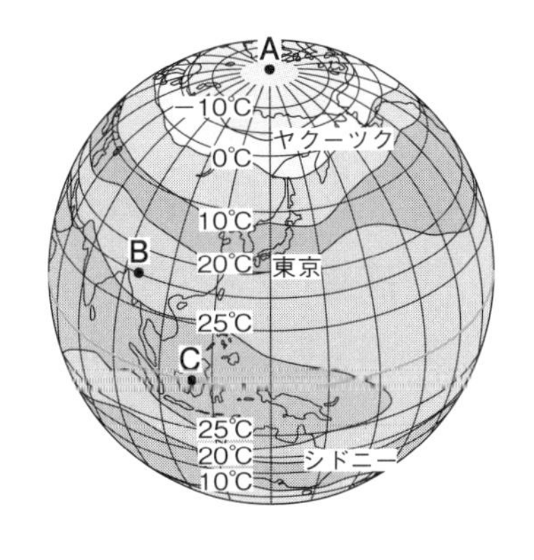

(1) 低緯度(ていいど)の地域ほど年平均気温が高い理由を，次のア～エから選び，記号で答えよ。　[　　]

ア　太陽の高度が低いから。

イ　太陽の高度が高いから。

ウ　太陽の光が雲にさえぎられることが多いから。

エ　１日の昼の長さが，常に地球上でいちばん長いから。

差がつく (2) 図のA～Cの地点での，６月22日ごろの太陽の動きを示している図を，次のア～オからそれぞれ選び，記号で答えよ。

A[　　]　B[　　]　C[　　]

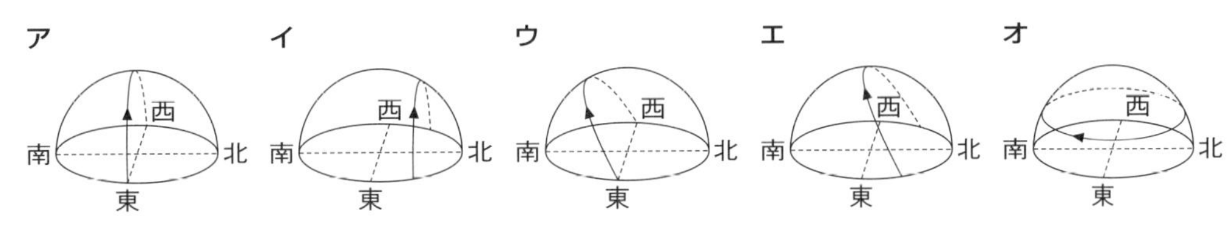

③月と惑星の見え方

重要ポイント

①月の運動と満ち欠け

□ **月の満ち欠け**…月の形が毎日少しずつ変化しているように見えること。

□ **月の公転**…月は，地球のまわりを**北極側から見て反時計回り**に回っており，満月から次の満月までの期間は**約29.5日**である。
同じ時刻の月の位置は，１日に約12°ずつ西から東へ動いて見える。

□ **月の運動によって起こる現象**

・**日食**…太陽が月に全部かくされる（**皆既日食**），または一部かくされる（**部分日食**）現象。
（月：新月のときに起こる。）（皆既日食：金環日食は太陽がはみ出して光の輪が見えるもの。）

・**月食**…満月が地球の影に入り，月が全部かくされる（**皆既月食**），または一部かくされる（**部分月食**）現象。

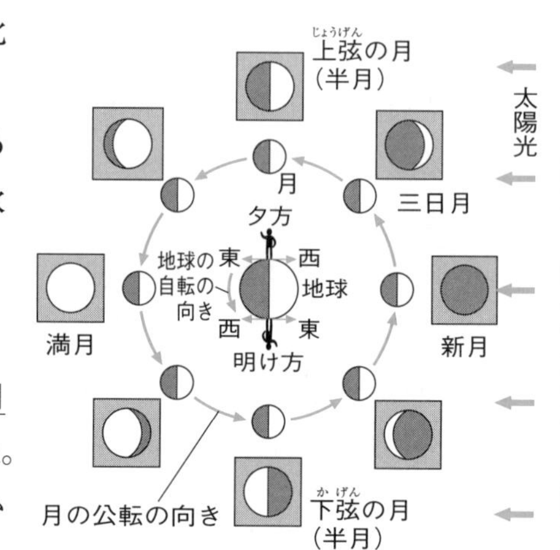

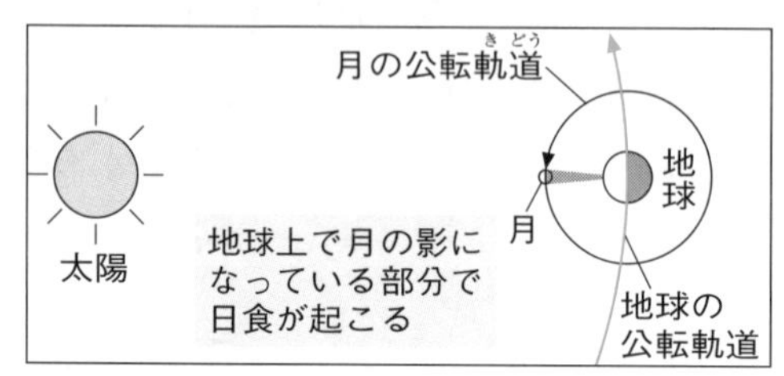

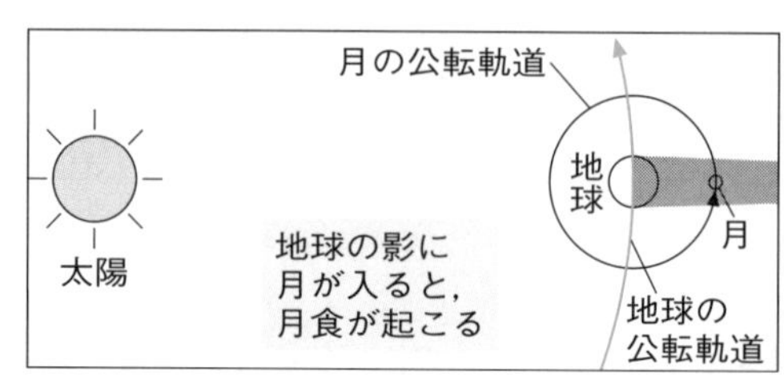

②惑星の見え方

□ **惑星**…太陽のまわりを公転する８つの天体。水星，金星，地球，火星，木星，土星，天王星，海王星がある。

□ **金星の見え方**…太陽，地球，金星の位置関係で満ち欠けする。地球に近いと大きく見える。真夜中には見えない。
（地球の内側を公転しているため。）

見えない　見えない
よいの明星　夕方 西の空
明けの明星　明け方 東の空
太陽　金星　地球
地球に近いほど大きく見える

・**明けの明星**…明け方の東の空に見える金星。

・**よいの明星**…夕方の西の空に見える金星。

◉日食では地球と太陽の間に月があり，月食では月と太陽の間に地球がある。
◉金星の満ち欠けと大きさの変化は，模式図をかいてよく理解しておく。金星の形の変化は月と似ていて，さらに，地球との距離が近いほど大きく見える変化が加わっている。

ポイント 一問一答

①月の運動と満ち欠け

□(1) 月の形が毎日少しずつ変化しているように見えることを，何というか。

□(2) 次の①～④のような見え方の月を，それぞれ何というか。

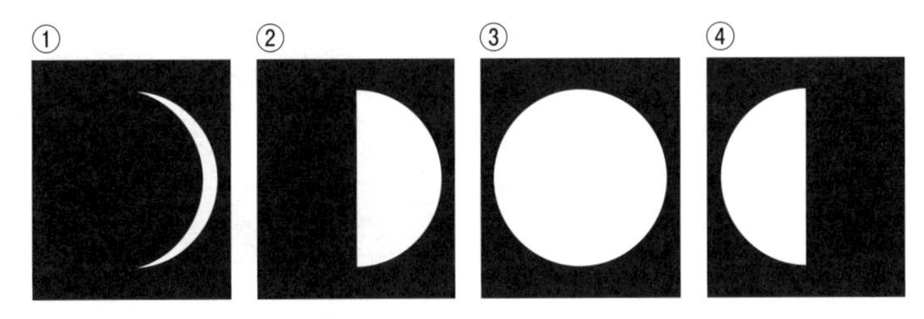

□(3) 毎日同じ時刻に月を見ると，1日に約12°動いて見える。月が動いて見える向きは，東から西，西から東のどちらか。

□(4) 月の公転の向きは，地球の北極側から見て，時計回り，反時計回りのどちらか。

□(5) 太陽が月により全部，または一部かくされる現象を何というか。

□(6) (5)の中でも，太陽が月により全部かくされる現象を何というか。

□(7) 満月が地球の影に入り，月が全部，または一部かくされる現象を何というか。

□(8) 日食がおこるのは，月の形がどのようなときか。

□(9) 月食がおこるのは，月の形がどのようなときか。

②惑星の見え方

□(1) 太陽のまわりを公転している，水星，地球，火星，木星などの8つの天体を何というか。

□(2) 金星を続けて観察したとき，見かけの大きさは変わるか，変わらないか。

□(3) 金星を真夜中に観察することはできるか，できないか。

□(4) 夕方，西の空に見える金星を何というか。

□(5) 明け方，東の空に見える金星を何というか。

① (1) 月の満ち欠け (2) ① 三日月 ② 上弦の月(半月) ③ 満月 ④ 下弦の月(半月)
(3) 西から東 (4) 反時計回り (5) 日食 (6) 皆既日食 (7) 月食 (8) 新月 (9) 満月
② (1) 惑星 (2) 変わる。 (3) できない。 (4) よいの明星 (5) 明けの明星

基礎問題

▶答え　別冊p.21

1 〈月の満ち欠け〉

右の図は，いろいろな形の月を示したものである。次の問いに答えなさい。

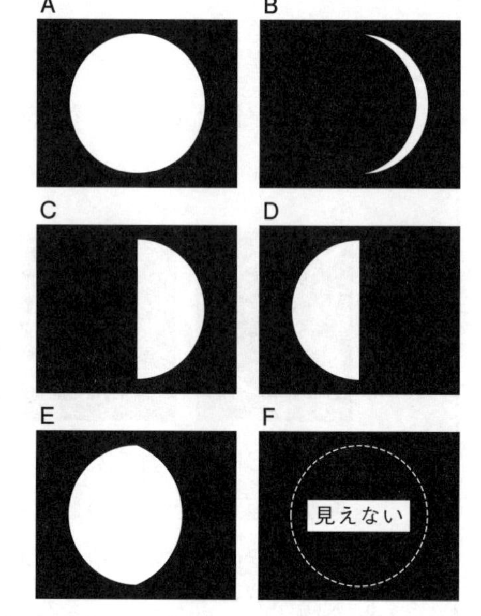

(1) 次の①～⑤の月はどのように見える月か。A～Fからそれぞれ選び，記号で答えよ。

① 満月　[　　]

② 新月　[　　]

③ 三日月　[　　]

ミス注意 ④ 上弦の月　[　　]

ミス注意 ⑤ 下弦の月　[　　]

(2) Aを最初として，A～Fを月の満ち欠けの順に並べよ。

[　　　　　　　　]

(3) 同じ時刻に見た月の位置は，日が進むにつれてどのように変化するか。次のア～エから選び，記号で答えよ。　[　　]

ア　1日に約12°ずつ，東から西へと動いていく。

イ　1日に約12°ずつ，西から東へと動いていく。

ウ　1日に約30°ずつ，東から西へと動いていく。

エ　1日に約30°ずつ，西から東へと動いていく。

2 〈月の公転と日食・月食〉 重要

右の図は，地球の北極側から見た月の公転のようすである。次の問いに答えなさい。

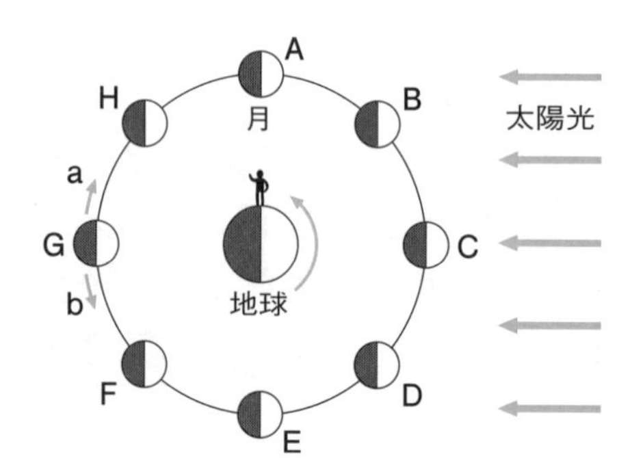

(1) 月の公転の向きは，図中のa，bのどちらか。記号で答えよ。　[　　]

(2) 日食が起こっているとき，月は図中のA～Hのどの位置にあるか。記号で答えよ。[　　]

(3) 月食が起こっているとき，月は図中のA～Hのどの位置にあるか。記号で答えよ。[　　]

3 〈金星の見え方〉 重要

図1は，地球と金星の公転軌道を示したものである。次の問いに答えなさい。

図1

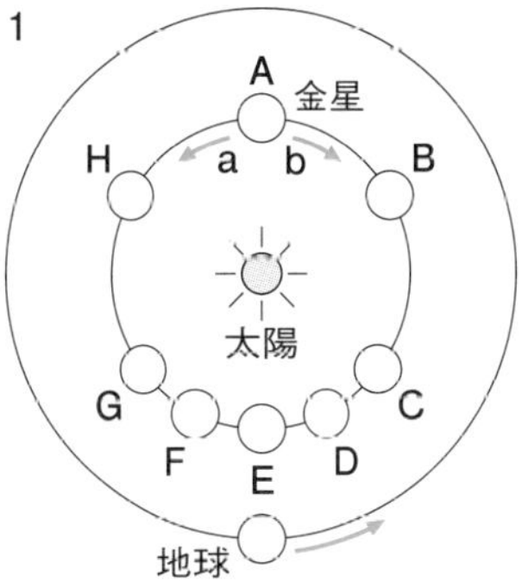

(1) 金星や地球などのように太陽のまわりを回っている天体を何というか。 [　　　]

(2) 金星の公転の向きは，図中のa，bのどちらか。 [　　]

(3) 地球からは見えないときの金星の位置を，図中のA～Hからすべて選び，記号で答えよ。 [　　　]

(4) **図2**の①～④のように見えるときの金星の位置を，**図1**の**A～H**からそれぞれ選び，記号で答えよ。

図2

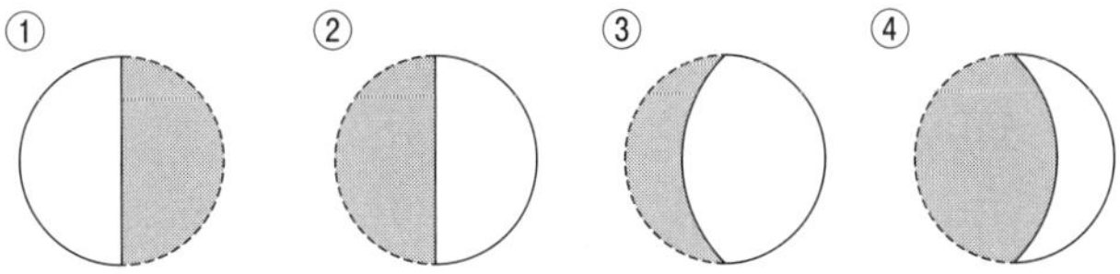

①[　　] ②[　　] ③[　　] ④[　　]

(5) 明けの明星を，**図1**の**A～H**からすべて選び，記号で答えよ。 [　　　]

(6) よいの明星を，**図1**の**A～H**からすべて選び，記号で答えよ。 [　　　]

(7) 明けの明星，よいの明星がいつどこに見えるかを，次の**ア～エ**からそれぞれ選び，記号で答えよ。 **明けの明星** [　　] **よいの明星** [　　]

ア　明け方の西の空　　**イ**　明け方の東の空

ウ　夕方の西の空　　**エ**　夕方の東の空

(8) **図2**の①の金星が観測された日から，数日間，同じ地点で金星の観測を行った。このとき，金星の見かけの形や見かけの大きさはどのようになるか。次の**ア～エ**から選び，記号で答えよ。 [　　]

ア　形が欠けていき，大きさは大きくなる。

イ　形が欠けていき，大きさは小さくなる。

ウ　形は満ちていき，大きさは大きくなる。

エ　形は満ちていき，大きさは小さくなる。

1 (3) 月は，地球のまわりを約1か月(約29.5日)で1回転している。

2 (2)(3) 日食は太陽が月にかくされる現象，月食は月が地球の影に入ってかくされる現象である。

3 (8) 金星は，地球に近いほど大きく見える。

標準問題

▶答え　別冊p.21

1 〈月の見え方〉 重要

右の図は，月の公転のようすを模式的に示したものである。次の問いに答えなさい。

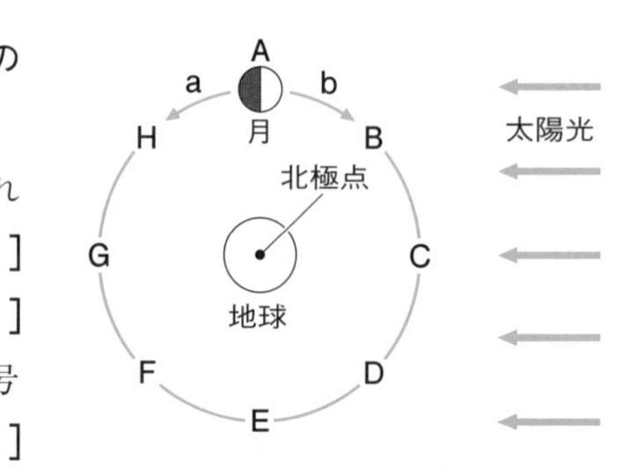

(1) 図中のB，C，E，Gの位置にある月を，それぞれ何というか。　B［　　　］C［　　　］
E［　　　］G［　　　］

(2) 月の公転の向きは，図中のa，bのどちらか。記号で答えよ。［　　］

ミス注意 (3) 図中のA，Gの位置にある月についての説明を，次の**ア**～**オ**からそれぞれ選び，記号で答えよ。
A［　　］
G［　　］

ア　夕方に西の空に見えるとそのまま沈んでいき，夜中や明け方には見られない。

イ　夕方に東の空からのぼり，真夜中に南の空の高い位置に見え，明け方に西の空に沈む。

ウ　真夜中に東の空からのぼり，明け方には南の空の高い位置に見える。

エ　夜明け前に東の空に見え，南の空に向かってのぼっていくが，すぐに見えなくなる。

オ　夕方に南の空の高い位置に見え，真夜中に西の空に沈む。

(4) Aの月を観測した3日後に，同じ地点で月の観測を行った。このとき，月が真南に見えるのは，Aの月を観測したときとくらべると，どのようになるか。次の**ア**～**ウ**から選び，記号で答えよ。
［　　］

ア　はやくなる。　**イ**　変わらない。　**ウ**　遅くなる。

(5) 月は，自ら光を出していない天体だが，地球からは光って見える。その理由を簡単に説明せよ。
［　　　　　　　　　　　　　　　　　　　　　　　　　　　］

(6) 月食が見られるのは，地球と月，太陽との位置関係がどのようになったときか。次の**ア**～**エ**から選び，記号で答えよ。［　　］

ア　太陽・月・地球の順に，一直線上に並んだとき。

イ　太陽・地球・月の順に，一直線上に並んだとき。

ウ　地球・太陽・月の順に，一直線上に並んだとき。

エ　地球と太陽をむすぶ直線が，地球と月を結ぶ直線と垂直になったとき。

(7) 日食が見られるのは，地球と月，太陽との位置関係がどのようになったときか。(6)の**ア**～**エ**から選び，記号で答えよ。［　　］

2

〈日食が起こる理由〉 差がつく

右の図は，異なるときに観測された日食を示している。次の問いに答えなさい。

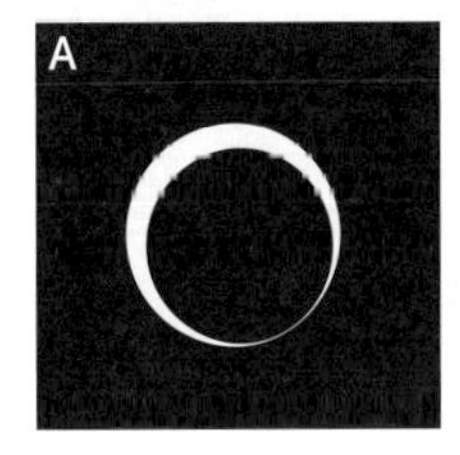

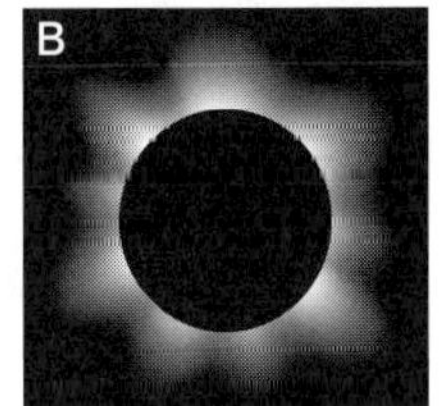

(1) A，Bの日食の名前を，それぞれ書け。

A [　　　　]
B [　　　　]

(2) Aの日食では，太陽と月のどちらが大きく見えているか。 [　　　　]

(3) Bの日食で，太陽のまわりの広い範囲に真珠色にかがやいて見えたものは何か。次のア～オから選び，記号で答えよ。 [　　]

ア 黒点　　**イ** プロミネンス　　**ウ** コロナ　　**エ** オーロラ　　**オ** ヘリウム

(4) 太陽の直径は，月の直径の約400倍の大きさであるが，Bの日食では太陽と月がほぼ同じ大きさに見えた。その理由を簡単に説明せよ。

[　　　　　　　　　　　　　　　　　　　　　　　　]

3

〈金星の見え方〉

金星について調べるために行った次の観察について，あとの問いに答えなさい。

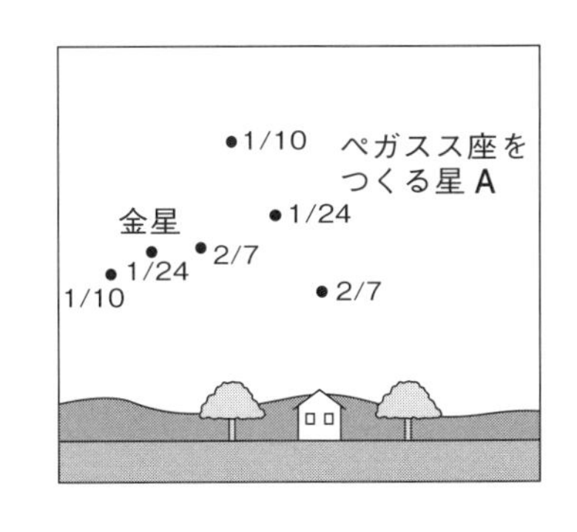

〔観察〕1 日本のある地点で，1月10日のある時刻に，ペガスス座をつくる星Aと金星の位置を観察した。

2 1月24日と2月7日の同じ時刻にも，星Aと金星の位置を観察し，観察結果を右の図にまとめた。

(1) 観察したのは，東，西，南，北のどの方位か。 [　　]

差がつく (2) 右の図は，1月10日に金星を天体望遠鏡で見たようすである。ただし，向きは実際に見えたようすと同じとはかぎらない。このとき，2月7日の金星の大きさと形を，次のア～エから選び，記号で答えよ。 [　　]

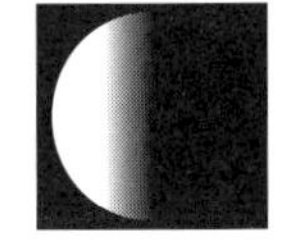

ア 1月10日の金星よりも小さくなり，形は満月の形に近づいた。
イ 1月10日の金星よりも小さくなり，形は三日月の形に近づいた。
ウ 1月10日の金星よりも大きくなり，形は満月の形に近づいた。
エ 1月10日の金星よりも大きくなり，形は三日月の形に近づいた。

重要 (3) 金星はペガスス座とはちがい，1年を通じて真夜中に見えることがない。その理由を簡単に説明せよ。 [　　　　　　　　　　　　]

(4) 金星とちがって，真夜中に見えることがある惑星の名前をすべて書け。

[　　　　　　　　　　　　　　　　]

④太陽系と宇宙

重要ポイント

①太陽のようす

□ **太陽のつくり**…高温の気体からできていて，プロミネンス(紅炎)やコロナが見られる。
↳直径約140万km(地球の約100倍)

・黒点…太陽の表面の黒く見える部分。まわりよりも温度が低い。

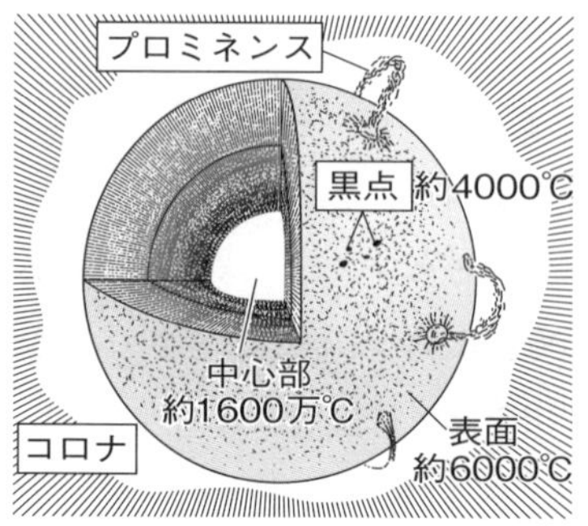

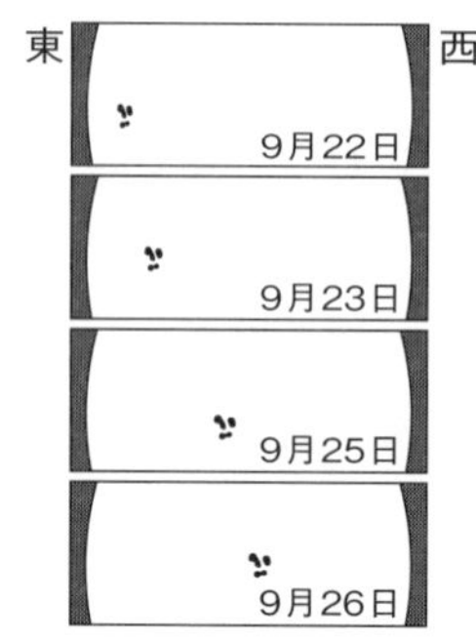

□ **太陽の自転**…太陽は東から西へ自転しているため，黒点が東から西へ移動する。

②太陽系

□ **太陽系**…太陽を中心に運動する天体の集まり。

□ **太陽系の天体**

・地球型惑星…表面が**岩石**でできていて，密度が大きい。**水星，金星，地球，火星**。

・木星型惑星…**厚いガスや氷**におおわれていて，密度が小さい。**木星，土星，天王星，海王星**。

太陽系の惑星(上から順に太陽に近い)

水星	大気がほとんどない
金星	二酸化炭素の厚い大気をもつ
地球	表面に液体の水がある
火星	大地は赤かっ色で大気はうすい
木星	太陽系の惑星で最も大きい
土星	巨大なリングをもつ
天王星	自転軸が大きく傾いている
海王星	大気中にはメタンが多い

・衛星…月などのように，惑星のまわりを公転している小さな天体。

・小惑星…おもに火星と木星の公転軌道の間にある，岩石質の多数の小さな天体。
↳いん石は，小惑星が地球上に落下したもの。

・**太陽系外縁天体**…海王星より外側を公転する，惑星とは起源などが異なる天体。
↳以前は惑星とされていためい王星は，2006年以降は太陽系外縁天体とされている。

・すい星…細長いだ円軌道で公転する，氷と細かいちりでできた天体。すい星から出てきたちりなどが地球の大気とぶつかって光る現象を**流星**という。
↳ほうき星ともよばれる。
↳太陽に近づくと氷がとけて，蒸発したガスとちりの尾が現れる。
↳流れ星ともよばれる。

③銀河系と銀河

□ **恒星**…太陽のように，**自ら光を出している**天体。

□ **光年**…光が1年かかって進む距離を1光年という。

□ **等級**…天体の明るさの表し方。小さいほど明るい。
肉眼で見える最も暗い星を6等星，その100倍明るい星を1等星としている。

□ **銀河系**…太陽系をふくむ，天体の大集団。

□ **銀河**…銀河系の外にある，銀河系のような天体の大集団。さまざまな形のものがある。

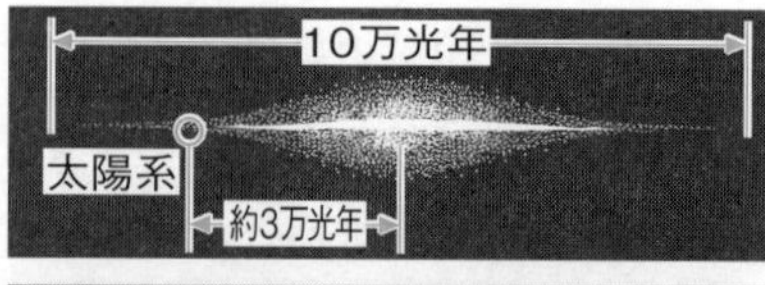

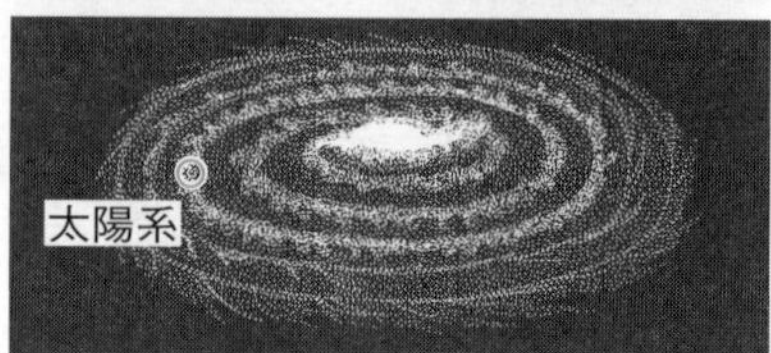

◉黒点の移動から太陽が自転していることや，太陽が球形であることがわかる。
◉太陽系の惑星の並び順はおぼえておく。惑星の最初の１文字ずつをとって，内側から順に，「水・金・地・火・木・土・天・海(すいきんちかもくどてんかい)」とおぼえるとよい。

ポイント 一問一答

① 太陽のようす

□ (1) 太陽は，固体，液体，気体のどれからできているか。
□ (2) 太陽の表面の温度は約何℃か。
□ (3) 太陽の表面の黒く見える部分を何というか。
□ (4) (3)の部分は，まわりよりも温度が高いか，低いか。
□ (5) 太陽が自転(じてん)する向きは，東から西，西から東のどちらか。

② 太陽系(たいようけい)

□ (1) 太陽を中心に運動する天体の集まりを何というか。
□ (2) 水星，金星，地球，火星のように，表面が岩石でできていて，密度が大きい惑星(わくせい)を何というか。
□ (3) 木星，土星，天王星(てんのうせい)，海王星(かいおうせい)のように，厚いガスや氷におおわれていて，密度が小さい惑星を何というか。
□ (4) 月などのように，惑星のまわりを公転している小さな天体を何というか。
□ (5) 火星と木星の間にある，岩石質の小さな天体を何というか。
□ (6) 海王星より外側を公転する，惑星とは起源などが異なる天体を何というか。
□ (7) 細長いだ円軌道(きどう)で公転する，氷と細かいちりでできた天体を何というか。

③ 銀河系(ぎんがけい)と銀河(ぎんが)

□ (1) 太陽のように，自ら光を出している天体を何というか。
□ (2) 光が１年かかって進む距離(きょり)を何というか。
□ (3) 太陽系をふくむ，天体の大集団を何というか。
□ (4) 銀河系の外にある，銀河系のような天体の大集団を何というか。

答

① (1) 気体　(2) 約6000℃　(3) 黒点(こくてん)　(4) 低い。　(5) 東から西
② (1) 太陽系　(2) 地球型惑星(ちきゅうがたわくせい)　(3) 木星型惑星(もくせいがたわくせい)　(4) 衛星(えいせい)　(5) 小惑星(しょうわくせい)　(6) 太陽系外縁天体(たいようけいがいえんてんたい)　(7) すい星
③ (1) 恒星　(2) 1光年(こうねん)　(3) 銀河系　(4) 銀河

基礎問題

▶答え　別冊p.22

1 〈太陽系の惑星〉 重要

下の図は，太陽系の8つの惑星を示したものである。あとの問いに答えなさい。

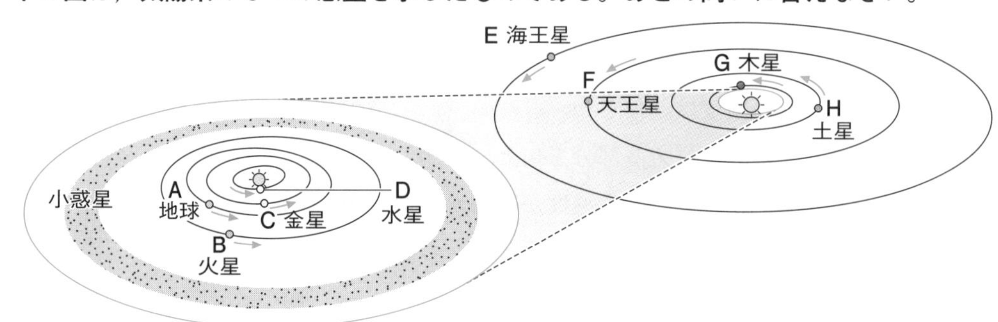

(1) 次の①～③の特徴をもつ惑星を，図中のA～Hからそれぞれ選び，記号で答えよ。

① 太陽系の惑星のなかでいちばん大きい。 [　　]

② 表面に液体の水が多量にある。 [　　]

③ 天体望遠鏡で簡単に観察できる巨大なリングをもつ。 [　　]

(2) 地球型惑星を図中のA～Hからすべて選び，記号で答えよ。 [　　]

(3) 木星型惑星を図中のA～Hからすべて選び，記号で答えよ。 [　　]

ミス注意 (4) 地球型惑星と木星型惑星の特徴を，次のア～エからそれぞれすべて選び，記号で答えよ。

地球型惑星 [　　] **木星型惑星** [　　]

ア　厚いガスや氷におおわれている。　　イ　密度が大きい。

ウ　表面が岩石でできている。　　エ　密度が小さい。

2 〈惑星以外の太陽系の天体〉

右の図は，惑星以外の太陽系の天体を示したものである。次の問いに答えなさい。

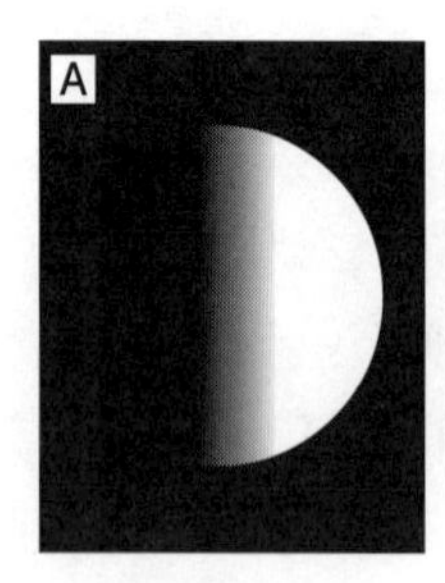

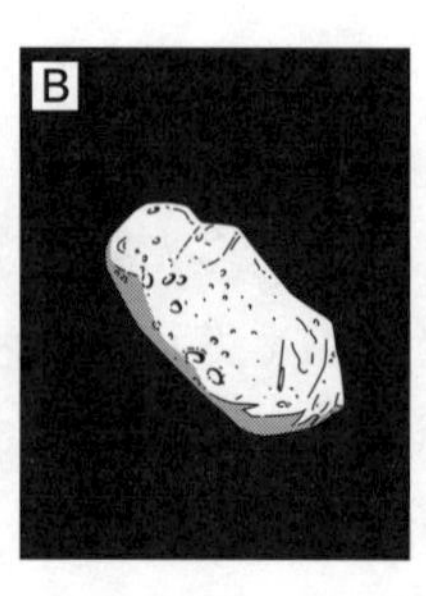

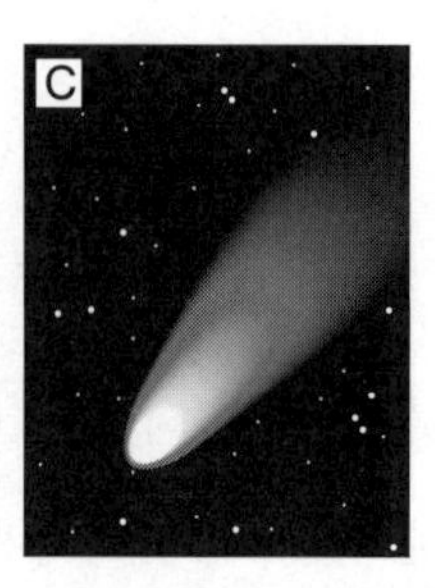

(1) Aは地球の衛星である。この天体を何というか。 [　　]

(2) Bは，おもに火星と木星の公転軌道の間にたくさんある，岩石質の小さな天体のうちの1つである。このような天体を何というか。 [　　]

(3) Cは，氷と細かいちりでできているため，太陽に近づくと氷がとけて，蒸発したガスとちりからなる尾が現れる。このような天体を何というか。 [　　]

3 〈黒点の観察〉 重要

右の図は，天体望遠鏡の太陽投影板に白い観測用紙をはり，2日ごとに太陽の像を観察したスケッチを並べたものである。次の問いに答えなさい。

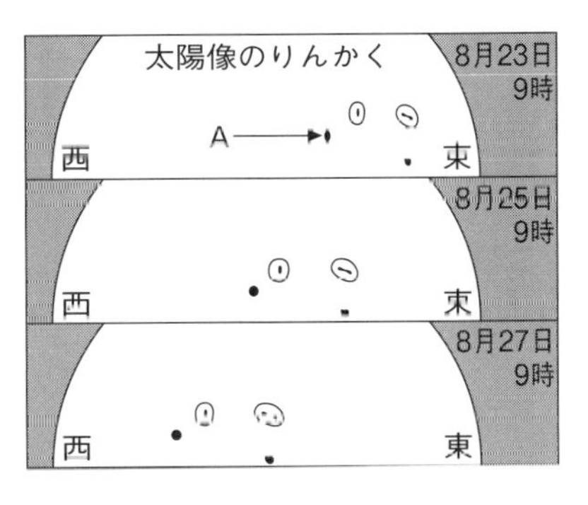

(1) 太陽の表面の温度は約何℃か。 [　　　]

(2) 図中のAは，太陽の表面に見られる黒い部分をスケッチしたものである。これを何というか。 [　　　]

(3) 黒点が東から西へ移動する理由を，次のア〜エから選び，記号で答えよ。 [　　]

ア　地球が西から東へと自転しているから。

イ　太陽が東から西へと自転しているから。

ウ　太陽の表面では東から西へ風がふいているから。

エ　太陽を中心として，そのまわりを地球が公転しているから。

(4) 太陽が球形であることは，どのようなことからわかるか。次のア〜エから選び，記号で答えよ。 [　　　]

ア　中央部で円形に見えた黒点が，周辺部ではだ円形に見える。

イ　黒点の数が，中央部と周辺部とでちがう。

ウ　大きい黒点のほうが小さい黒点より速く動いているように見える。

エ　中央部から周辺部へ移動する黒点の速さが速くなったように見える。

4 〈宇宙の広がり〉

右の図は，太陽系をふくむ天体の大集団を示したものである。次の問いに答えなさい。

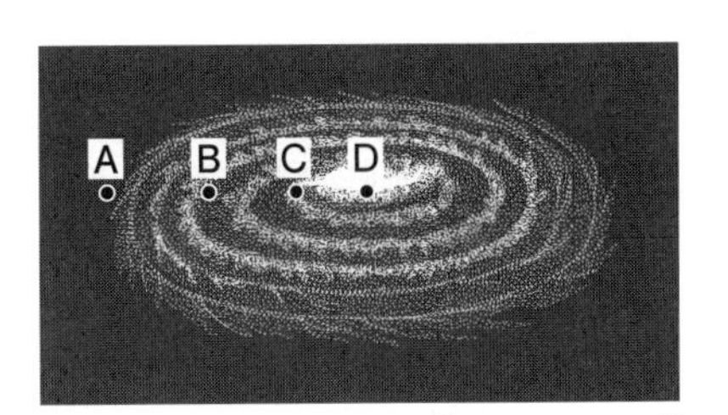

(1) 太陽系の位置を，図中のA〜Dから選び，記号で答えよ。 [　　]

(2) 図のような天体の大集団を何というか。 [　　　]

(3) (2)の直径を，次のア〜エから選び，記号で答えよ。 [　　]

ア　約1光年　　イ　約10光年　　ウ　約10万光年　　エ　約100万光年

(4) (2)のほかにも多数ある，同じような天体の大集団を何というか。 [　　　]

ヒント

1 (4) 地球には大気があり，極地には多量の氷があるが，それは地球の表面のわずかな部分だけである。

2 (1) 衛星は，惑星のまわりを公転している小さな天体のことである。

3 (4) 太陽を大きなボールだと考え，そのボールが回転したときに，表面の模様がどうなるかを考えればよい。

標準問題

▶答え　別冊p.22

1 〈太陽系の天体〉

右の表は，おもな太陽系の天体を示している。次の問いに答えなさい。

天体	太陽からの距離〔億km〕	公転周期〔年〕	質量〔地球＝1〕	密度〔g/cm^3〕
水星	0.58	0.24	0.055	5.4
金星	1.08	0.62	0.82	5.2
地球	1.50	1.00	1.00	5.5
火星	2.28	1.88	0.107	3.9
木星	7.8	11.9	318	1.3
土星	14.3	29.5	95	0.7
天王星	28.8	84	14.5	1.3
海王星	45	165	17.2	1.6
めい王星	59	248	0.0021	1.8
エリス	101.9	561	0.0025	2.3

(1) 太陽系にある恒星はいくつか。　[　　　]

(2) 太陽系にある惑星はいくつか。　[　　　]

(3) 海王星が太陽のまわりを1周する間に，地球は太陽のまわりを何周するか。　[　　　]

重要 (4) 太陽系の惑星のうち，地球型惑星であるものの名前をすべて書け。

[　　　]

(5) 太陽系の惑星を地球型惑星と木星型惑星に分けたとき，木星型惑星の質量と密度にはどのような特徴があるか。簡単に説明せよ。

[　　　]

差がつく (6) 衛星がある惑星の名前をすべて書け。

[　　　]

ミス注意 (7) 次の①～③の特徴をもつ惑星の名前を，それぞれ書け。

① 二酸化炭素のうすい大気があり，地表は酸化鉄をふくむ赤い土でおおわれている。また，北極と南極はドライアイスや氷におおわれていて，地下に氷が存在する。　[　　　]

② 大気がほとんどなく，惑星表面の昼夜の温度差が約500℃にもなる。また，表面にはたくさんのクレーターがある。　[　　　]

③ 自転の軸が大きく傾いていて，ほぼ横だおしの状態で公転している。また，大気には水素やヘリウムのほか，メタンが多くふくまれているため，青緑色に見える。　[　　　]

(8) 小惑星が地球上に落下したものを何というか。　[　　　]

(9) 表中から太陽系外縁天体をすべて選び，その名前を書け。[　　　]

(10) 表にまとめた天体のほか，太陽系にはすい星という天体も存在する。すい星についての正しい説明を，次の**ア**～**エ**からすべて選び，記号で答えよ。　[　　　]

ア　太陽に近づくと，尾が現れることがある。　**イ**　おもに岩石でできている。

ウ　すい星から出たちりが地球の大気とぶつかると，流星となる。

エ　惑星の公転軌道よりも細長いだ円軌道で公転している。

2 〈太陽の観察〉

図1は，天体望遠鏡で太陽の黒点を観察しているところを示したものであり，図2は観察した黒点のスケッチである。次の問いに答えなさい。

図1

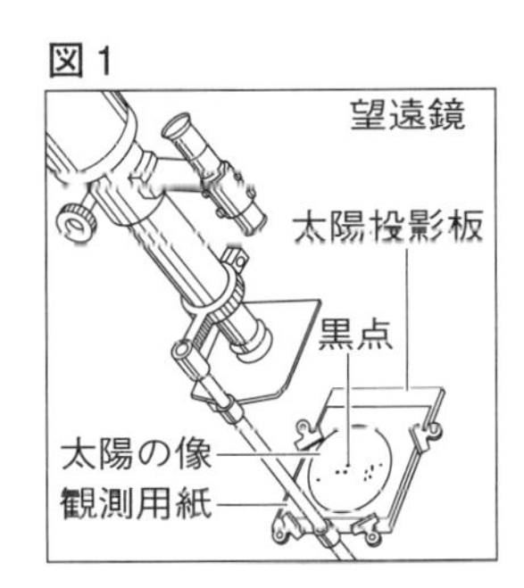

図2

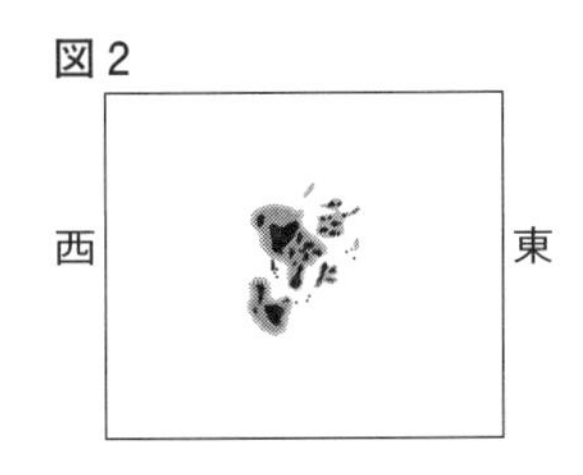

(1) 天体望遠鏡の向きを固定しておくと，太陽の像がしだいに動いていくのが観察される。この動きは何が原因か。簡単に説明せよ。

[　　　　　　　　　　　　　　　　　　　　　　]

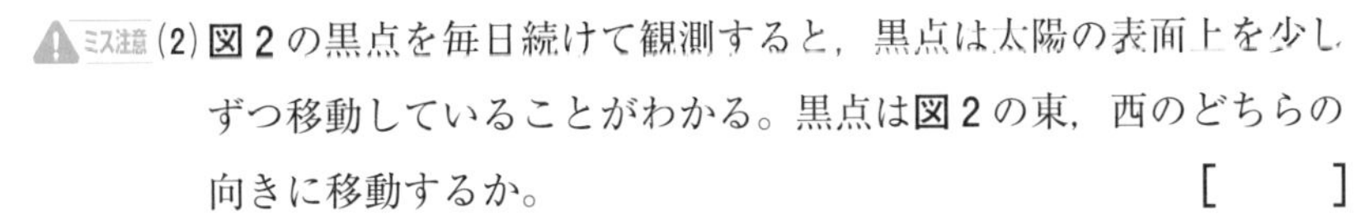

ミス注意 (2) 図2の黒点を毎日続けて観測すると，黒点は太陽の表面上を少しずつ移動していることがわかる。黒点は図2の東，西のどちらの向きに移動するか。 [　　]

(3) 中央部で球形に見えた黒点を毎日続けて観測すると，周辺部に移動したときにはだ円形に見えた。このことから何がわかるか。簡単に説明せよ。

[　　　　　　　　　　　　　　　　　　　　　　]

ミス注意 (4) 中央部でほぼ円形に見えた黒点の直径が約2.0mmであり，太陽の像の直径は10cmであった。太陽の直径を140万km，地球の直径を13000kmとすると，この黒点の実際の直径は地球の直径の約何倍か。小数第1位を四捨五入して求めよ。 [　　　]

(5) 黒点についての正しい説明を，次の**ア**～**エ**から選び，記号で答えよ。 [　　]

ア　黒点は太陽表面からガスがふき出しているところで，まわりより温度が高い。

イ　黒点は太陽表面の巨大な気体のうずまきで，まわりより温度が低い。

ウ　黒点は太陽表面にある固体の物質で，まわりより温度が低い。

エ　黒点は，太陽の近くを回る天体が太陽光線をさえぎるために黒く見えているものである。

3 〈銀河系〉 差がつく

右の図は，銀河系と，銀河系の中での太陽系の位置を示している。次の問いに答えなさい。

太陽系　銀河系の中心

(1) 太陽系と銀河系の中心との距離を，次の**ア**～**エ**から選び，記号で答えよ。 [　　]

ア　3光年　　**イ**　300光年　　**ウ**　3万光年　　**エ**　300万光年

(2) 太陽系から銀河系の中心のほうを見ると，多くの恒星が帯のように密集していて，川のように見える。これを何というか。 [　　　]

ミス注意 (3) 太陽から最も近い恒星までの距離は，約4.2光年である。これは約何kmか。次の**ア**～**エ**から選び，記号で答えよ。ただし，光の速さは約30万km/sである。 [　　]

ア　約40km　　**イ**　約40万km　　**ウ**　約40億km　　**エ**　約40兆km

実力アップ問題

◎制限時間40分
◎合格点80点
▶答え　別冊p.23

1 右の図は，北緯32°のある地点で，北の空の星の動きを，ある夜に2時間おきに記録したものの一部で，Cは午前0時の位置を示している。次の問いに答えなさい。〈2点×7〉

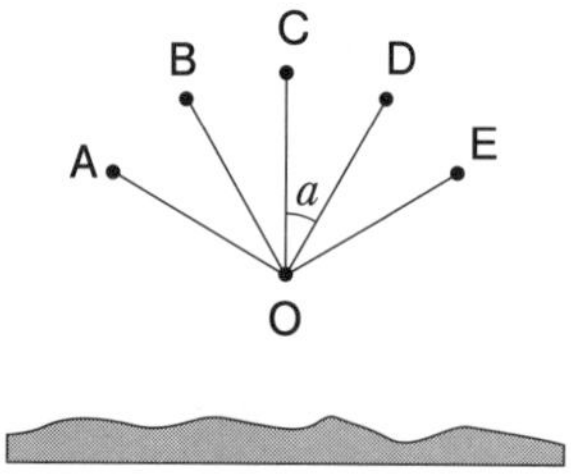

(1) 動いていないように見えた，Oの位置の星を何というか。

(2) (1)の星の高度は何度か。

(3) 図中のA～Eのうち，最初に記録したものはどれか。

(4) 図中のaの角度は何度か。

(5) 星が時間とともに動いて見える理由を，次の**ア**～**エ**から選び，記号で答えよ。

ア　天球が回転しているから。　**イ**　星が地球のまわりを回っているから。

ウ　地球が公転しているから。　**エ**　地球が自転しているから。

(6) この星は，1か月後の午前0時には，図中のA～Eのどの位置に見えるか。

(7) (6)のような変化が起こる理由を，(5)の**ア**～**エ**から選び，記号で答えよ。

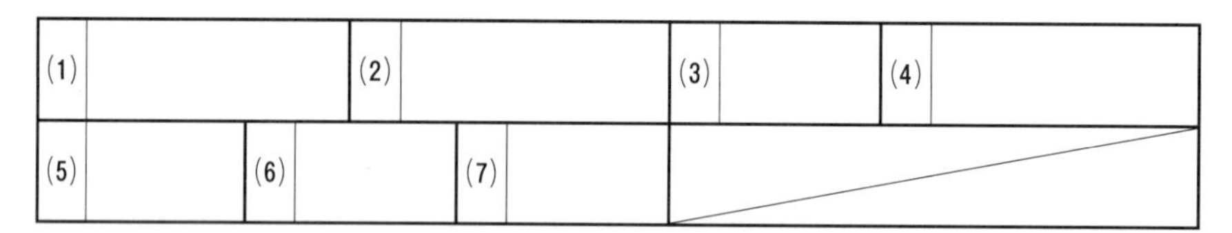

(1)		(2)		(3)		(4)	
(5)		(6)		(7)			

2 右の図1は，春分，夏至，秋分，冬至の日のいずれかの地球の位置と天球の黄道付近にある星座を示したものである。図2は，北半球のある地点で太陽の動きを透明半球に記録したものであり，この日の地球の位置は，図1のA～Dのいずれかである。次の問いに答えなさい。〈3点×6〉

図1

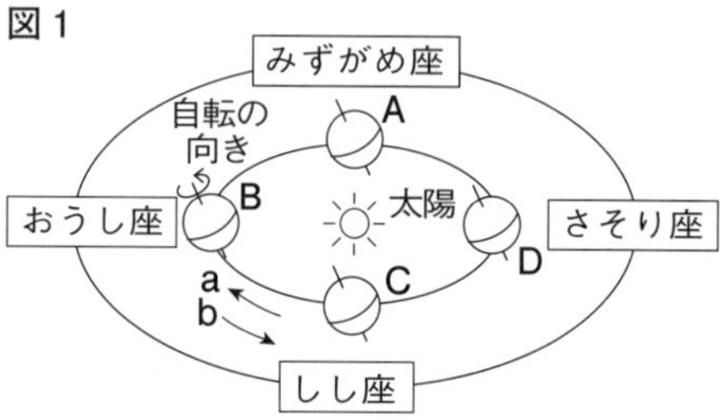

図2

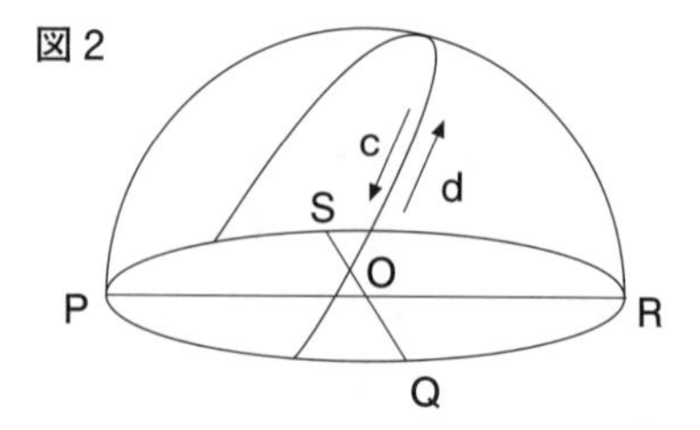

(1) 図1で，地球が動く向きを示す矢印は，a，bのどちらか。記号で答えよ。

(2) 地球が図1のAの位置から1回公転するとき，太陽は天球上の星座の中をどのように動いていくか。次の**ア**～**エ**から選び，記号で答えよ。

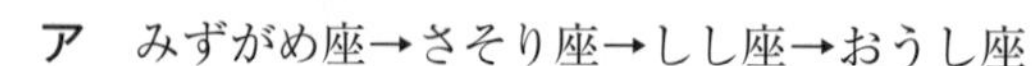

ア　みずがめ座→さそり座→しし座→おうし座

イ　みずがめ座→おうし座→しし座→さそり座

ウ　しし座→さそり座→みずがめ座→おうし座

エ　しし座→おうし座→みずがめ座→さそり座

(3) 図2のP，Q，R，Sから，東を示している記号を選べ。

(4) 図2で太陽が動く向きを示す矢印は，c，dのどちらか。記号で答えよ。

(5) 図2の記録をした日の地球の位置を，図1のA～Dから選び，記号で答えよ。

(6) 地軸が地球の公転面に垂直な方向に対して傾いていることが原因で起こる現象を，次のア～エからすべて選び，記号で答えよ。

ア　季節によって見える星座が変化する。

イ　季節によって昼の長さが変化する。

ウ　星座が南中する時刻が毎日少しずつ早くなる。

エ　太陽の南中高度が変化する。

(1)	(2)	(3)	(4)
(5)	(6)		

3　**右の図は，日本のある地点で，8月22日の午前9時30分から1時間ごとの太陽の位置（A，B，C，D）を透明半球上に記録したものである。次の問いに答えなさい。**

《(1)6点，(2)～(5)3点×4》

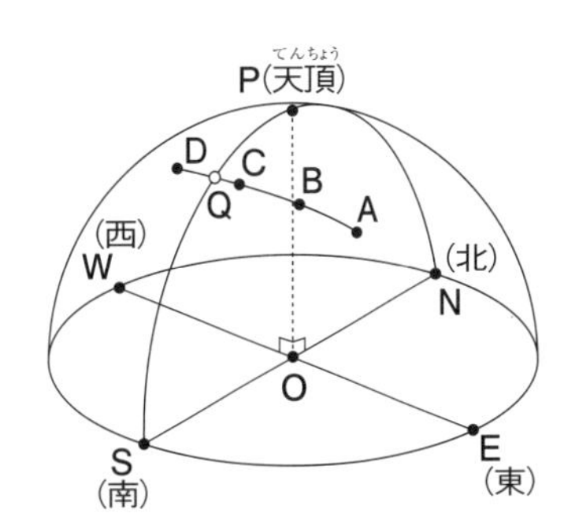

(1) 太陽の天球上での位置を，正しく透明半球上に記録するためには，印をつけるサインペンの先をどうすればよいか。簡単に説明せよ。

(2) この日の南中高度は，どの角で示されるか。次のア～オから選び，記号で答えよ。

ア　∠POQ　　イ　∠PQO　　ウ　∠QSO

エ　∠QOS　　オ　∠QON

(3) CD間の長さは30mm，CQ間の長さは7mmであった。この日の太陽の南中時刻は，何時何分か。

(4) 1か月後の太陽の南中高度は，どのように変化するか。次のア～ウから選び，記号で答えよ。

ア　高くなる。　　イ　低くなる。　　ウ　変わらない。

(5) 太陽の動きが，この日とほぼ同じ線上をたどるのは何か月後か。次のア～エから選び，記号で答えよ。

ア　5か月後　　イ　6か月後　　ウ　7か月後　　エ　8か月後

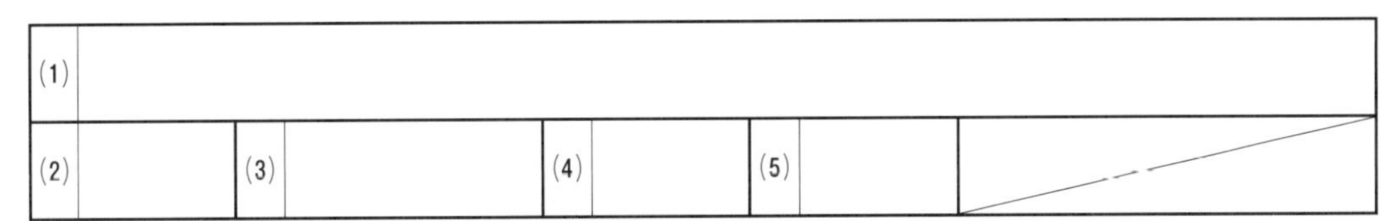

(1)				
(2)	(3)	(4)	(5)	

4 図1は，日食と月食が起こるときの，地球と太陽，月の位置関係を示したものである。次の問いに答えなさい。 〈(1)〜(5)2点×7，(6)6点〉

(1) 日食のときの位置関係を示しているのは，図1のA，Bのどちらか。記号で答えよ。

(2) 皆既日食が起こると，ふだん観察できない太陽の外側のガスが観察できる。この，高温で希薄なガスを何というか。

(3) 図2のX，Yの形に見える月の位置を，図1のa〜fから選び，記号で答えよ。

(4) 月食が起こってから，図2のX，Yの形の月が見られるまでの日数は，どちらのほうが短いか。記号で答えよ。

(5) 次の①，②のような月は，どの位置にある月か。図1のa〜fからそれぞれ選び，記号で答えよ。

① 夕方ごろに南中する。

② 明けの明星の近くに見えることがある。

(6) ある日の18時30分に月が南中していた。次の日の18時30分に月を見ると，どの方向に約何度動いて見えるか。簡単に説明せよ。

図1

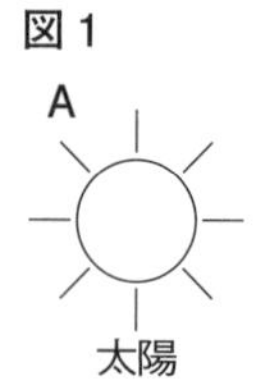

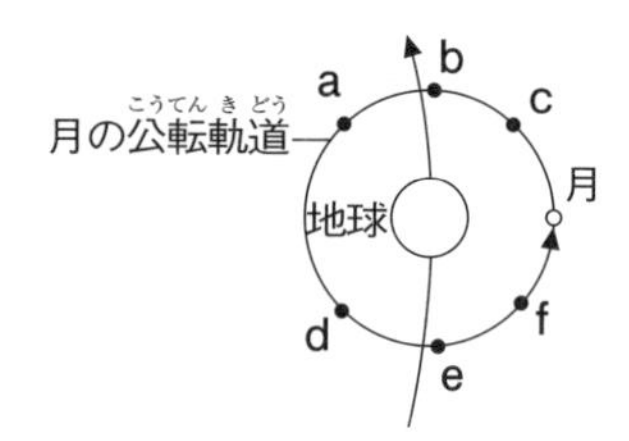

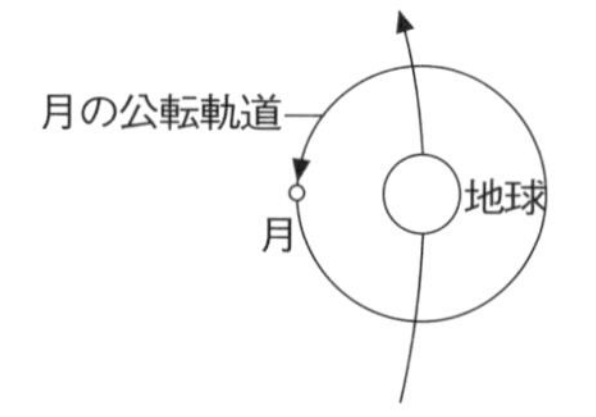

図2

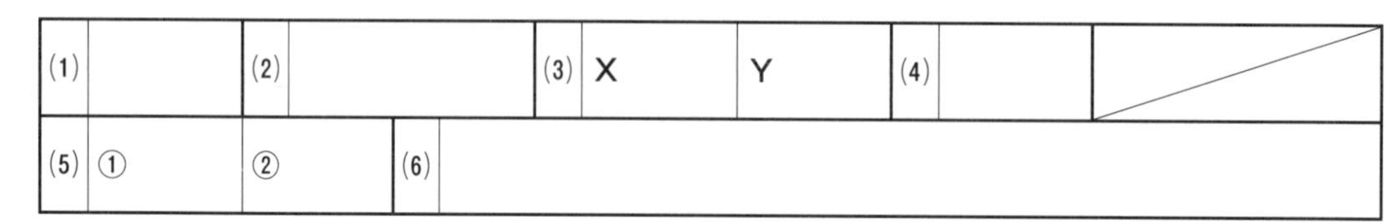

(1)		(2)		(3)	X	Y	(4)		
(5)	①	②	(6)						

5 図1は，太陽のまわりを回る地球と，その内側を回る惑星Xの軌道を示している。次の問いに答えなさい。 〈2点×8〉

(1) 地球の自転の向きは，図1のa，bのどちらか。

(2) 惑星Xの公転の向きは，図1のc，dのどちらか。

(3) 図1のA，Dの位置にある惑星Xは，いつどこに見えるか。次のア〜エからそれぞれ選び，記号で答えよ。

ア 夕方の東の空　　**イ** 明け方の東の空

ウ 夕方の西の空　　**エ** 明け方の西の空

図1

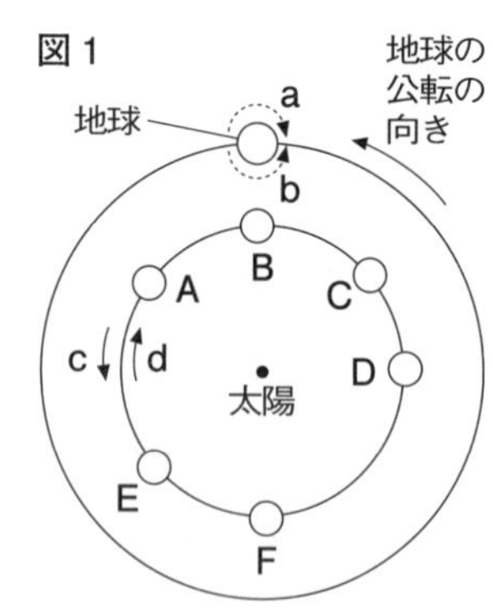

(4) 惑星Xを天体望遠鏡で観察すると，図2のように見える位置を，図1のA〜Fから選び，記号で答えよ。ただし，図2は天体望遠鏡で見えた形を上下左右逆にして，肉眼で見た向きにしてある。

図2

(5) 惑星Xのように，地球の内側を回る惑星を何というか。

(6) (5)の惑星にふくまれるものを，**ア**～**カ**からすべて選び，記号で答えよ。

ア 火星　**イ** 水星　**ウ** 木星　**エ** 金星　**オ** 土星　**カ** 天王星(てんのうせい)

(7) (5)の惑星の説明でまちがっているものを，次の**ア**～**エ**からすべて選び，記号で答えよ。

ア 自らは光を出さず，太陽の光を反射してかがやいて見える。

イ 真夜中に観察できることもある。

ウ 正午(しょうご)ごろに観察できることもある。

エ 表面が岩石でできていて，密度が大きい。

(1)		(2)		(3)	A	D	(4)	
(5)		(6)		(7)				

6 右の表のA～Eは，水星，金星，火星，木星，土星のどれかの特徴を示したものである。次の問いに答えなさい。〈2点×7〉

	半径〔地球＝1〕	密度〔g/cm^3〕	太陽からの距離(きょり)〔億km〕
A	0.95	5.24	1.08
B	9.4	0.69	14.3
C	0.38	5.43	0.58
D	0.53	3.93	2.28
E	11.2	1.33	7.8

(1) A～Eのうち，水星はどれか。記号で答えよ。

(2) 地球から見て，満(み)ち欠(か)けする惑星(わくせい)をA～Eからすべて選び，記号で答えよ。

(3) 1回公転するのに最も時間のかかる惑星をA～Eから選び，記号で答えよ。

(4) A～Eの惑星を，質量の大きいものから順に並べるとどうなるか。次の**ア**～**カ**から選び，記号で答えよ。

ア E→B→A→C→D　**イ** E→B→C→A→D　**ウ** B→E→A→C→D

エ B→E→A→D→C　**オ** B→E→D→C→A　**カ** E→B→A→D→C

(5) 次の①～③の特徴をもつ惑星を，水星，金星，火星，木星，土星からそれぞれ選び，惑星の名前を答えよ。

① おもに水素とヘリウムからできている。また，氷や岩石の粒(つぶ)でできたリングをもち，このリングは天体望遠鏡で簡単に見ることができる。

② 二酸化炭素を主成分とする厚い大気をもつ。そのため，地表の平均気温は400℃以上もある。

③ 地球型惑星(ちきゅうがたわくせい)の1つで，大気は希薄だが，地下には氷が存在するため，生命が存在する可能性が期待されている。

(1)		(2)		(3)		(4)	
(5)	①		②		③		

5章 自然と人間

①生物どうしのつながり

重要ポイント

①生態系

□ **生態系**…ある場所に生活する生物と，そのまわりの環境との1つのまとまり。

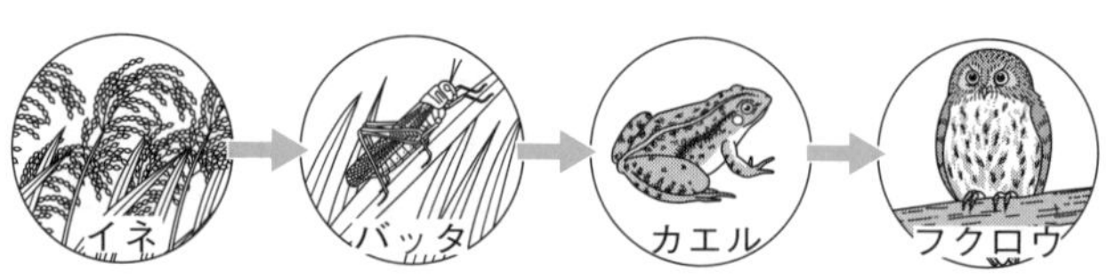

※矢印の向きは，食べられるものから食べるものに向けられている

□ **食物連鎖**…食べる・食べられるという関係が**鎖のように**つながったもの。

□ **食物網**…食べる・食べられるという関係が**網の目のように**つながったもの。
　→食物連鎖が複雑にからみ合ってできている。

□ **生物の数量的な関係**…一般に，食べる側の生物よりも，**食べられる側の生物のほうが多い**。
　→右の図のようなピラミッドの形になる。

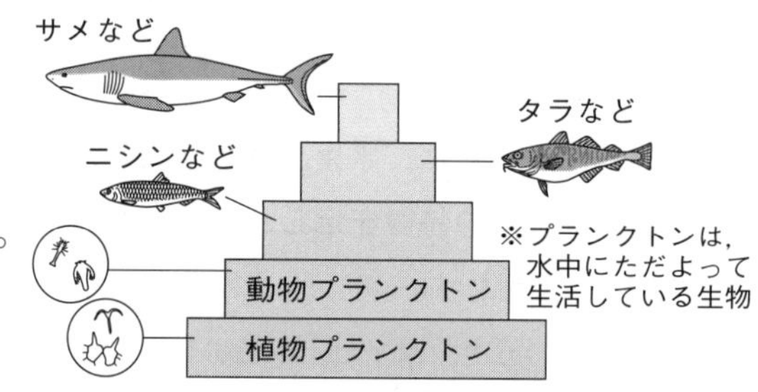

②生態系における生物の役割

□ **土の中の生物**…土の中の食物連鎖は，生物の死がいや動物の排出物が出発点。
　→落ち葉や枯れ枝は植物の死がいである。

・微生物（菌類や細菌類など）…土の中の小動物が利用した残りの有機物をとり入れ，呼吸によって無機物にまで分解して，エネルギーを得ている。
　菌類→カビやキノコなど　細菌類→乳酸菌や大腸菌など

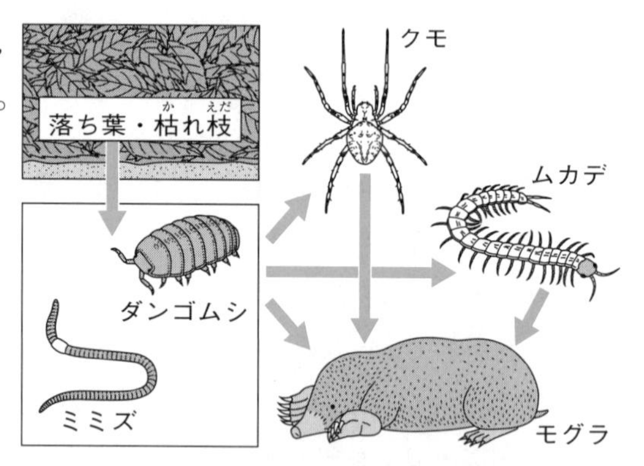

□ **生態系における生物の役割**

・生産者…無機物から**有機物**をつくる生物。
　有機物→栄養分などになる。

・消費者…**ほかの生物を食べる**ことで栄養分をとり入れる生物。
　→無機物から有機物をつくることができない。

・分解者…生物の死がいや動物の排出物などの有機物を**無機物に分解する**生物。
　→土の中の小動物や菌類，細菌類など

□ **炭素の循環**…植物の**光合成**や生物の**呼吸**，**食物連鎖**，**分解者のはたらき**などを通して，炭素は自然界を循環している。

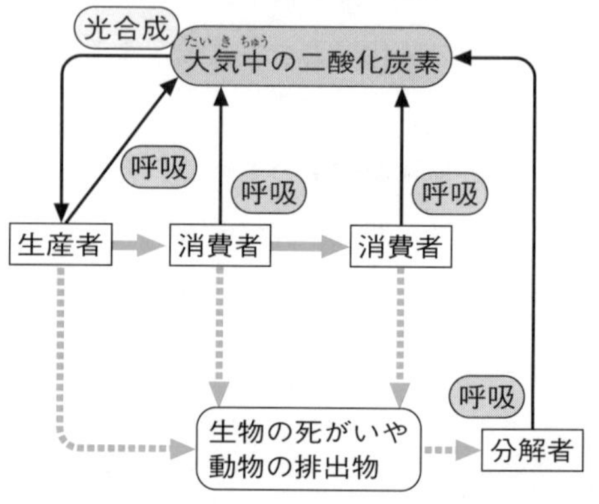

◉生物がいるところには生態系があり，食物連鎖と物質の循環がある。
◉生態系の中の生物が生産者・消費者・分解者にわけられ，それぞれのはたらきによって炭素が循環していることを，簡単な図をかいて説明できるようにしておく。

ポイント 一問一答

① 生態系

□ (1) ある場所に生活する生物と，そのまわりの環境との１つのまとまりを何というか。

□ (2) 食べる・食べられるという関係が，鎖のようにつながったものを何というか。

□ (3) 食べる・食べられるという関係が，網の目のようにつながったものを何というか。

□ (4) 一般に，生態系の中で数量が多い生物は，食べる側，食べられる側のどちらか。

□ (5) 右の図は，バッタ，カエル，イネの数量的な関係を模式的に示したものである。図の①～③にあてはまる生物の名称を書け。

② 生態系における生物の役割

□ (1) 土の中の食物連鎖は，何が出発点となっているか。

□ (2) ダンゴムシやミミズが食べるものは何か。

□ (3) カビやキノコなどのなかまを何というか。

□ (4) 乳酸菌や大腸菌などのなかまを何というか。

□ (5) (3)や(4)などをまとめて何というか。

□ (6) 生態系において，無機物から有機物をつくる生物を何というか。

□ (7) 生態系において，ほかの生物を食べることで栄養分をとり入れる生物を何というか。

□ (8) 生態系において，生物の死がいや動物の排出物などの有機物を無機物に分解する生物を何というか。

□ (9) 植物が日光を受けて，無機物である二酸化炭素などから有機物をつくるはたらきを何というか。

□ (10) 生物が，有機物を分解してエネルギーをとり出し，二酸化炭素などを放出するはたらきを何というか。

答
① (1) 生態系　(2) 食物連鎖　(3) 食物網　(4) 食べられる側　(5) ① カエル　② バッタ　③ イネ
② (1) 生物の死がい，動物の排出物　(2) 落ち葉や枯れ枝　(3) 菌類　(4) 細菌類　(5) 微生物
(6) 生産者　(7) 消費者　(8) 分解者　(9) 光合成　(10) 呼吸

基礎問題

▶答え　別冊p.24

1 〈食物連鎖〉

右の図は，ある場所の陸上の生物が，食べる・食べられるという関係でどのようにつながっているかを示したものである。次の問いに答えなさい。

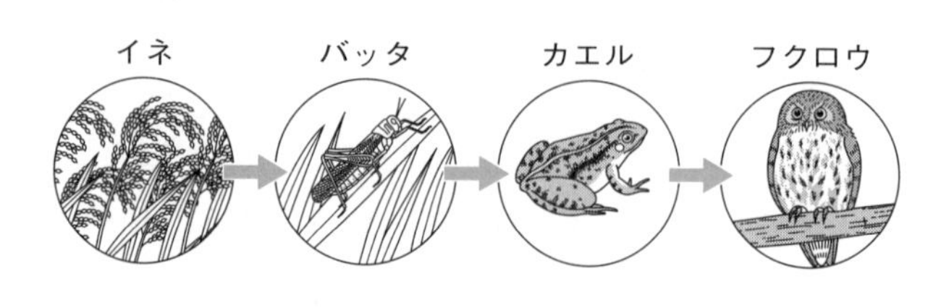

(1) ある場所に生活する生物と，そのまわりの環境とを１つのまとまりと見て，総合的にとらえたものを何というか。　[　　　]

(2) 図のように，食べる・食べられるという関係が鎖のようにつながったものを何というか。　[　　　]

(3) (2)のつながりの中で最初に食べられる生物は，図中ではどれか。生物の名前を書け。　[　　　]

(4) 実際には，(2)のつながりの中で，食べる側の生物は２種類以上の生物を食べ，食べられる側の生物も２種類以上の生物に食べられることが多い。その結果，食べる・食べられるという関係は，複雑な網の目のようになっている。この網の目のようなつながりを何というか。　[　　　]

2 〈生物の数量的な関係〉 重要

右の図は，海中のある地域の生態系での，生物の数量的な関係を示したものである。次の問いに答えなさい。

A
B
ニシン
C
D

ミス注意 (1) 図の説明として正しいものを，次の**ア**～**エ**から選び，記号で答えよ。　[　　]

ア　食べる側の生物はより下に位置し，食べられる側の生物よりも数が多い。

イ　食べる側の生物はより下に位置し，食べられる側の生物よりも数が少ない。

ウ　食べる側の生物はより上に位置し，食べられる側の生物よりも数が多い。

エ　食べる側の生物はより上に位置し，食べられる側の生物よりも数が少ない。

(2) 図中の**A**～**D**にあてはまる生物は，次の**ア**～**エ**のいずれかである。**A**，**C**，**D**にあてはまる生物をそれぞれ選び，記号で答えよ。

A [　　] **C** [　　] **D** [　　]

ア　植物プランクトン　　**イ**　サメ　　**ウ**　動物プランクトン　　**エ**　タラ

3 〈土の中の生物のはたらき〉

右の図は，土の中の生物を示したものである。次の問いに答えなさい。

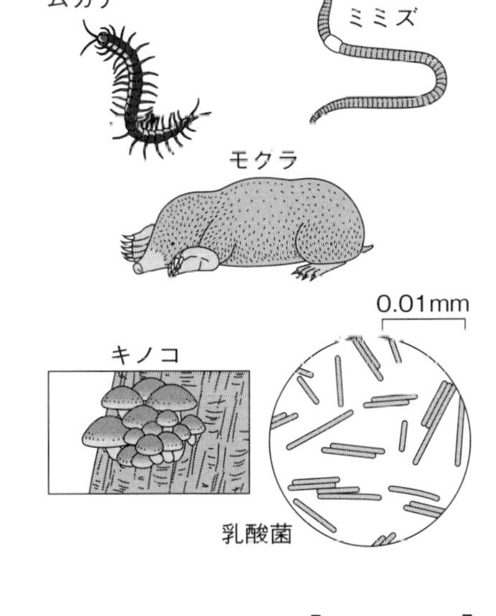

ミス注意 (1) 食物連鎖の正しい例を次のア～エから選び，記号で答えよ。ただし，矢印は食べられる生物から食べる生物に向いている。 [　　]

ア　落ち葉や枯れ枝→ムカデ→ミミズ→モグラ

イ　落ち葉や枯れ枝→ミミズ→ムカデ→モグラ

ウ　落ち葉や枯れ枝→ミミズ→モグラ→ムカデ

エ　落ち葉や枯れ枝→モグラ→ミミズ→ムカデ

(2) キノコやカビなどのなかまを何というか。 [　　　]

(3) 乳酸菌や大腸菌などのなかまを何というか。 [　　　]

(4) (2)と(3)のなかまなどは，生きるためのエネルギーをどのようにして得ているか。次のア～エから選び，記号で答えよ。 [　　]

ア　二酸化炭素と水から有機物をつくり，それを分解してエネルギーを得ている。

イ　生きている植物を食べ，ふくまれている有機物を分解してエネルギーを得ている。

ウ　生きている動物を食べ，ふくまれている有機物を分解してエネルギーを得ている。

エ　土の中の小動物が利用した残りの有機物をとり入れ，それを分解してエネルギーを得ている。

4 〈生態系における生物の役割〉 重要

右の図は，自然界における食物連鎖と炭素の循環のようすを模式的に示したものである。次の問いに答えなさい。

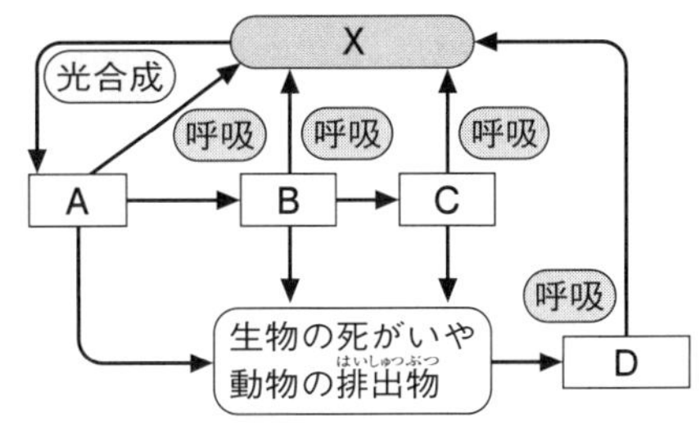

(1) 無機物の状態の炭素であるXは何か。物質の名前を書け。 [　　　]

(2) 生態系において，Aのような役割の生物を何というか。 [　　　]

(3) 生態系において，BやCのような役割の生物を何というか。 [　　　]

(4) 生態系において，Dのような役割の生物を何というか。 [　　　]

1 (3) 最初に食べられる生物は，自分で栄養分をつくることができる生物である。

2 (2) 植物プランクトンは，水中に浮かんで生活している生物のうち，自分で栄養分をつくることができるものである。

3 (1) ミミズは草食動物であり，ムカデとモグラは肉食動物である。

4 生態系では，植物がつくった有機物を，動物が食物連鎖を通じてとり入れ，呼吸に使っている。

標準問題 1

▶答え　別冊p.24

1 〈食物連鎖〉

右の図は，ある地域の水中にいる生物を示している。次の問いに答えなさい。

A 動物プランクトン　B 植物プランクトン

C サメ

D アジ

E マグロ

ミス注意 (1) 図中の**A**，**B**の生物の特徴を，次の**ア**～**エ**からそれぞれすべて選び，記号で答えよ。

A [　　　　] B [　　　　]

ア　自分で栄養分をつくることができない。

イ　自分で栄養分をつくることができる。

ウ　ほかの生物を食べる。

エ　水中をただよっている。

(2) 図中の**A**～**E**の生物を，食物連鎖の順に食べられる生物から並べるとどうなるか。記号で答えよ。 [　　　　　　　]

(3) 図中の**A**～**E**の生物を，数量が少ない順に並べるとどうなるか。記号で答えよ。

[　　　　　　　]

2 〈生物の数量的な関係〉 重要

右の図は，陸上のある地域にすむ生物を，コナラなどの木の実，ネズミなどの草食動物，ヘビなどの肉食動物の3種類に分け，その数量的な関係を模式的に示したものである。次の問いに答えなさい。

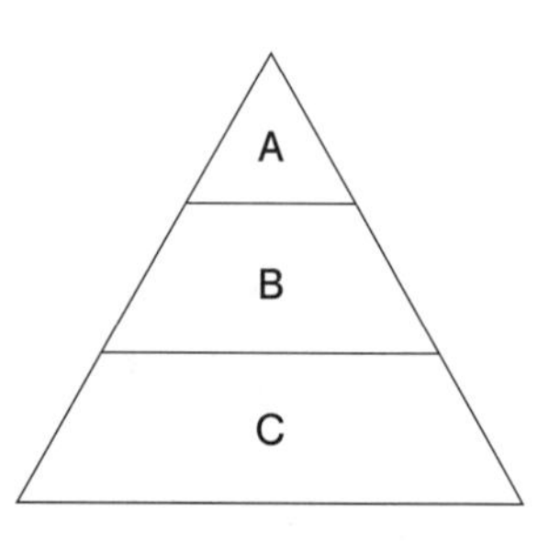

(1) 図中の**A**～**C**から，コナラなどの木の実を示しているものを選び，記号で答えよ。 [　　]

(2) 図中の**A**～**C**から，ヘビなどの肉食動物を示しているものを選び，記号で答えよ。 [　　]

ミス注意 (3) 図のように生物の数量関係がつり合っている地域で，**C**の生物が何らかの原因で減ると，図のピラミッドはどう変化していくか。次の**ア**～**オ**を順に並べよ。ただし，**ア**が最初であるとする。 [　　　　　　　]

ア
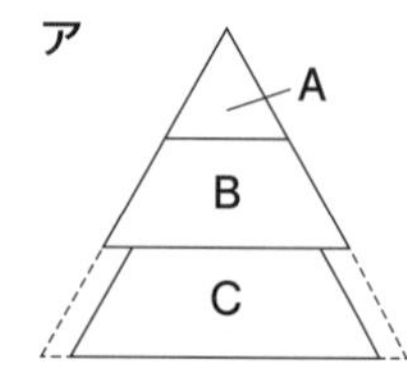

イ
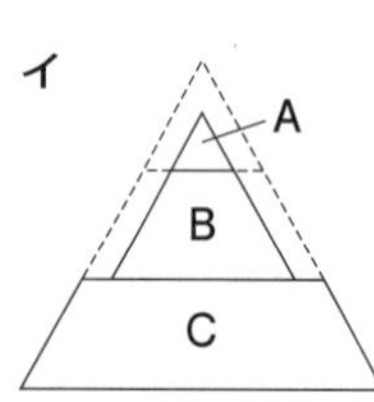

ウ
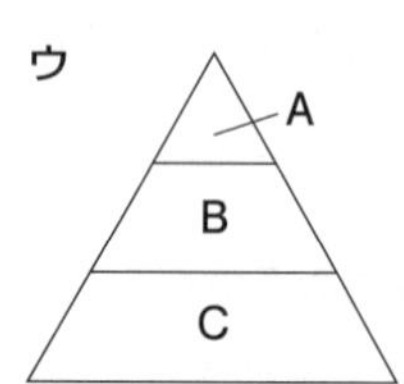

エ
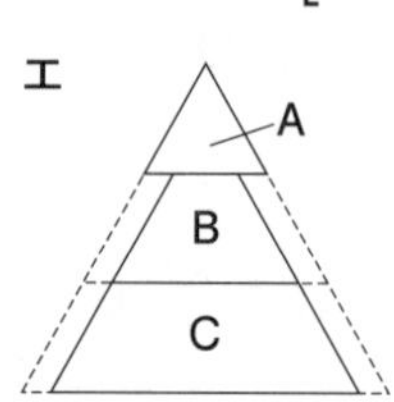

オ
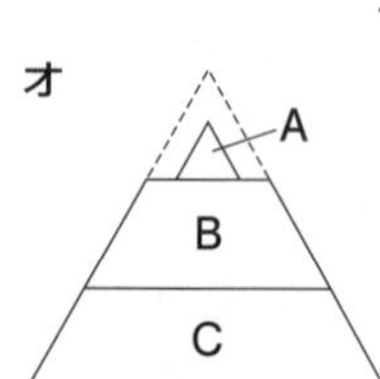

3 〈生物の数量のつり合い〉

室内の実験で，オレンジの実の上でハダニをふやし，そこへこれを食べるダニをはなして，ハダニとダニとの数の変化を調べたところ，右の図のようになった。次の問いに答えなさい。

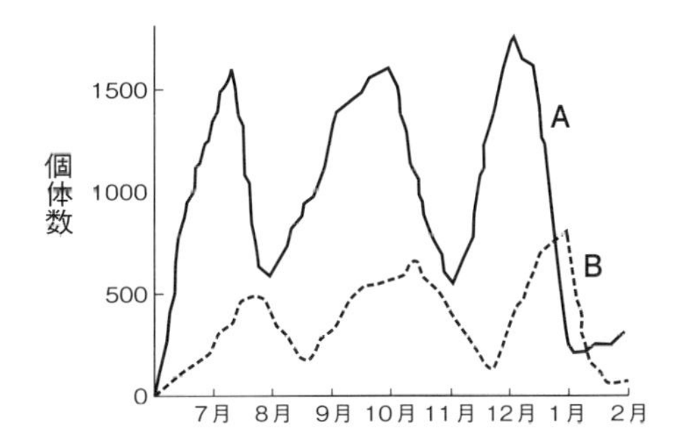

(1) 曲線A，Bのうち，どちらがハダニの数の変化を示しているか。記号で答えよ。 [　　]

(2) ハダニの個体数がふえると，ダニの個体数はどうなるか。簡単に説明せよ。

[　　　　　　　　　　　　　　　　　　　　　　　　　]

(3) ダニの個体数が減ると，ハダニの個体数はどうなるか。簡単に説明せよ。

[　　　　　　　　　　　　　　　　　　　　　　　　　]

4 〈土の中の小動物〉

次の観察について，あとの問いに答えなさい。

〔観察〕1　林の地表の土を白いバットに広げ，肉眼で見つけられた小動物をピンセットで集めた。

2　図1のようなツルグレン装置を使って，1の土の中のさらに小さな小動物を集めた。

3　1と2で集めた小動物をルーペで観察した。図2は観察した生物をスケッチしたものである。

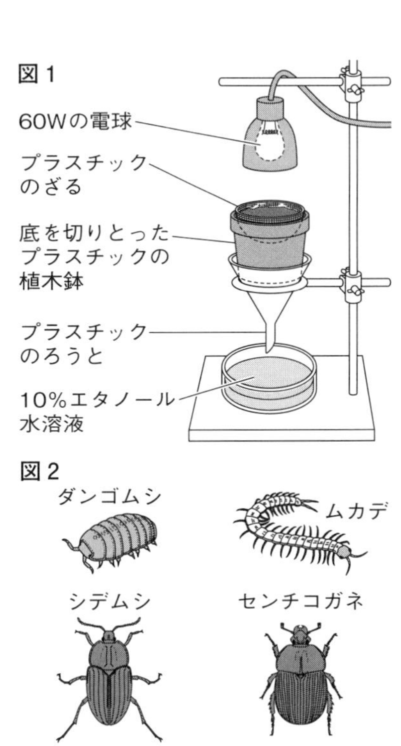

(1) ツルグレン装置を使うと土の中の小動物はどうなるか。次のア～ウから選び，記号で答えよ。 [　　]

ア　光を上から当てると，土の表面があたたかくなり，小動物が土の表面近くに集まってくる。

イ　光を上から当てると，光に引き寄せられた小動物が土の上にはい出てくる。

ウ　光を上から当てると，光をさけた小動物が下に落ちてくる。

(2) 図2の小動物の説明で，まちがっているものを次のア～エから選び，記号で答えよ。 [　　]

ア　ダンゴムシは，草食動物ではない。

イ　シデムシは動物の死がいを食べ，センチコガネは動物のふんを食べる。

ウ　トビムシは落ち葉を食べ，カニムシはトビムシを食べる。

エ　ムカデは，ダンゴムシやトビムシ，カニムシなどを食べる。

ミス注意 (3) 土の中の食物連鎖(しょくもつれんさ)は何から始まるか。次のア～エからすべて選び，記号で答えよ。

[　　　　]

ア　キノコなどの菌類(きんるい)　　イ　落ち葉　　ウ　枯れ枝(かれえだ)　　エ　ミミズなどの動物

標準問題 2

▶答え　別冊p.25

1

〈微生物のはたらき①〉

次の実験について，あとの問いに答えなさい。

〔実験〕1　0.1％デンプン溶液100mLに寒天粉末2gを加え，あたためながらよくかき混ぜて溶かしたものを，滅菌したペトリ皿A，Bに入れてふたをした。

2　右の図のように，林の落ち葉の下の土を，ペトリ皿Aには焼いてから入れ，ペトリ皿Bには焼かずにそのまま入れ，ふたをした。3日後，それぞれのペトリ皿のようすを観察し，ヨウ素溶液を加えた。

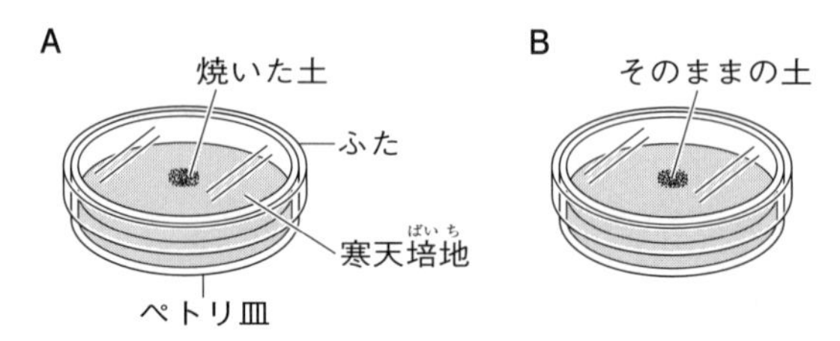

(1) 実験中にできるだけペトリ皿のふたをし続けているのは，何を防ぐためか。簡単に説明せよ。

[　　　　　　　　　　　　　　　　　　　　　]

(2) 2で，3日後のペトリ皿A，Bのようすはどうなっていたか。次のア～ウからそれぞれ選び，記号で答えよ。　A [　　] B [　　]

ア　変化は見られなかった。

イ　一部が変色していた。

ウ　全体が変色していた。

(3) 2でヨウ素溶液を加えたとき，ペトリ皿A，Bはどうなっていたか。次のア～ウからそれぞれ選び，記号で答えよ。　A [　　] B [　　]

ア　どこも青紫色にならなかった。

イ　一部が青紫色になり，青紫色にならない部分もあった。

ウ　全体が青紫色になった。

(4) 土の中の微生物によって，デンプンはどうなるか。簡単に説明せよ。

[　　　　　　　　　　　　　　　　　　　　　]

2

〈微生物のはたらき②〉 差がつく

次の実験について，あとの問いに答えなさい。

〔実験〕1　学校にある池の水を3つの容器A，B，Cに入れた。

2　容器Aにうすいデンプン液，容器B，Cにこいデンプン液を加えた。

3　右の図のように，容器A，Bはそのままにし，容器Cはエアポンプを使って空気が常に容器内に送られるようにした。

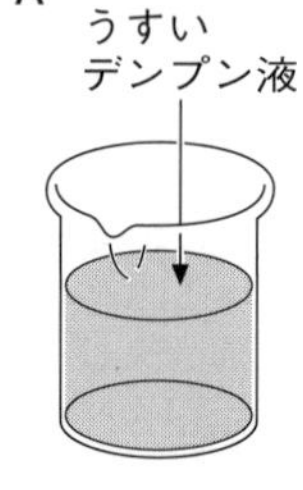

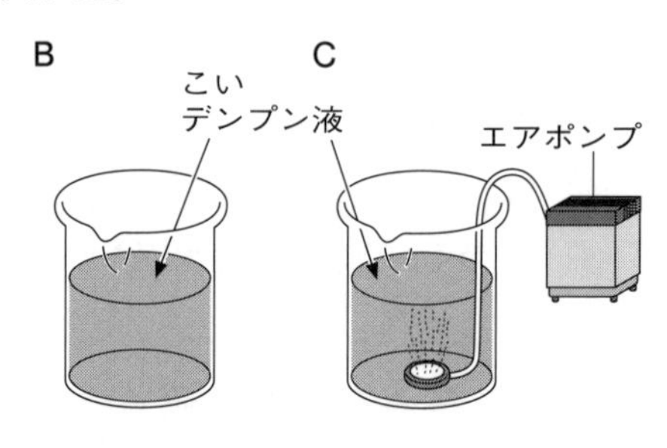

4　１週間後，容器A，B，Cの液体を試験管にとってヨウ素溶液を加えると，A，Cの液では変化が見られず，Bの液は青紫色に変化した。

(1) 1で，デンプンがふくまれる液を○，デンプンがふくまれない液を×とすると，A～Cの液は，それぞれ○，×のどちらか。　A[　　]　B[　　]　C[　　]

(2) (1)のようになったのは，水中の微生物が，何というはたらきを行っているからか。
[　　　　]

(3) 4のA，Bの液にヨウ素溶液を加えた結果をくらべると，どのようなことがわかるか。簡単に説明せよ。
[　　　　　　　　　　　　　　　　　　　　　　　　　　]

(4) 4のCの液にヨウ素溶液を加えた結果が，Bの液での結果と異なっているのは，容器Cにエアポンプで空気を送ったことで，水中の何という物質がふえたからか。　[　　　　]

(5) 下水処理場では，活性汚泥という微生物をふくんだ泥を下水に加え，そこに空気をふきこみながらかき混ぜることで，下水を浄化している。このように，空気をふきこみながらかき混ぜていることの目的を，「微生物」という言葉を使って，簡単に説明せよ。
[　　　　　　　　　　　　　　　　　　　　　　　　　　]

3 〈物質の循環〉 重要

右の図は，生物どうしのつながりと，それに関連した炭素の流れを模式的に示したものである。次の問いに答えなさい。

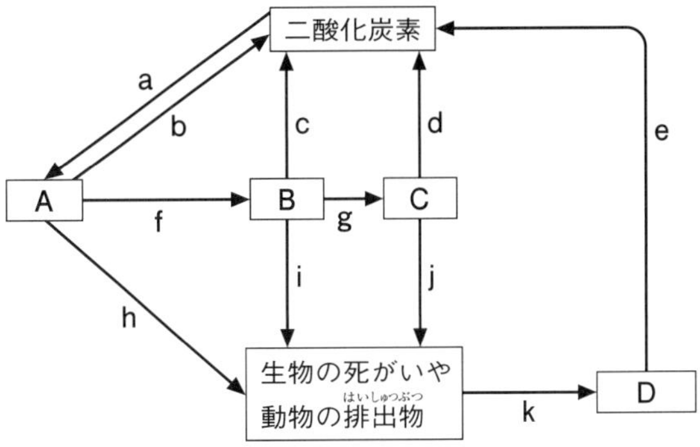

二酸化炭素
A　B　C　D
生物の死がいや動物の排出物
a　b　c　d　e　f　g　h　i　j　k

(1) 図中の矢印a～kから，呼吸を示しているものをすべて選び，記号で答えよ。
[　　　　　　　]

(2) 図中の生物A～Dから，生産者を選び，記号で答えよ。　[　　]

(3) 生産者の生態系における役割を，簡単に説明せよ。
[　　　　　　　　　　　　　　　　　　　　　　　　　　]

差がつく (4) 生産者である生物を，次のア～オからすべて選び，記号で答えよ。　[　　　　]
ア　クリ　　イ　シイタケ　　ウ　ミジンコ　　エ　ケイソウ　　オ　納豆菌

ミス注意 (5) 図中の生物A～Dから，消費者をすべて選び，記号で答えよ。　[　　　　]

(6) 消費者がほかの生物などを食べるのはなぜか。理由を簡単に説明せよ。
[　　　　　　　　　　　　　　　　　　　　　　　　　　]

(7) 図中の生物A～Dから，分解者を選び，記号で答えよ。　[　　]

(8) 分解者の生態系における役割を，簡単に説明せよ。
[　　　　　　　　　　　　　　　　　　　　　　　　　　]

(9) 分解者である生物を，(4)のア～オからすべて選び，記号で答えよ。　[　　　　]

② 身近な自然と環境保全

重要ポイント

① 自然環境とその破壊・保全

□ **環境調査**…水生生物の種類を手がかりに水質を調べたり，マツの葉の気孔のよごれから大気汚染を調べたりできる。

きれいな水	少しきたない水	きたない水	たいへんきたない水
ヘビトンボ	ゲンジボタル	ミズカマキリ	アメリカザリガニ
カワゲラ	スジエビ	タイコウチ	セスジユスリカ
ヒラタカゲロウ	ヤマトシジミ	ミズムシ	サカマキガイ
ブユ	カワニナ	ヒメタニシ	チョウバエ
サワガニ	ヒラタドロムシ	シマイシビル	

□ **水質汚濁と赤潮・アオコ**…海や湖に窒素化合物が大量に流れこむと，植物プランクトンなどが大発生する(赤潮やアオコ)ことがある。すると，水中の酸素濃度の低下などにより，魚などが大量に死ぬ。
（窒素化合物→植物プランクトンの栄養源となる。）（アオコ→気温の高い夏に，湖沼などの閉鎖的な水域で起こりやすい。）

□ **大気汚染と酸性雨・光化学スモッグ**…化石燃料が燃焼して生じた硫黄酸化物や窒素酸化物などが雨に溶けこむと，酸性雨となる。また，大気中の窒素酸化物が紫外線により化学変化を起こし，目やのどを強く刺激する光化学スモッグとなる。

□ **地球温暖化と二酸化炭素**…地球全体の平均気温が上昇している現象。温室効果のある二酸化炭素や**メタン**などの気体の増加が原因だと考えられている。
（温室効果をもつ気体を温室効果ガスという。）（二酸化炭素→化石燃料が大量に消費され，開発などにより森林が減少した結果，二酸化炭素が増加している。）

□ **オゾン層とフロン**…上空のオゾンの層(オゾン層)は，生物にとって有害な**紫外線**を吸収する。フロンはオゾンを減少させるため，国際的に生産が規制・禁止されている。
（紫外線を受ける量がふえると皮膚がんがふえるといわれている。）（フロン→冷蔵庫やエアコンなどに使われていた。）

□ **生物濃縮**…生物がとりこんだ物質が体内にたまり，周囲の環境より高濃度になること。
（→殺虫剤として使用されたDDTや，コンデンサーの絶縁体などに利用されていたPCBなどは，非常に有害で大きな影響が出た。）

□ **外来種(外来生物)**…もともといなかった地域に人間の活動によって持ちこまれ定着した生物。もともとその地域にある生態系のつり合いを乱してしまうことがある。

② 自然環境と人間の生活

□ **自然災害**…日本は，**台風**による**暴風雨**や**高潮**，**土石流**などの気象災害，**地震**や**火山活動**による災害が多い。
（高潮→強い風や気圧の低下により，海水面が異常に高くなる現象）

□ **自然の恵み**

- 日本は降水量が多く，豊富な**水資源**はさまざまに利用されている。
（降水量が多く→世界の平均の約2倍である。）（利用→生活用水や工業用水，水力発電などに利用される。）
- 火山活動による地下の熱水は温泉として**観光資源**となったり，**地熱発電**に利用されたりする。

自然災害の例	
豪雨	短時間に多量の雨が降る
暴風雨	台風などで強い風がふき，大雨が降る
土砂くずれ	傾斜地が大雨によりくずれる
土石流	土砂が水とともに流れ下る
洪水	河川などの水があふれ出す
干ばつ	長期間雨が降らず，水が不足する
大雪	多量の雪で交通に影響が出る
雪崩	斜面に積もった雪がくずれ落ちる
津波	海底を震源とする地震による大波

◉人間の活動が環境を破壊した例の原因と結果をよく理解しておく。例えば，化石燃料の大量消費により，温室効果のある二酸化炭素が増加して，地球温暖化が起きたと考えられている。
◉台風や火山活動などは，水資源や観光資源などの恵みを与えてくれている面もある。

ポイント 一問一答

① 自然環境とその破壊・保全

□ (1) 海や湖に窒素化合物が大量に流れこんだとき，植物プランクトンが大発生する現象の名前を，２つ書け。

□ (2) 化石燃料が燃焼したときに発生した硫黄酸化物や窒素酸化物が雨に溶けこんだものを何というか。

□ (3) 大気中の窒素酸化物が紫外線により化学変化を起こし，目やのどを強く刺激する物質になったものを何というか。

□ (4) 地球全体の平均気温が上昇している現象を何というか。

□ (5) 地球温暖化の原因だと考えられているのは，おもに何という気体の増加か。気体の名前を２つ書け。

□ (6) (5)の気体が地球温暖化の原因だと考えられているのは，(5)の気体に何というはたらきがあるからか。

□ (7) 大気の上空にあり，生物にとって有害な紫外線を吸収する物質の層を何というか。

□ (8) オゾンを減少させる作用があるため，国際的に生産が規制・禁止されている物質を何というか。

□ (9) 生物がとりこんだ物質が体内にたまり，周囲の環境よりも高濃度になることを何というか。

□ (10) もともといなかった地域に人間の活動によって持ちこまれて定着した生物を何というか。

② 自然環境と人間の生活

□ (1) 台風のときなどに，強い風がふいて大雨が降る現象を何というか。

□ (2) 日本の豊富な水資源を利用した発電の方法を何というか。

□ (3) 火山活動でできた地下の熱水を利用した発電の方法を何というか。

① (1) 赤潮，アオコ　(2) 酸性雨　(3) 光化学スモッグ　(4) 地球温暖化　(5) 二酸化炭素，メタン
(6) 温室効果　(7) オゾン層　(8) フロン　(9) 生物濃縮　(10) 外来種（外来生物）
② (1) 暴風雨　(2) 水力発電　(3) 地熱発電

基礎問題

▶答え　別冊p.25

1 〈水質調査（水生生物）〉

右の図のA～Dは，水質判定のめやすとなる生物を示したものである。次の問いに答えなさい。

A
サワガニ 10mm　ブユ 2mm　ヘビトンボ 10mm

B
ゲンジボタル 5mm　ヒラタドロムシ 2mm　カワニナ 5mm

C
ミズムシ 4mm　ミズカマキリ 40mm　ヒメタニシ 6mm

D
サカマキガイ 2mm　セスジユスリカ 2mm　アメリカザリガニ 20mm

(1) 河川の水質が次の①～④のときに，多く見られる生物をA～Dから選び，記号で答えよ。

① たいへんきたない水　[　　]

② きたない水　[　　]

③ 少しきたない水　[　　]

④ きれいな水　[　　]

(2) 窒素化合物などをふくむ生活排水が大量に海や湖に流れこんだときに，これを栄養源として植物プランクトンなどが大発生する現象を何というか。次のア～エから2つ選び，記号で答えよ。　[　　　]

ア 黒潮　**イ** 赤潮　**ウ** アオコ　**エ** ミジンコ

ミス注意 (3) (2)の現象が起こると，魚などが大量に死ぬことがあるのはなぜか。次の**ア**～**エ**から選び，記号で答えよ。　[　　]

ア 大量にふえた植物プランクトンを魚が食べるから。

イ 魚の食物がなくなってしまうから。

ウ 水中の二酸化炭素濃度が低下するから。

エ 水中の酸素濃度が低下するから。

2 〈環境問題〉 重要

次のA～Fの文章は，人間の活動による自然環境への影響について説明したものである。①～⑦の[　　]に適当な語を入れ，文章を完成させなさい。

①[　　　]
②[　　　]　③[　　　]　④[　　　]
⑤[　　　]　⑥[　　　]　⑦[　　　]

A 化石燃料を燃焼させると，大気汚染の原因である窒素酸化物や硫黄酸化物，粉じんなどが排出される。窒素酸化物や硫黄酸化物が硝酸や硫酸になって雨に溶けこむと，強い酸性を示す[　①　]になる。①は，野外の金属やコンクリートなどを腐食させる被害を与えたり，湖沼にすむ魚を死滅させたりすることがある。

B　化石燃料の燃焼によって大気中に放出された窒素酸化物は，太陽光にふくまれる紫外線の影響で化学変化を起こすと有害な物質に変化して，目やのどを強く刺激する[　②　]の原因になることもある。

C　近年，地球全体の平均気温が上昇する[　③　]という現象が起きている。これは，化石燃料が大量に消費されたことで，温室効果のある[　④　]が増加したことと深い関係があると考えられている。

D　大気の上空には，太陽光にふくまれる紫外線を吸収する[　⑤　]という物質の層がある。冷蔵庫やエアコンなどに使われていたフロンが，上空で層になっている⑤を減少させると，地表に届く紫外線の量がふえ，皮膚がんがふえると考えられている。

E　生物がとりこんだ物質が体内に蓄積され，物質の濃度が，周囲の環境よりも高濃度になることを[　⑥　]という。人間がつくったDDTやPCBなどのように，自然界では分解できず，高濃度になると有害な物質の場合，環境に大きな影響を与えることがある。

F　海外から持ちこまれて定着した生物を[　⑦　]という。人間の活動によって持ちこまれた⑦が，もともとその地域にある生態系のつり合いを乱してしまうことがある。

3 〈気象災害と水資源〉

右の表は，気象災害の例を示したものである。次の問いに答えなさい。

自然災害の例	
①	短時間に多量の雨が降る
暴風雨	台風などで強い風がふき，大雨が降る
②	海水面が異常に高くなる
土砂くずれ	傾斜地が大雨によりくずれる
土石流	土砂が水とともに流れ下る
③	河川などの水があふれ出す
④	長期間雨が降らず，水が不足する
落雷	雷で火事や停電などが起きる
竜巻	局所的な強風でものが壊れる
大雪	多量の雪で交通に影響が出る
雪崩	斜面に積もった雪がくずれ落ちる

ミス注意 (1) 表中の①～④にあてはまる言葉を，次の**ア**～**エ**からそれぞれ選び，記号で答えよ。

①[　　　]　②[　　　]
③[　　　]　④[　　　]

ア　洪水　　**イ**　干ばつ
ウ　豪雨　　**エ**　高潮

(2) 日本は台風などによる災害が多い反面，降水量が多く，豊かな水資源に恵まれている。この水資源は，どのようなことに利用されているか。次の**ア**～**エ**からすべて選び，記号で答えよ。　[　　　]

ア　生活用水　　**イ**　工業用水　　**ウ**　風力発電　　**エ**　水力発電

1 (1) アメリカザリガニは，水がとてもきたなくても生きていくことができる生物である。
2 C 石油や石炭などの化石燃料は，生物の死がいが変化したものであり，有機物である。
3 (2) 発電するときには発電機を回転させる必要がある。風の力を使うのが風力発電，水の力を使うのが水力発電である。

標準問題

答え　別冊p.26

1 〈マツの葉の気孔による環境調査〉 差がつく

次の観察について，あとの問いに答えなさい。

よごれている気孔　よごれていない気孔

〔観察〕[1]　交通量が異なる4地点で，ほぼ同じ大きさのマツを探し，地面から高さ約1.5mにある葉を採取した。

[2]　マツの葉をスライドガラスに固定し，顕微鏡を使って，100倍程度の倍率で葉の気孔を観察した。右の図は，観察したマツの葉をスケッチしたものである。

[3]　観察した気孔の数と，そのうち何個がよごれているかを数え，その割合を右の表にまとめた。

採取場所	交通量	よごれた気孔の割合
公園に近い住宅街	ない	11%
駅に近い住宅街	少ない	23%
商店街	少しある	67%
大きな交差点付近	多い	75%

(1) マツの葉の気孔を顕微鏡で観察するときには，葉に対して光をどの方向から当てるか。次のア～エから選び，記号で答えよ。　[　　]

ア　真上　　**イ**　ななめ上　　**ウ**　真横　　**エ**　ななめ下

(2) 次の文章は，この調査の結果から考えられることを説明したものである。①～③の[ ]に適当な語を入れ，文章を完成させよ。　①[　　　]②[　　　]③[　　　]

　気孔は，植物が呼吸や[①]にともなって酸素や二酸化炭素などの気体を出し入れする穴なので，[②]がよごれていると気孔によごれがたまると考えられる。また，交通量が多いほど気孔のよごれの割合は大きいので，②のよごれの原因は，車の[③]や車がまき上げるほこりなどであると考えられる。

2 〈地球温暖化〉 重要

右の図は，地球温暖化のようすを示したものである。次の問いに答えなさい。

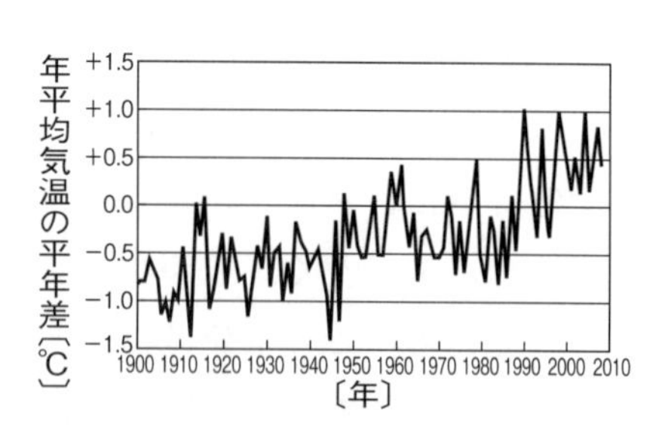

(1) 次の①，②の[ ]に適当な語を入れ，文章を完成させよ。　①[　　　]②[　　　]

　地球温暖化のおもな原因は，大気中の二酸化炭素や[①]などの，[②]があるガスの増加であると考えられている。②は，地球から宇宙へと放出される熱を吸収して地表へともどす作用のことである。

ミス注意 (2) 大気中の二酸化炭素の増加の原因を，次のア～エからすべて選べ。　[　　　]

ア　植林が行われて，森林がふえた。

イ　開発などにより，森林が伐採されたり，燃やされたりして，森林が減った。

ウ　石油や石炭などの化石燃料の消費量がふえた。

エ　火力発電所で発電をする量の割合が減った。

差がつく (3) 地球温暖化の結果，どのようなことが起きると考えられているか。次のア～エからまちがっているものを選び，記号で答えよ。 [　　]

ア　氷河や極地の氷がとけたり，海水がぼう張したりする。

イ　海水面が低下し，海の面積が少なくなる。

ウ　台風の勢力が異常に大きくなり，農産物の収穫量が減る。

エ　地域によって降水量が異常に少なくなったり，異常に多くなったりする。

3 〈オゾン層〉

右の図は，南極上空のオゾン層の変化を示したものである。次の問いに答えなさい。

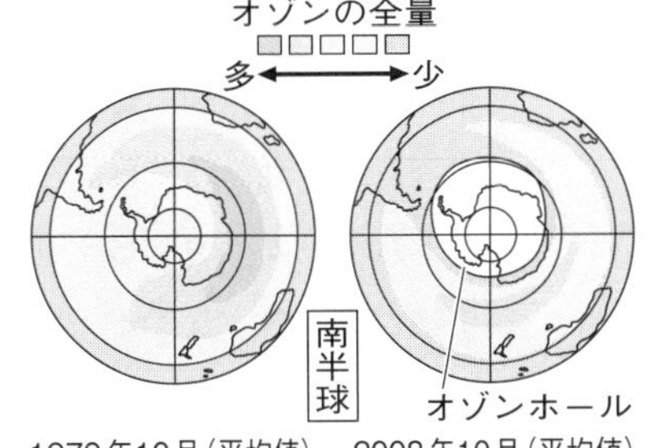

(1) オゾン層が減少するおもな原因と考えられている気体は何か。次のア～エから選び，記号で答えよ。 [　　]

ア　エタノール　　**イ**　フロン

ウ　アンモニア　　**エ**　メタン

(2) オゾン層が減少すると，宇宙から地表に届く何の量がふえるか。 [　　]

差がつく (3) (2)の結果，ヒトではどのような病気がふえると考えられているか。 [　　]

4 〈自然災害と自然の恵み〉 差がつく

右の図は，地球表層で起こる自然の変化を示したものである。次の問いに答えなさい。

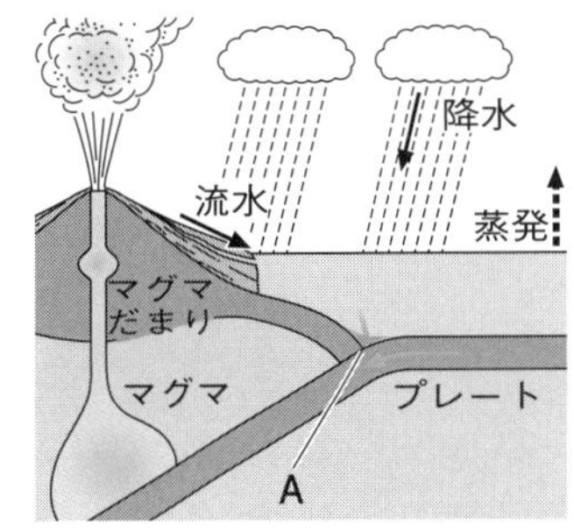

(1) 図中のAの部分を震源とする地震が起きたときなどには大きな波が発生し，沿岸地域に大きな被害が出ることがある。この大きな波を何というか。 [　　]

(2) 地震の発生時には，初期微動の開始から主要動の開始までのわずかな時間を利用した緊急地震速報という情報が提供される。この速報ができるのは，地震を伝える波にどのような特徴があるからか。簡単に説明せよ。

[　　]

(3) 自然災害が起きたときに予想される被害の程度や範囲，避難経路，避難場所などの情報を地図に示したものを，何というか。 [　　]

(4) プレートが沈みこむときにできたマグマは，火山の噴火を起こして人間に被害を与えることがある。しかしその反面，火山があることによってもたらされる恵みもある。その例を次のア～エからすべて選び，記号で答えよ。 [　　]

ア　カルシウムなどのミネラル成分に富んだ土壌ができ，果樹や作物の栽培に役立つ。

イ　せまい湾が複雑に入り組んだ地形をつくり，港にしやすい場所ができる。

ウ　地中にたまった高温高圧の熱水から水蒸気をとり出して発電機を回し，発電ができる。

エ　さまざまな効果のある温泉がわき出て，観光資源となる。

実力アップ問題

◎制限時間 40分
◎合格点 80点
▶答え　別冊 p.26

点

1

右の図は，ある地域にすむ生物の，食べる・食べられるという関係のつながりをもとにして，個体数が多い順に並べたものである。次の問いに答えなさい。〈3点×4〉

A
B
C
D

(1) 図中のA～Dにあてはまる生物の組み合わせの例として正しいものを，次のア～エから選び，記号で答えよ。

ア	A：ブナ	B：イタチ	C：リス	D：タカ
イ	A：ブナ	B：リス	C：イタチ	D：タカ
ウ	A：タカ	B：イタチ	C：リス	D：ブナ
エ	A：タカ	B：リス	C：イタチ	D：ブナ

(2) 生物どうしの，食べる・食べられるという関係の鎖（くさり）のようなつながりを何というか。

(3) 図中のA～Dから，自分では栄養分をつくれない生物をすべて選び，記号で答えよ。

(4) 図中のそれぞれの生物の個体数はほぼ一定である。いま，Aの生物が急に減ったとすると，BとCの個体数はどのように変動するか。そのようすを示すグラフを次のア～オから選び，記号で答えよ。ただし，最終的にAの生物の個体数はもとにもどるとする。

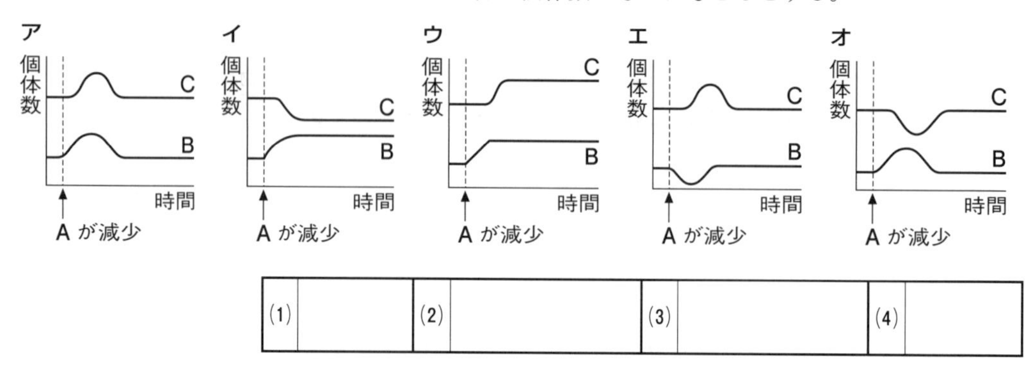

(1)		(2)		(3)		(4)	

2

次の実験について，あとの問いに答えなさい。〈(1)6点，(2)～(4)3点×3〉

〔実験〕1　容器Aに林の落ち葉の下の土100gを入れ，容器Bには，同じ土100gをよく焼いたものを入れた。容器A，Bに1%デンプンのりを200cm^{3}ずつ入れてから，ふたをしめて4日間そのままにした。

2　容器A，Bの中の二酸化炭素の割合を，気体検知管で調べた。

3　容器A，Bの上澄（うわず）み液を試験管に少量とり，ヨウ素溶液を加えて反応を調べた。

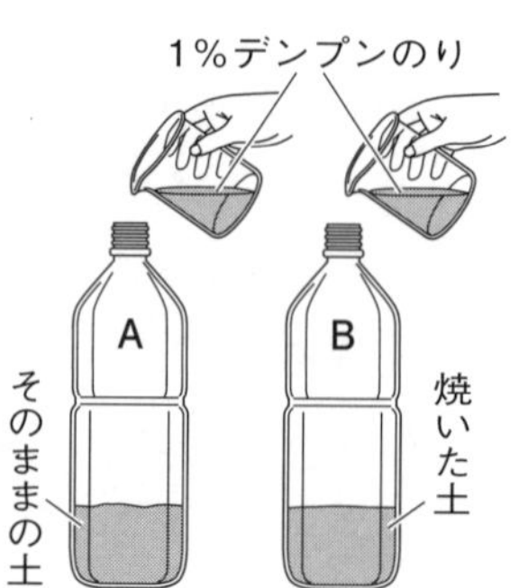

(1) 1で容器Bに入れる土をよく焼いたのは何のためか。簡単に説明せよ。

(2) 2で二酸化炭素の割合が多かったのは，容器A，Bのどちらか。記号で答えよ。

(3) 3でヨウ素溶液を加えたときに，変化が起きなかったのは，容器A，Bのどちらか。記号で答えよ。

(4) 土の中の微生物(びせいぶつ)のはたらきを，次のア～エから選び，記号で答えよ。

ア 二酸化炭素と水から，デンプンなどの有機物をつくる。

イ 土の中の有機物を分解して，二酸化炭素や酸素，水などを発生させる。

ウ 酸素を使って土の中の有機物を分解し，二酸化炭素を発生させる。

エ 二酸化炭素を使って土の中の有機物を分解し，酸素を発生させる。

(1)						
(2)		(3)		(4)		

3 **右の図は，自然界における生物どうしの食べる・食べられるという関係と，物質が循環(じゅんかん)するようすを示したものである。次の問いに答えなさい。** 《(1)～(5)2点×9，(6)5点》

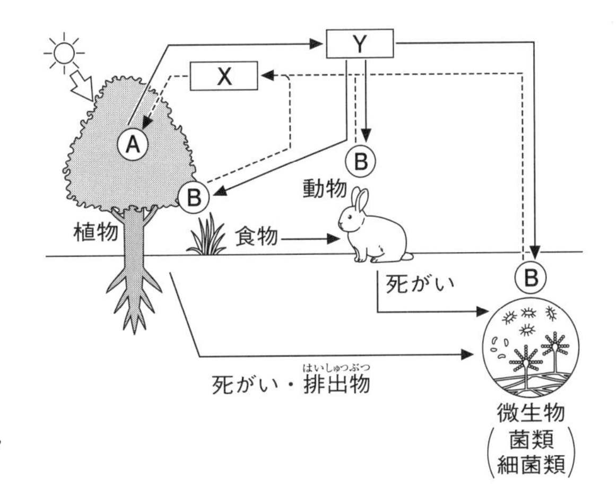

(1) 植物，動物などが行う図中のA，Bのはたらきを，それぞれ何というか。

(2) 図中の物質X，Yの名前を，それぞれ書け。

(3) 生態系(せいたいけい)における役割から，図中の植物，動物，微生物は何とよばれるか。

(4) 菌類(きんるい)のなかまである生物を，次のア～クからすべて選び，記号で答えよ。

ア 納豆菌(なっとうきん)　**イ** アオカビ　**ウ** パン酵母(こうぼ)　**エ** 乳酸菌

オ シイタケ　**カ** ケイソウ　**キ** 大腸菌　**ク** クロカビ

(5) 細菌類(さいきんるい)のなかまである生物を，(4)のア～クからすべて選び，記号で答えよ。

(6) 開発などによって森林が大量に伐採(ばっさい)されると，自然界の物質Xの量はどのように変化すると考えられるか。簡単に書け。

(1)	A	B	(2)	X	Y
(3)	植物	動物		微生物	
(4)		(5)		(6)	

4 次の観察について，あとの問いに答えなさい。 〈6点×2〉

〔観察〕① カイヅカイブキの生えた図1の地点A～Dで，1時間に通る自動車の台数を調べた。

② 地点A～Dのカイヅカイブキから，ひざぐらいの高さの先端の枝を採取した。

③ 採取した枝を，双眼実体顕微鏡で，上から光を当てて観察し，葉の集まりについたよごれの度合いを調べた。よごれの度合いは，図2を参考に3段階に分け，①の結果とあわせて右の表にまとめた。

図1

林
A
北
高速道路
B
学校
主要道路
IC
C
D

図2

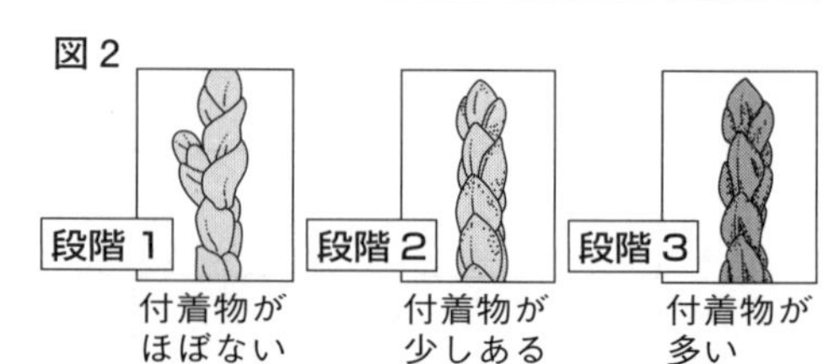

調査地点	交通量〔台〕	よごれの段階
A	530	2
B	7	1
C	1240	3
D	469	2

(1) 地点A～Dのうち，空気が最も汚染されているといえるのはどこか。記号で答えよ。

(2) 地点A～Dのカイヅカイブキの生育状態を長期間調べたとき，最も生育がよいと考えられる地点を，記号で答えよ。ただし，各地点の交通量は変化しないものとする。

(1)		(2)	

5 次のA～Fの現象について，あとの問いに答えなさい。 〈2点×10〉

A 地球温暖化　　B 酸性雨　　C オゾン層の破壊

D 光化学スモッグ　　E 赤潮　　F 有害な物質の生物濃縮

(1) 次の①～⑤の文は，それぞれ何の被害について説明したものか。A～Fからそれぞれ選び，記号で答えよ。

① 湖や沼が酸性化して魚が死滅したり，建物のコンクリートが腐食したりする。

② 海水面が上昇して，標高の低い地域が水没する。

③ 目やのどが強く刺激されるなど，人体に害をおよぼす。

④ 水中の酸素濃度の低下などにより，水中の生物が大量に死滅する。

⑤ 地表に届く紫外線の量がふえ，皮膚がんがふえる。

(2) 次の①～⑤の文は，それぞれ何への対策について説明したものか。A～Fからそれぞれ選び，記号で答えよ。

① 下水にふくまれる有機物を，微生物に分解させてから海や川にもどしている。

② 二酸化炭素を排出する量の国際的な規制が実施されようとしている。

③ 電気冷蔵庫やエアコンなどに使われていたフロンの生産が，現在では国際的に規制・禁止されている。

④ コンデンサーの絶縁体などに利用されていたPCBや，殺虫剤として使われていたDDTが，現在の日本では製造禁止となっている。

⑤ 排煙脱硫やガソリン脱硫という技術によって，排煙やガソリンから硫黄分がとり除かれている。

(1)	①	②	③	④	⑤
(2)	①	②	③	④	⑤

6 **自然災害と防災のとりくみについて，次の問いに答えなさい。** 〈3点×6〉

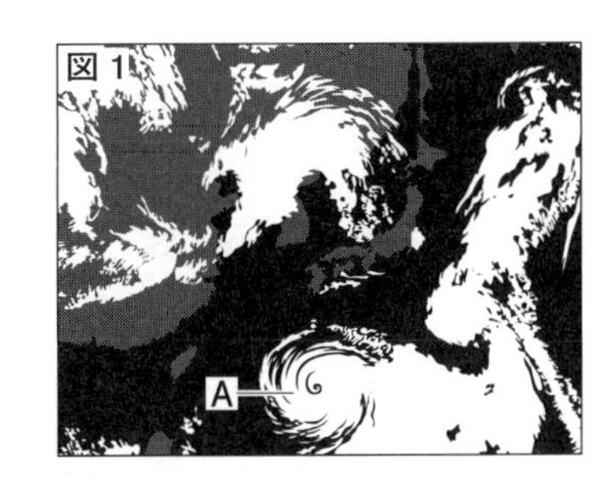

(1) 図1のAは，日本付近を通過するときに暴風雨による被害をもたらすこともある。Aを何というか。

(2) 図1のAによって起こることがある災害を，次のア～カからすべて選び，記号で答えよ。

ア 洪水　**イ** 雪崩　**ウ** 干ばつ　**エ** 高潮　**オ** 津波　**カ** 土砂くずれ

(3) 次の①～③の[ ]に適当な語を入れ，文章を完成させよ。

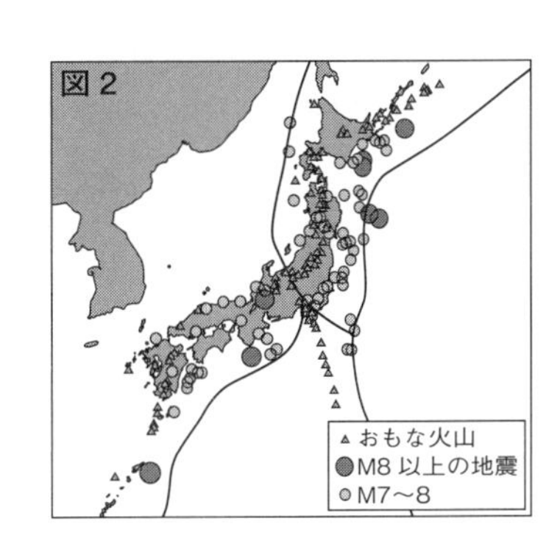

図2は，日本付近のおもな火山と，近年の大きな地震を示したものである。このように，日本付近で火山と地震が多いのは，[①]とよばれる，地球の表面をおおう岩盤が日本付近でぶつかり，一部の①が沈みこんでいるからである。沈みこんだ①が地球内部の熱でとけると[②]になる。②が地表にふき出すことを噴火という。また，①が沈みこむときには，となり合う①が変形し，これがもとにもどるときに[③]が起こる。

(4) 防災についての説明で正しいものを，次のア～エからすべて選び，記号で答えよ。

ア 気象衛星で広い範囲を観測することで，台風の進路や勢力のかなり正確な予報を出すことができるようになっている。

イ 活動的な火山の活動を監視しているが，噴火の予知はまったくできていない。

ウ 地震の発生直後に，震源付近の地震計の観測データから各地の主要動の到達時刻や震度を予測して，すばやく情報を提供する緊急地震速報が，近年始められている。

エ 自然災害の被害を最小限にするため，自治体などがハザードマップを作成している。

(1)		(2)				
(3)	①	②	③	(4)		

❶ 科学技術と人間のくらし

重要ポイント

① いろいろなエネルギー

□ **エネルギーの種類**…エネルギーには，**力学的エネルギー**や**電気エネルギー**，**化学エネルギー**のほか，**熱エネルギー**，**光エネルギー**，**音エネルギー**，**弾性(だんせい)エネルギー**などがある。
　└→弾性エネルギー：変形した物体がもつエネルギー

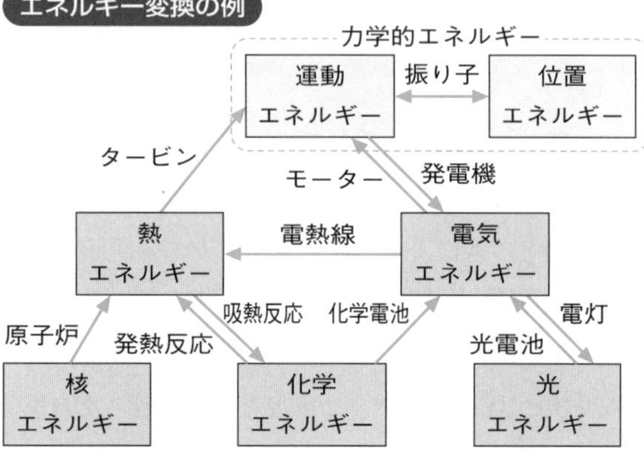

□ **エネルギーの保存(ほぞん)(エネルギー保存の法則)**…エネルギーが移り変わるとき，すべてのエネルギーについて考えると，**エネルギーの総和は変化しない**。
　└→一部は目的外のエネルギーに変換される。

□ **エネルギー効率(こうりつ)**…消費したエネルギーに対する，利用できるエネルギーの割合。

□ **熱の伝わり方**…熱の伝わり方には，次の3つがある。

・**伝導(でんどう)(熱伝導)**…接触(せっしょく)している物体間で，温度が高いほうから低いほうに熱が伝わる。
・**対流(たいりゅう)(熱対流)**…液体や気体が循環(じゅんかん)し，熱が伝わる。
　└→温度が高い部分は密度が小さいので上昇し，温度が低い部分は密度が大きいので下降する。
・**放射(ほうしゃ)(熱放射)**…赤外線により，離れている物体間で熱が伝わる。
　└→光の一種で，目には見えない。

□ **エネルギー資源の利用**…発電により，電気エネルギーに変換されることが多い。

・**火力発電**……化石燃料(石油や天然ガスなど)の化学エネルギーを利用。
　└→長所：発電量の調整がしやすい。　短所：燃焼時に二酸化炭素が大量に出る。
・**原子力発電**…ウランの核エネルギーを利用。
　└→長所：発電量が大きい。　短所：核燃料から出る放射線の管理が難しい。
・**水力発電**……ダムにためた水の位置エネルギーを利用。
　└→長所：発電時に二酸化炭素を出さない。　短所：立地が限られ，ダムの建設が自然破壊につながる。

□ **再生可能エネルギー**…**太陽光**や**地熱**，**風力**，**バイオマス**などのエネルギー資源が利用されるようになってきているが，まだまだ課題が多い。
　└→再生可能エネルギー：いつまでも利用できるエネルギー⇔枯渇性エネルギー
　└→バイオマス：エネルギー源として利用できる生物資源
　└→課題：立地条件，発電のエネルギー効率，費用など

② 科学技術の発展と人間生活

□ **衣食住にかかわる科学技術**…化学肥料による農作物の収穫量(しゅうかくりょう)増加，DNA研究による品種改良技術の向上，合成繊維(ごうせいせんい)やプラスチックなどの開発，医薬品の開発など。

□ **移動や輸送にかかわる科学技術**…**蒸気機関**の改良により，大量生産や大量輸送が可能になった。その後，エンジン(内燃(ないねん)機関)も開発された。
　└→蒸気機関の改良によって産業革命が起こり，世界は大量生産・大量消費の時代に入った。

□ **通信にかかわる科学技術**…現在では，インターネットにより高速・大量の通信が可能になり，その速さや容量はますます増加している。
　└→コンピューターどうしをつなぐ世界規模のネットワーク

◉伝導はフライパンを加熱したときの熱の伝わり方，対流は石油ストーブなどの暖房器具をつけたときの熱の伝わり方，放射は火に手をかざしたときの熱の伝わり方である。
◉発電では，いったん運動エネルギーに変換して発電機を回し，電気エネルギーを得ることが多い。

ポイント 一問一答

①いろいろなエネルギー

□(1) エネルギーが移り変わるとき，エネルギーの総和は変化しないことを何というか。
□(2) 消費したエネルギーに対する，利用できるエネルギーの割合を何というか。
□(3) モーターは，電気エネルギーを何エネルギーに変換しているか。
□(4) 熱の伝わり方のうち，接触している物体間で，温度が高いほうから温度が低いほうに熱が伝わることを何というか。
□(5) 熱の伝わり方のうち，液体や気体が循環することによって熱が伝わることを何というか。
□(6) 熱の伝わり方のうち，赤外線によって離れている物体間で熱が伝わることを何というか。
□(7) 火力発電では，化石燃料がもつ何エネルギーを利用して発電しているか。
□(8) 原子力発電では，ウランがもつ何エネルギーを利用して発電しているか。
□(9) 水力発電では，ダムにためた水がもつ何エネルギーを利用して発電しているか。
□(10) 太陽光や地熱などのように，いつまでも利用できるエネルギーを何というか。
□(11) (10)のなかでも，トウモロコシなどのエネルギー源として利用できる生物由来の資源を何というか。

②科学技術の発展と人間生活

□(1) 化学肥料が開発されたことにより，農作物の収穫量はどのように変化したか。
□(2) 大量生産や大量輸送が可能になったのは，何が改良されたからか。
□(3) 世界的な通信を可能にした，コンピューターどうしをつなぐネットワークを何というか。

① (1) エネルギーの保存（エネルギー保存の法則） (2) エネルギー効率 (3) 運動エネルギー
(4) 伝導（熱伝導） (5) 対流（熱対流） (6) 放射（熱放射） (7) 化学エネルギー
(8) 核エネルギー (9) 位置エネルギー (10) 再生可能エネルギー (11) バイオマス
② (1) 増加した。 (2) 蒸気機関 (3) インターネット

基礎問題

▶答え　別冊 p.27

1

〈いろいろなエネルギー〉

次の図を見て，あとの問いに答えなさい。

図 1

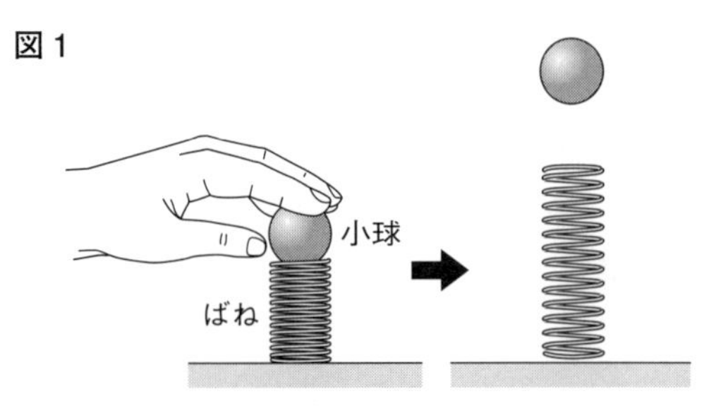

図 2

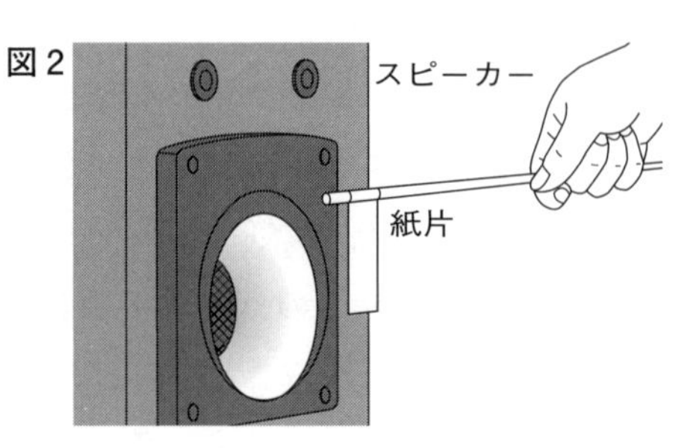

(1) 図 1 のように，おし縮めたばねの上に小球を置き，手を離すと，小球はとび上がる。このように，変形した物体がもつエネルギーを何というか。　[　　　　]

(2) 図 2 のように，大きな音が出ているスピーカーの前に紙を置くと，紙が振動する。このように，音がもつエネルギーを何というか。　[　　　　]

2

〈エネルギーの変換〉 重要

次の文章を読んで，あとの問いに答えなさい。

　エネルギーには，運動エネルギーや電気エネルギー，化学エネルギーなど，さまざまな種類があり，たがいに A <u>変換</u>することができる。このとき，B <u>すべてのエネルギーへの変換を考えると，エネルギーの総和は変化しない</u>。

(1) 下線部 A について，一般に，エネルギーを変換するとき，すべてを目的のエネルギーに変換することができるか。　[　　　　]

(2) 下線部 B のことを何というか。　[　　　　]

(3) 消費したエネルギーに対する，利用できるエネルギーの割合を何というか。

[　　　　]

3

〈熱の伝わり方〉 重要

次の①～③の熱の伝わり方を，それぞれ何というか答えなさい。

① 金属棒の一方の端(はし)を加熱すると，他方の端も熱くなる。　[　　　　]

② たき火に手をかざすと，手があたたかくなる。　[　　　　]

③ 石油ストーブをつけると，空気が循環(じゅんかん)して部屋全体があたたかくなる。

[　　　　]

4 〈エネルギー資源とその利用〉 重要

発電につかうエネルギー資源について，次の問いに答えなさい。

(1) 火力発電では，石油や石炭，天然ガスなどのエネルギーがもつ化学エネルギーを利用して，発電している。石油や石炭，天然ガスのように，大昔に生きていた生物のからだをつくっていた有機物が長い年月を経てできた燃料を何というか。 [　　　　]

(2) 原子力発電では，ウランなどの核燃料がもつ何エネルギーを利用して発電しているか。 [　　　　]

(3) 水力発電では，高いところにためた水の何エネルギーを利用して発電しているか。 [　　　　]

(4) その他の発電方法では，太陽光や地熱，風力などのエネルギー資源を利用している。これらのエネルギー資源は，枯渇のおそれがなく，いつまでも利用できることから，何とよばれているか。 [　　　　]

ミス注意 (5) 次の①～③にあてはまる発電方法を，それぞれ答えよ。

① 燃料から出る放射線や廃棄物の管理が難しい。 [　　　　]

② ダムの建設が自然破壊につながることがある。 [　　　　]

③ 発電時に発生する二酸化炭素が地球温暖化の一因になる。 [　　　　]

5 〈科学技術の発展と人間生活〉

次の文章の①～③の[　]に適当な語を入れ，文章を完成させなさい。

① [　　　　] ② [　　　　] ③ [　　　　]

科学技術の発展は，人間生活をさまざまな面で支えている。たとえば食糧生産の面では，19世紀から20世紀にかけて開発された[　①　]により，農作物の収穫量が増加した。これにより，増加し続ける世界人口を支えることが可能になった。また，近年では[　②　]の研究が進んだことで，品種改良の技術が向上し，収穫量の多い品種や病気に強い品種などが効率よくつくられるようになった。また，工業や輸送の面では，18世紀後半にワットが[　③　]を改良したことにより，大量の人や品物を高速で運ぶことが可能になった。

2 エネルギーの変換時には，熱エネルギーや音エネルギーが同時に発生することが多い。

3 熱の伝わり方には，伝導，対流，放射の３つがある。

5 ① これが開発されるまでは，枯れた植物や動物の糞尿など，自然にあるものを肥料として利用していた。

標準問題

▶答え　別冊p.28

1

〈いろいろなエネルギー〉

図１のように，A ペルチェ素子の片面に湯，もう片面に氷を接触させ，B プロペラつきモーターをつなぐと，プロペラが回転した。また，図２のように，物体をつるしたモーターにC 光電池をつなぎ，光電池に光を当てると，モーターが回転して，D 物体が一定の速さで上昇した。あとの問いに答えなさい。

図１

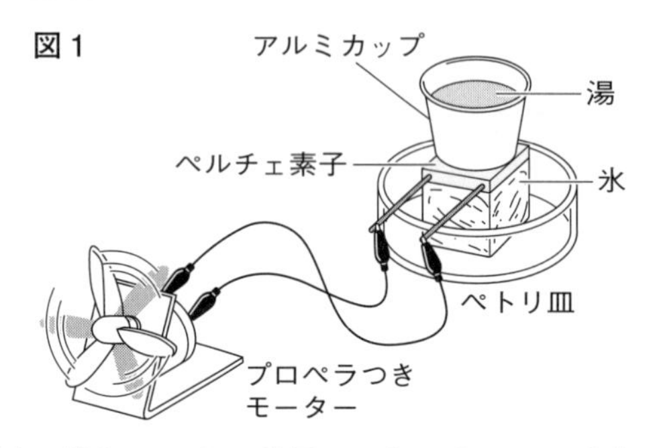

図２

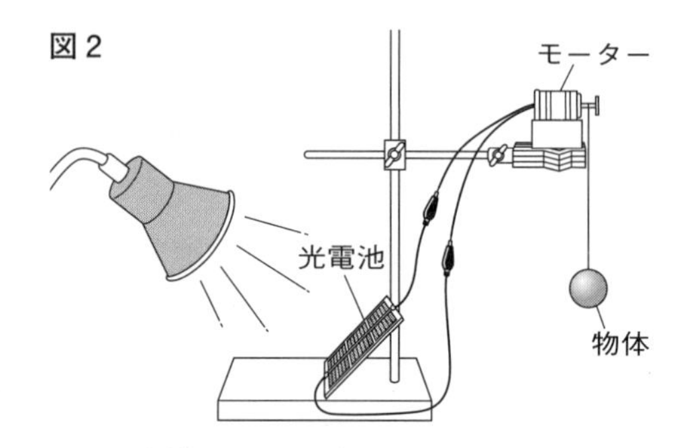

ミス注意 (1) 下線部A～Cの装置は，何エネルギーを何エネルギーに変換したか。次のア～カからそれぞれ選び，記号で答えよ。　A［　　］B［　　］C［　　］

ア　光エネルギー→電気エネルギー　　イ　光エネルギー→位置エネルギー

ウ　熱エネルギー→電気エネルギー　　エ　化学エネルギー→電気エネルギー

オ　電気エネルギー→運動エネルギー　　カ　電気エネルギー→光エネルギー

(2) 下線部Dのときに増加しているエネルギーは，何エネルギーか。　［　　　　　　］

2

〈エネルギー効率〉 差がつく

右の図のような回路をつくり，発電機に重さが5Nのおもりをつるした。このおもりを1m落下させたところ，回路に電流が流れ，豆電球が光った。このとき，電流計は0.15A，電圧計は1.1Vを示していた。また，おもりが落下するまでの時間は9.2秒であった。次の問いに答えなさい。

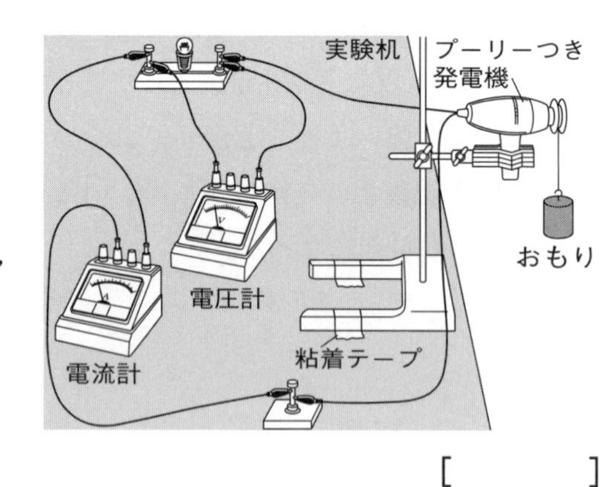

(1) 重力がおもりにした仕事は何Jか。　［　　　　］

(2) 発電機によって生じた電気エネルギーは何Jか。　［　　　　］

(3) この実験におけるエネルギー効率は何％か。小数第１位を四捨五入して，整数で求めよ。

［　　　　］

(4) エネルギー効率が100％にならない理由を，「熱エネルギー」という言葉を使って説明せよ。

［　　　　　　　　　　　　　　　　　　　　　　　　］

3 〈いろいろな発電方法〉 重要

右の図のⅠ～Ⅲは，火力発電，原子力発電，水力発電のいずれかにおけるエネルギーの変化のようすを示している。次の問いに答えなさい。

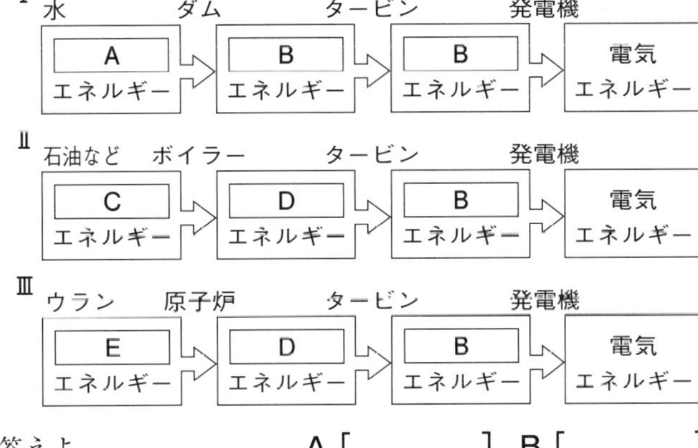

(1) 水力発電におけるエネルギーの変化のようすを示しているのは，Ⅰ～Ⅲのどれか。 [ ]

(2) 図中のA～Eにあてはまる言葉を答えよ。 A [ ] B [ ] C [ ] D [ ] E [ ]

(3) 原子力発電においては，放射線の管理が非常に重要な課題である。次のア～エから，放射線について正しく説明しているものをすべて選び，記号で答えよ。 [ ]

ア 自然界には存在しない。

イ 目に見えるものと，目には見えないものがある。

ウ 物体を通りぬける能力がある。

エ 物質を変質させる能力がある。

4 〈再生可能エネルギー〉 重要

次の問いに答えなさい。

(1) 太陽光や風，地熱などのエネルギー資源は，枯渇(こかつ)するおそれがほとんどない。このようなエネルギー資源を総称して何というか。 [ ]

(2) (1)の1つに，バイオマスがある。バイオマスを利用した発電が，化石燃料を利用した発電にくらべて二酸化炭素の発生をおさえることができるのはなぜか。「光エネルギー」，「光合成」という言葉を使って，「バイオマスのもとになる生物体は」の書き出しに続けて説明せよ。

[バイオマスのもとになる生物体は]

(3) (1)を大規模に利用するために克服(こくふく)しなければならない課題の例を，1つ書け。

[ ]

5 〈科学技術の発展と人間生活〉

科学技術の発展と人間生活のかかわりについて，次の問いに答えなさい。

重要 (1) 近年では，地球温暖化(ちきゅうおんだんか)に対する対策として，温室効果をもつ気体の排出量(はいしゅつりょう)を規制するようになってきている。この気体の名称を答えよ。 [ ]

差がつく (2) くらしに必要なものやエネルギーを永続的に手に入れることができる社会を「持続可能な社会」という。「持続可能な社会」をつくるためにわたしたちがすべきことの例を1つ書け。

[ ]

実力アップ問題

◎制限時間40分
◎合格点80点
▶答え　別冊p.28

点

1 右の図のような装置を組み立ててフラスコ内の水を加熱すると，水が沸騰(ふっとう)して水蒸気がガラス管の先端(せんたん)からふき出し，羽根車が回転して電流が流れた。次の問いに答えなさい。

〈5点×6〉

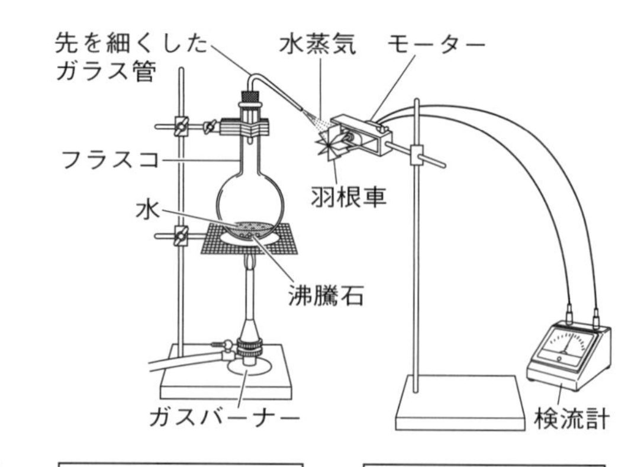

(1) 次の図は，下線部におけるエネルギーの移り変わりのようすを表している。①～④にあてはまる言葉を書け。

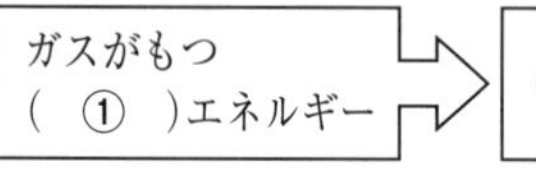

⇒ (　②　)エネルギー ⇒ 羽根車の(　③　)エネルギー ⇒ (　④　)エネルギー

(2) この実験で水が沸騰するのは，加熱されて温度が高くなった水が上昇(じょうしょう)する一方で，上部の温度の低い水が下降(かこう)することによって水が循環(じゅんかん)し，熱が水全体に伝わるからである。このような熱の伝わり方を何というか。

(3) この実験のように水蒸気を発生させ，その力を利用して発電機のタービンを回して発電しているものを，次の**ア**～**エ**から選び，記号で答えよ。

ア　火力発電　　**イ**　風力発電　　**ウ**　水力発電　　**エ**　太陽光発電

(1)	①	②	③	④
(2)		(3)		

2 右の図のように，2つの手回し発電機A，Bをつなぎ，Aのハンドルを20回転させた。次の問いに答えなさい。

〈6点×2〉

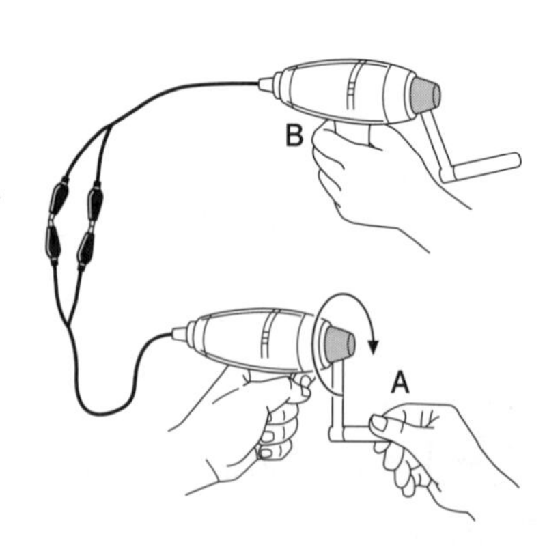

(1) 手回し発電機Bのハンドルは何回転するか。次の**ア**～**ウ**から選び，記号で答えよ。

ア　20回転より多い。

イ　20回転より少ない。

ウ　ちょうど20回転する。

(2) (1)のようになる理由を説明せよ。

(1)		(2)	

3 エネルギー資源の利用について，次の問いに答えなさい。 〈5点×8〉

(1) 火力発電では，石油や天然ガスなどの燃料を燃焼させ，化学エネルギーを電気エネルギーに変換している。

① 石油や天然ガスなどのように，大昔の生物に由来する燃料を何というか。

② ①の燃料を燃焼させると発生する気体は何か。化学式で答えよ。

③ ②が大量に発生することによって起こると考えられている環境問題は何か。

(2) 原子力発電に利用されるウランは，放射性物質とよばれるものの１つである。

① 放射性物質から出るX線やα線，β線，γ線などをまとめて何というか。

② ①を大量に浴びると，どのような危険があるか。簡単に説明せよ。

(3) 水力発電には，どのような問題点があるか。簡単に説明せよ。

(4) 近年は，枯渇のおそれがほとんどないエネルギー資源が注目されている。

① このようなエネルギー資源を総称して何というか。

② ①のうち，木片や落ち葉，動物のふんなどのように，エネルギー源として利用できる生物由来のものを何というか。

(1)	①	②	③	
(2)	①	②		
(3)				
(4)	①	②		

4 科学技術と人間生活のかかわりについて，次の問いに答えなさい。 〈6点×3〉

(1) 次の文章は，何という機器について説明したものか。

すでに開発されていた赤色，緑色のものに加えて，青色のものが開発されたことで，あらゆる色を表現できるようになった。そのため，急速に用途と需要が拡大しており，現在では，信号機などにも使われている。

(2) 安定した食料の生産のためには，収穫量の増加や，病気などに強い品種の開発が不可欠である。19世紀から20世紀にかけてさまざまな種類が開発され，農作物の収穫量増加に大きな役割を果たしたものは何か。

(3) 現在のわたしたちの生活は，大量に生産したものを高速で輸送し，大量に消費することで成り立っている。18世紀後半に改良されて産業革命のきっかけになったものは何か。

(1)		(2)		(3)	

第1回 模擬テスト

◎制限時間50分
◎合格点70点
▶答え　別冊p.29〜30

点

1 次の問いに答えなさい。

（岩手県）〈5点×5〉

(1) 図のように，方眼紙の上に光源装置を置き，垂直に立てた鏡2枚を用いて，光の筋道を調べる実験を行った。光源装置から出た光は，スクリーンのどこに届くか。図中の**ア**〜**エ**から選べ。

鏡①　鏡②　ア　イ　ウ　エ　光源装置　スクリーン

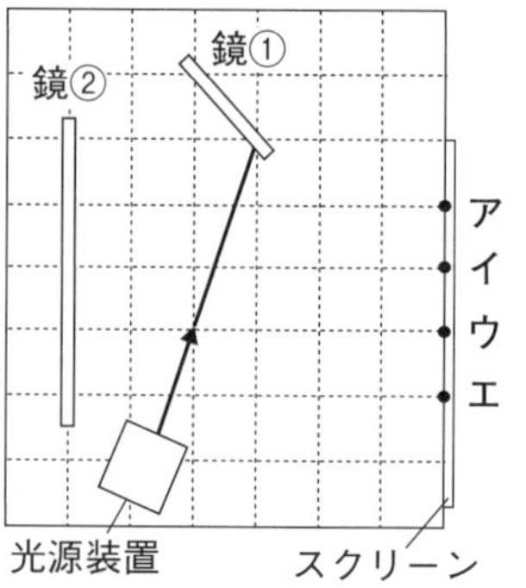

(2) 生態系では，ミミズなどの土壌(どじょう)動物，菌類(きんるい)や細菌類などの微生物(びせいぶつ)が分解者の役割をになっている。細菌類の説明として正しいものを，次の**ア**〜**エ**から選べ。

ア　1個の細胞(さいぼう)からなる生物で，胞子(ほうし)によって個体がふえる。

イ　1個の細胞からなる生物で，分裂によって個体がふえる。

ウ　多くの細胞からできている生物で，胞子によって個体がふえる。

エ　多くの細胞からできている生物で，分裂によって個体がふえる。

(3) 水とエタノールの混合物を蒸留したとき，加熱時間と蒸気の温度の関係を表したグラフを，次の**ア**〜**エ**から選べ。

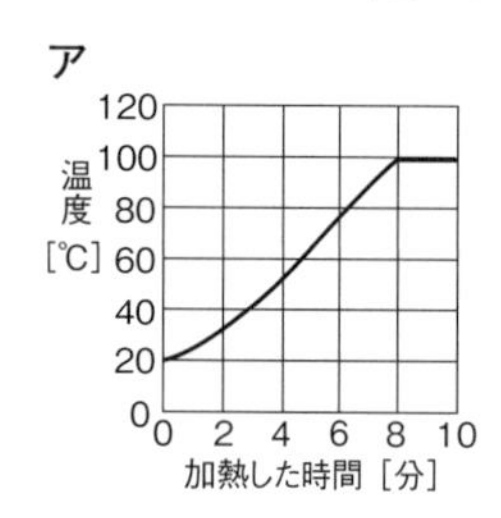

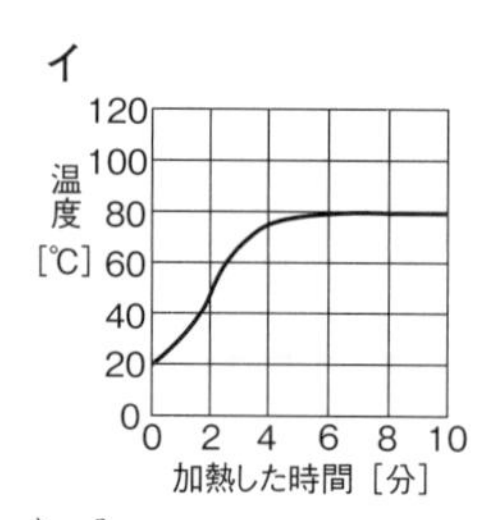

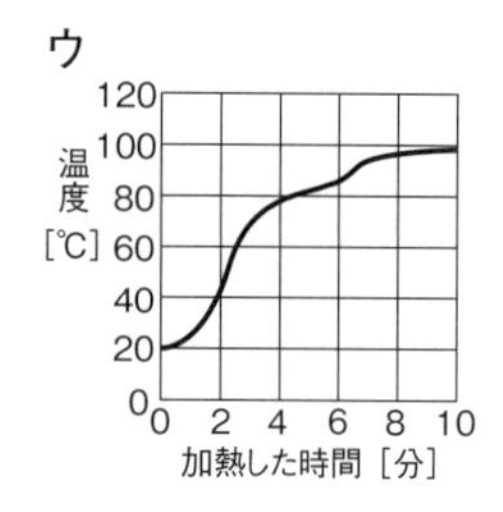

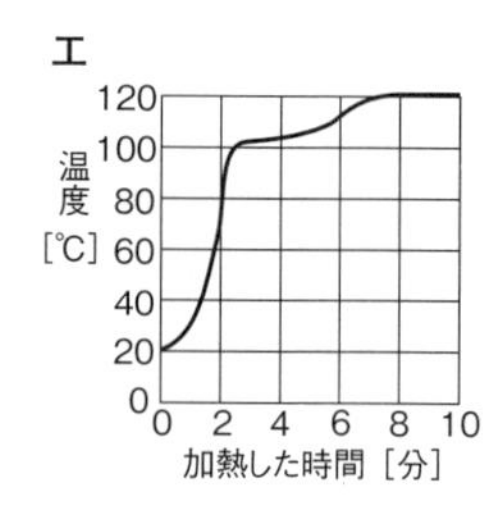

(4) $N_2+3H_2 \longrightarrow 2NH_3$ は，窒素(ちっそ)と水素が反応してアンモニアができるときの化学変化を表したものである。この化学反応式についての説明として正しいものを，次の**ア**〜**エ**から選べ。

ア　「N_2+3H_2」は，原子が4個ふくまれていることを表している。

イ　「$2NH_3$」は，アンモニア分子2個のなかに窒素原子と水素原子が6個ずつふくまれていることを表している。

ウ　分子の総数は，化学反応式中の矢印（$\longrightarrow$）の左側と右側で等しい。

エ　反応する窒素分子と，水素分子，反応してできるアンモニア分子の個数の比は，1：3：2である。

(5) 太陽系の惑星(わくせい)は，半径や密度の違いにより地球型惑星と木星型惑星に分類することができる。地球型惑星が右の図の**A**の領域に分布するとき，木星型惑星はどこに分布するか。図中の**ア**〜**エ**から選べ。

大 ↑ 密度 ↓ 小

ア		イ
	A	
エ		ウ

小 ← 半径 → 大

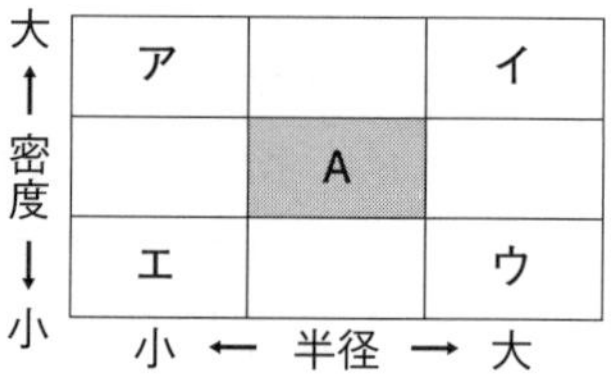

(1)		(2)		(3)		(4)		(5)	

2 右の表は，水100 g に溶ける物質の最大の質量と温度との関係をまとめたものである。また，表中の物質a～dのいずれか1つはミョウバンである。次の実験について，あとの問いに答えなさい。 (愛媛県)〈5点×5〉

表〔表中の数値の単位はg〕

物質＼温度	0℃	20℃	40℃	60℃	80℃
a	38	38	38	39	40
b	6	11	24	57	321
c	179	204	238	287	362
d	3	5	9	15	24
硝酸カリウム	13	32	64	109	169

【実験1】 水10 g にミョウバン3.0 g を入れた試験管を20℃に保ち，よく振ったところ，ミョウバンの一部が溶け残った。この試験管を加熱して水溶液の温度を60℃まで上げると，溶け残っていたミョウバンはすべて溶けた。次に，この試験管を冷却して水溶液の温度を下げると，ミョウバンの結晶が出てきた。ただし，水の蒸発はないものとする。

【実験2】 水100 g に硝酸カリウムを溶けるだけ溶かし，40℃の飽和水溶液をつくった。この飽和水溶液をゆっくり加熱し，10 g の水を蒸発させた。加熱をやめ，この水溶液の温度を20℃まで下げると，硝酸カリウムの結晶が出てきた。

(1) ミョウバンは，表の物質a～dのどれか。

(2) **実験1**で，水溶液の温度を60℃からミョウバンの結晶が出始めるまで下げていくとき，冷却し始めてからの時間と水溶液の質量パーセント濃度との関係を表したグラフとして正しいものを，次の**ア**～**エ**から選べ。

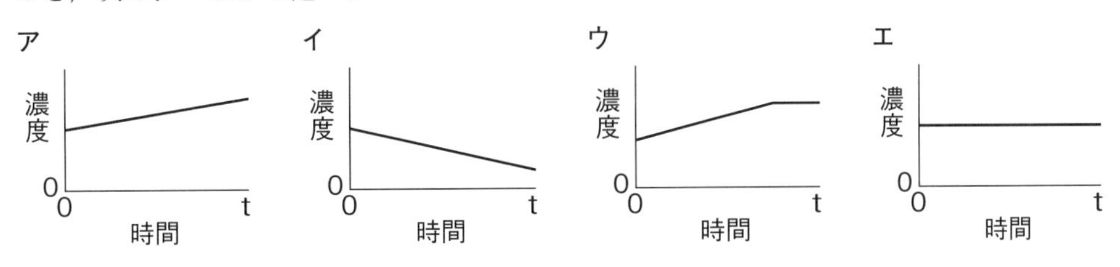

(3) **実験2**で，40℃の硝酸カリウム飽和水溶液の質量パーセント濃度は何%か。小数第1位を四捨五入して答えよ。

(4) **実験2**で出てきた硝酸カリウムの結晶はおよそ何 g か。次の**ア**～**エ**から選べ。

ア 26 g　　**イ** 32 g　　**ウ** 35 g　　**エ** 58 g

(5) 一定の量の水に溶ける溶質の質量が温度によって変化することを利用して，水溶液から溶質を結晶として取り出すことを何というか。

(1)	(2)	(3)	(4)	(5)

3 下の表は地下の浅い場所で発生した地震(じしん)について，地点A，B，CにP波とS波が到達した時刻を，それぞれまとめたものである。震源では，P波とS波が同時に発生しており，それぞれ一定の速さで岩石の中を伝わったものとする。あとの問いに答えなさい。 (宮城県)〈5点×4〉

表

地点	震源からの距離	P波が到達した時刻	S波が到達した時刻
A	40km	15時12分24秒	15時12分29秒
B	80km	15時12分31秒	15時12分41秒
C	120km	15時12分38秒	15時12分53秒

(1) 震源で岩石が破壊された時刻は何時何分何秒か。

(2) 震源からの距離(きょり)と，初期微動継続時間(しょきびどうけいぞくじかん)の関係を，図1にグラフで表せ。

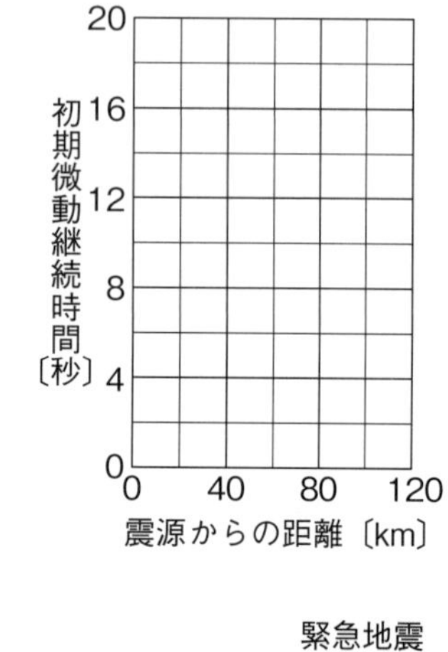

(3) P波の速さは何km/sか。ただし，答えは小数第2位を四捨五入して求めよ。

(4) 右の図2は，緊急地震速報(きんきゅうじしんそくほう)のながれを示したものである。緊急地震速報とは，先に伝わるP波を検知して，主要動を伝える波であるS波が伝わってくる前に，危険が迫ってくることを知らせるシステムである。表にまとめた地震では，震源からの距離が32kmの地点にある地震計でP波を検知して，その3.4秒後に緊急地震速報が発表された。緊急地震速報が出されたときに，主要動が到達しているのは震源から何kmまでの地点か。ただし，答えは小数第1位を四捨五入して求めよ。

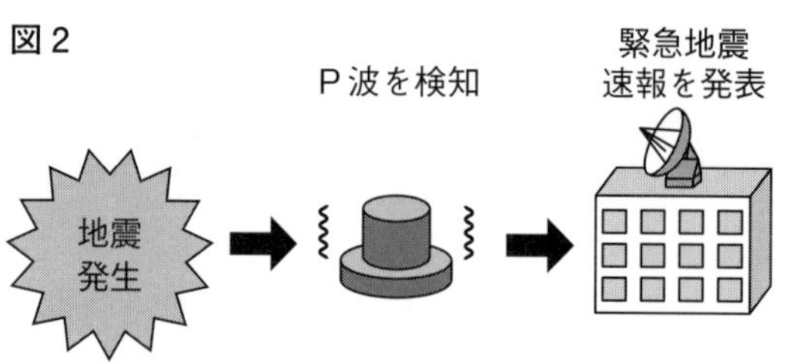

(1)	時　分　秒	(2)	図1に記入せよ。	(3)		(4)	

4 生物どうしのつながりに関する次の文章を読んで，あとの問いに答えなさい。 (栃木県)〈5点×3〉

<u>生物は，水や土の中などの環境(かんきょう)やほかの生物との関わり合いの中で生活している</u>。図1は，自然界における生物どうしのつながりを模式的に表したものであり，矢印は有機物の流れを示し，A，B，C，Dには，生産者，分解者，消費者(草食動物)，消費者(肉食動物)のいずれかがあてはまる。また，図2は，ある草地で観察された生物どうしの食べる・食べられる関係を表したものであり，矢印の向きは，食べられる生物から食べる生物に向いている。

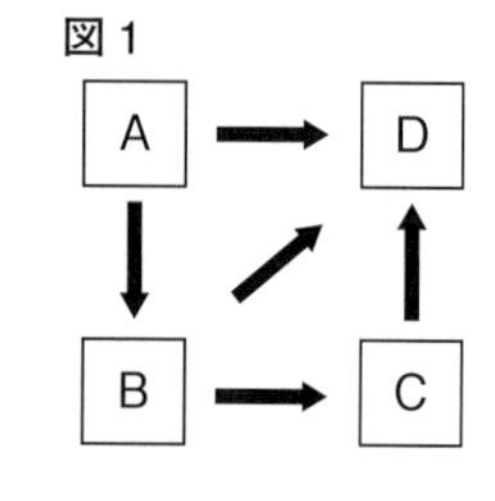

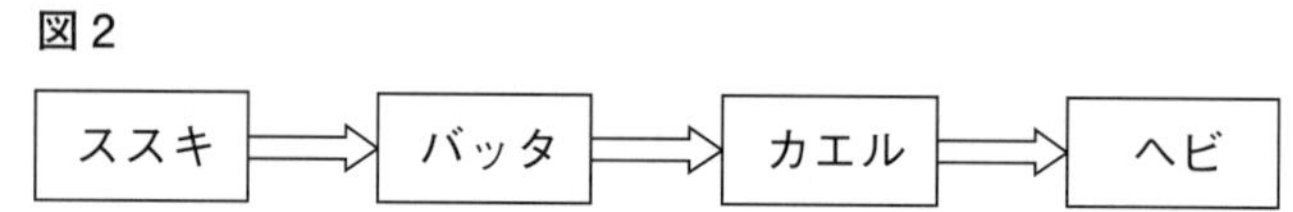

(1) 下線部について，ある地域に生活するすべての生物と，それらの生物をとりまく水や土などの環境とを1つのまとまりとしてとらえたものを何というか。

(2) **図1**において，**D**にあてはまるものを次の**ア**～**エ**から選べ。

ア　生産者　　**イ**　分解者　　**ウ**　消費者(草食動物)　　**エ**　消費者(肉食動物)

(3) ある草地では生息する生物が**図2**の生物のみで，生物の数量のつり合いが保たれていた。この草地に外来種(外来生物)が持ち込まれた結果，各生物の数量は変化し，ススキ，カエル，ヘビでは最初に減少が，バッタでは最初に増加が見られた。この外来種がススキ，バッタ，カエル，ヘビのいずれかを食べたことがこれらの変化の原因であるとすると，外来種が食べた生物はどれか。ただし，この草地には外来種を食べる生物は存在せず，生物の出入りはないものとする。

(1)		(2)		(3)	

5 次の実験について，あとの問いに答えなさい。

(京都府)〈5点×3〉

【実験】 1　抵抗(ていこう)の大きさが同じである抵抗器**a**・**b**をつないで図のような回路をつくり，スイッチを入れて電流を流す。このとき，電圧計が3.0Vを示すように電源装置を調節し，電流計を使って電流の大きさをはかったところ，電流計は500mAを示した。そのあと，スイッチを切る。

2　抵抗器**b**を回路から外し，スイッチを入れて電流を流す。このとき，電流計と電圧計を使って電圧の大きさをはかり，抵抗器**b**を外す前の電流と電圧の大きさと比べたところ，抵抗器**b**を外したあとの電流の大きさが，抵抗器**b**を外す前と比べて小さくなった。また，電圧計は3.0Vを示し，変化がなかった。

3　このときはずした抵抗器**b**のかわりに，抵抗器**b**とは抵抗の大きさが異なる抵抗器**c**をつなぎ，スイッチを入れて電流を流す。このとき，抵抗器**c**をつないだあとの電流の大きさが，2のあと抵抗器**b**を外したあとと比べて1.5倍になった。また，電圧計は3.0Vを示し，変化がなかった。

(1) 抵抗器**a**の抵抗の大きさは何Ωか。次の**ア**～**エ**から選べ。

ア　6Ω　　**イ**　9Ω　　**ウ**　12Ω　　**エ**　15Ω

(2) 抵抗器**b**を外したあとの電流の大きさは1の結果と比べて何mA小さくなったか。また，抵抗器**c**の抵抗の大きさは何Ωか。

(1)		(2)	**電流の大きさの差**	**抵抗器cの抵抗の大きさ**

第2回 模擬テスト

◎制限時間50分
◎合格点70点
▶答え　別冊p.31〜32

点

1 次の問いに答えなさい。 （鹿児島県）〈4点×7　(2)は完答で4点〉

(1) 地下の深いところでマグマがゆっくり冷えて固まってできた岩石を，次の**ア**〜**エ**から選べ。

ア　安山岩　　**イ**　花こう岩　　**ウ**　玄武岩　　**エ**　石灰岩

(2) 図の顕微鏡を使って小さな生き物などを観察するとき，視野全体が均一に明るく見えるように調節するものを何というか。また，図の**ア**〜**エ**から選べ。

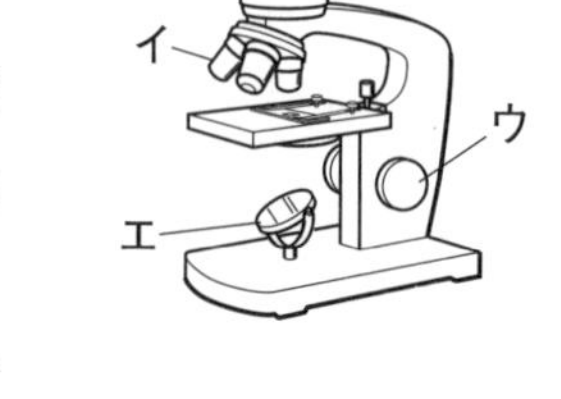

(3) 太陽の光に照らされたところはあたたかくなる。このように，光源や熱源から空間をへだててはなれたところまで熱が伝わる現象を何というか。

(4) 実験で発生させたある気体**X**を集めるとき，気体**X**は水上置換法ではなく下方置換法で集める。このことから，気体**X**はどのような性質をもっていると考えられるか。説明せよ。

(5) 地表の岩石は，太陽の熱や水のはたらきなどによって，長い間に表面からぼろぼろになってくずれていく。このような現象を何というか。

(6) エンドウの種子の形には丸形としわ形がある。丸形としわ形は対立形質であり，丸形が顕性形質である。丸形の種子から育てた個体の花粉をしわ形の種子から育てた個体のめしべに受粉させたところ複数の種子ができ，その中にはしわ形の種子も見られた。種子の形を丸形にする遺伝子をA，種子の形をしわ形にする遺伝子をaとしたとき，できた複数の種子の遺伝子の組み合わせとして考えられるものを，次の**ア**〜**ウ**からすべて選べ。

ア　AA　　**イ**　Aa　　**ウ**　aa

(7) 速さが一定の割合で増加しながら斜面を下る物体がある。この物体の運動の向きにはたらいている大きさについて述べたものとして正しいものを，次の**ア**〜**ウ**から選べ。

ア　しだいに大きくなる。　　**イ**　しだいに小さくなる。　　**ウ**　変わらない。

(1)		(2)	名称	記号	(3)	
(4)						
(5)		(6)		(7)		

2 **鉄粉と硫黄(いおう)を用いて次の実験を行った。次の問いに答えなさい。** (山形県)〈3点×4〉

【実験】鉄粉と硫黄をはかりとり，それぞれ乳鉢(にゅうばち)でよく混ぜ合わせた。混ぜ合わせたものを試験管A～Cそれぞれに入れ，ガスバーナーでじゅうぶんに加熱して反応させたところ，試験管A～Cそれぞれにおいて，鉄粉と硫黄はすべて反応して硫化鉄(りゅうか)ができた。表は，はかりとった鉄粉の質量と硫黄の質量をまとめたものである。

表

試験管	A	B	C
鉄粉の質量〔g〕	1.75	3.50	5.25
硫黄の質量〔g〕	1.00	2.00	3.00

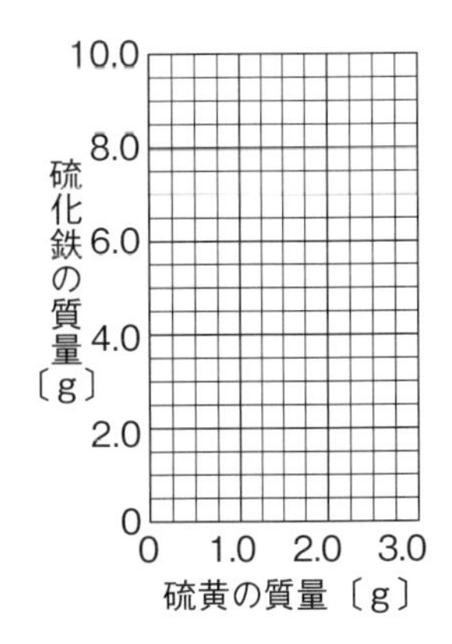

(1) 下線部について，硫化鉄を化学式で書きなさい。

(2) 試験管A～Cの結果をもとにして，硫黄の質量と，生じた硫化鉄の質量の関係を，右の図にグラフで表せ。

(3) 硫黄の質量は変えずに，鉄粉の質量をそれぞれ2倍にして同様の実験を行ったところ，反応後の物質にはいずれも未反応の鉄粉が含まれていた。未反応の鉄粉を含む反応後の物質にうすい塩酸を加えたときに発生する2種類の気体を，それぞれ物質名で書きなさい。

(1)		(2)	図に記入せよ。	(3)		

3 **図の6種類の生物について，あとの問いに答えなさい。** (茨城県)〈3点×4〉

(1) バッタやザリガニ，イカのように背骨をもたない動物を何というか。

(2) バッタとザリガニのからだの外側は，外骨格という殻(から)でおおわれている。外骨格のはたらきを説明せよ。

(3) イカのからだには，内臓とそれを包みこむやわらかい膜(まく)がある。このやわらかい膜を何というか。

(4) 図の生物の中で，クジラだけがもつ特徴について説明しているものを，次のア～ウから選べ。

ア からだの表面は，しめったうろこでおおわれている。

イ 雌の体内(子宮)で子としてのからだができてから生まれる。

ウ 親はしばらくの間，生まれた子の世話をする。

エ 外界の温度が変わっても体温が一定に保たれる。

(1)		(2)		
(3)		(4)		

4

図1はヒトの血液の循環のようすを模式的に表している。ただし，①～④は肺，小腸，肝臓，じん臓のいずれかの器官を，A～Kは血管を，矢印は血液の方向をそれぞれ表している。これについて，次の問いに答えなさい。　（沖縄県）〈4点×5〉

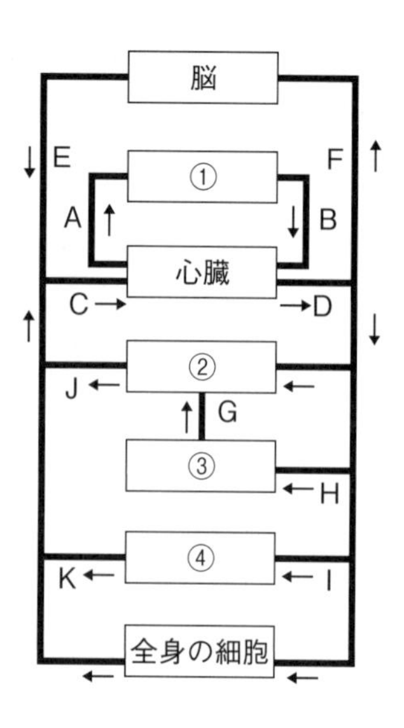

(1) 動脈の特徴について正しく説明しているものを，次のア～エから選べ。

ア　逆流を防ぐ弁がある。

イ　血管のかべはうすく，弾力性はあまりない。

ウ　血管内を流れる血液はすべて動脈血である。

エ　血管のかべは厚い。

(2) 静脈血が流れている血管を，図の血管A～Dからすべて選べ。

(3) アンモニアが尿素にかえられ，尿をつくる器官に運ばれる経路を，次のア～カから選べ。

ア　G→J→C→A→B→D→F　　イ　J→C→A→B→D→I

ウ　K→C→A→B→D→H　　エ　J→C→D→I

オ　K→C→D→H　　カ　G→J→C→D→F

(4) 次の文のa～dに入る言葉の組み合わせとして正しいものを，右の表のア～カから選べ。

> 食物は消化され，栄養分の多くは図の（　a　）で吸収される。その後（　b　）は図の（　c　）へ運ばれ，一部が（　d　）に変えられ，たくわえられる。

	a	b	c	d
ア	②	脂肪	③	脂肪酸
イ	②	タンパク質	③	アミノ酸
ウ	③	ブドウ糖	②	グリコーゲン
エ	③	脂肪	②	脂肪酸
オ	④	タンパク質	②	アミノ酸
カ	④	ブドウ糖	③	グリコーゲン

(5) 脂肪の消化を助ける胆汁がつくられる器官を図の①～④から選べ。

(1)		(2)		(3)		(4)		(5)	

5

次の実験について，あとの問いに答えなさい。　（山梨県）〈4点×3〉

【実験】① プラスチック容器を2つ用意し，同じ質量の水と砂をそれぞれに入れた。プラスチック容器を並べて置き，温度計をさし入れ，水槽をかぶせて図1のような装置をつくった。

② 装置全体に日光を当て，2分ごとに温度を測定した。このときの水と砂の温度を表のようにまとめた。

図1

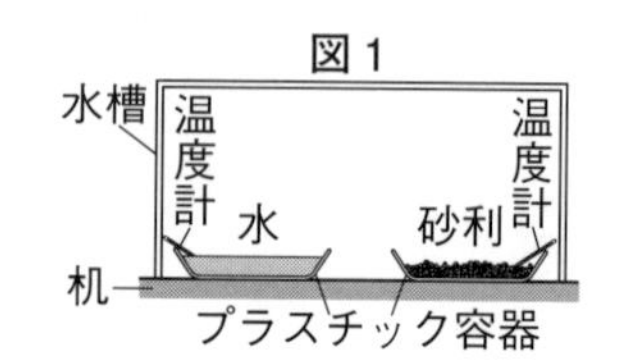

表

時間〔分〕		0	2	4	6	8	10
温度〔℃〕	水	18.5	19.5	20.0	20.8	21.4	21.7
	砂	23.0	24.5	26.0	27.2	28.3	29.4

3 水槽を持ち上げ，2つの容器の間に火のついた線香を置き，再び水槽をかぶせた。けむりの動きを観察したところ，**図2**のように，煙(けむり)は砂のほうへただよって上昇し，水の上で下降した。

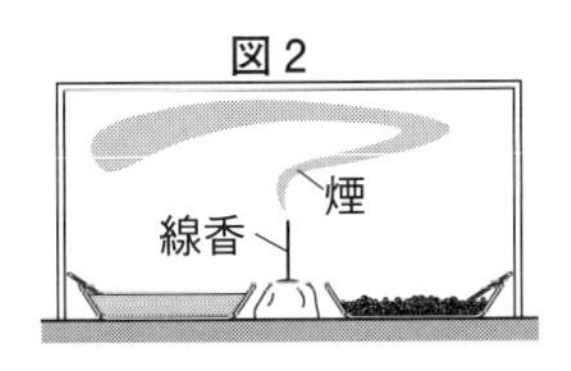

(1) 次の文章の①にあてはまることばを入れよ。また，②にあてはまることばを，**ア**，**イ**から選べ。

> 水と砂の温度測定の結果から，砂の方が水よりも（ ① ）ということがわかる。また，線香のけむりの動きから，砂の上の空気は，温度が変化して密度が②{**ア** 小さく **イ** 大きく}なり，上昇したと考えられる。

(2) 実験で見られた線香の煙から，空気の動きがわかる。日本で観測される風のうち，この空気の動きで説明できるものはどれか。次の**ア**～**エ**から2つ選べ。

ア 海風　**イ** 陸風　**ウ** 夏の季節風　**エ** 冬の季節風

(1)	①	②	(2)	

6 **次の実験について，あとの問いに答えなさい。ただし，100gの物体にはたらく重力を1Nとし，ひもやばねばかり，動滑車(どうかっしゃ)の重さ，ひもと動滑車にはたらく摩擦力は考えないものとする。** （三重県）〈4点×4〉

【実験1】 図1のように，矢印➡の向きに手でひもに力を加え，質量400gのおもりを3cm/sの一定の速さで15cm引き上げた。このとき，ばねばかりの示す値を読みとった。

【実験2】 図2のように，動滑車を1つ用いて，矢印➡の向きに手でひもに力を加え，おもりを3cm/sの一定の速さで15cm引き上げた。

(1) **実験1**について，読みとったばねばかりの値は何Nか。

(2) **実験1**について，手がひもにした仕事の量は何Jか。

(3) 次の文章の①，②にあてはまる数値を入れよ。また，③にあてはまることばを，それぞれ**ア**～**ウ**から選べ。

> **実験2**は**実験1**に比べて，手でひもを引く力の大きさは（ ① ）倍で，手でひもを引く長さは（ ② ）倍であるので，**実験2**で手がひもにした仕事の量は，**実験1**の③{**ア** 仕事の量より大きい **イ** 仕事の量より小さい **ウ** 仕事の量と変わらない}。

(4) **実験2**について，手がひもにした仕事率は何Wか。

(1)		(2)		(3)	①	②	③	(4)	

□ 編集協力　㈱プラウ 21（多田沙菜絵・井澤優佳）　恵下育代　平松元子
□ 本文デザイン　小川純（オガワデザイン）　南彩乃（細山田デザイン事務所）
□ 図版作成　㈱プラウ 21　甲斐美奈子

シグマベスト
実力アップ問題集
中 3 理科

編　者　文英堂編集部
発行者　益井英郎
印刷所　中村印刷株式会社
発行所　株式会社文英堂
〒601-8121　京都市南区上鳥羽大物町28
〒162-0832　東京都新宿区岩戸町17
(代表)03-3269-4231

●落丁・乱丁はおとりかえします。

ΣBEST シグマベスト

実力アップ問題集

EXERCISE BOOK | SCIENCE

解答・解説

中３理科

文英堂

1章 化学変化とイオン

❶ 水溶液とイオン

p.6～7 **基礎問題の答え**

1 (1) **ショ糖…×　塩化水素…○**
水酸化ナトリウム…○　エタノール…×
(2) **電解質**　(3) **非電解質**

定期テスト対策

❶水に溶けると水溶液に電流が流れる物質を，電解質という。(塩化ナトリウム，塩化水素，水酸化ナトリウムなど)
❶水に溶けると水溶液に電流が流れない物質を，非電解質という。(ショ糖，ブドウ糖，エタノールなど)

2 (1) **A…ウ　B…エ　C…オ**
(2) **塩酸**…$2HCl \longrightarrow H_2 + Cl_2$
塩化銅水溶液…$CuCl_2 \longrightarrow Cu + Cl_2$

解説 塩酸の電気分解では，陰極から水素が，陽極から塩素が発生する。塩化銅水溶液の電気分解では，陰極に銅が付着し，陽極から塩素が発生する。

3 (1) **A…電子　B…陽子　C…中性子**
D…原子核　(2) **A…－　B…＋**　(3) **ウ**

解説 (1) **水素の原子核は1つの陽子**でできていて，中性子はふくまない。

定期テスト対策

❶原子は，－の電気をもった電子と，＋の電気をもった原子核(＋の電気をもった陽子と，電気をもたない中性子からなる)からできている。

4 (1) **陽イオン**　(2) **陰イオン**　(3) **ウ**

解説 (1)(2)(3) 原子は電子を放出すると陽イオンとなり，電子を受けとると陰イオンになる。(3)のイオンを化学式で表すと，水素イオンはH^+，銅イオンはCu^{2+}，水酸化物イオンはOH^-，マグネシウムイオンはMg^{2+}である。

定期テスト対策

❶原子が電子を失うと陽イオン(＋)，電子を受けとると陰イオン(－)になる。

5 (1) **名前…ナトリウムイオン**
化学式…Na^+
(2) **名前…塩化物イオン**
化学式…Cl^-
(3) **電離**

解説 (1)(2) 化学式でイオンを表す場合，イオンが帯びている**電気の種類と数**を，元素記号の**右肩**に書き加える。

p.8～9 **標準問題の答え**

1 (1) **電子**　(2) **ウ**　(3) **Y**　(4) **イ，オ，ク**　(5) **ア**

解説 (5) 原子の中の電子のもつ－の電気と，陽子のもつ＋の電気は，**原子全体では等しい**。また，電子は原子核のまわりにある。

2 (1)

物質名	食　塩	砂　糖	塩化銅	硫酸銅
固体に電流が流れるか	×	×	×	×
水溶液に電流が流れるか	○	×	○	○

(2) **ウ**　(3) **ウ**　(4) $CuSO_4 \longrightarrow Cu^{2+} + SO_4^{2-}$

解説 (1) 固体の状態の電解質には，電流は流れない。
(3) 塩化銅が電離すると，$CuCl_2 \longrightarrow Cu^{2+} + 2Cl^-$ となるので，陽イオン1個に対して陰イオン2個という数の比になる。
(4) **硫酸イオン**は，アンモニウムイオンや水酸化物イオンと同様，**原子の集団からできたイオン**である。

3 (1) **ウ**　(2) **X**…H_2　**Y**…Cl_2　(3) **水素イオン**
(4) **陰極**　(5) **塩化物イオン**　(6) **陽極**
(7) **陰極**…$2H^+ + 2e^- \longrightarrow H_2$
陽極…$2Cl^- \longrightarrow Cl_2 + 2e^-$
(8) $2HCl \longrightarrow H_2 + Cl_2$

解説 (1)(2) **塩化水素**の水溶液である塩酸を電気分解すると，**陰極からは水素**が発生し，**陽極からは塩素**が発生する。発生する水素と塩素の量は同じだが，**塩素は水に溶けやすい**ため，発生と同時に水に溶ける分だけ，水素よりも気体の量が少なくなる。
(3)～(7) 水溶液中の塩化水素は，水素イオンH^+と塩化物イオンCl^-に電離している。塩酸に電圧を加えたとき，H^+は陰極，Cl^-は陽極に向かってそれぞれ移動する。そして，陰極ではH^+が電子を受けとって水素原子になり，それが2個結びついて水素分子H_2になる。同時に，陽極ではCl^-が電子を陽極にわたして塩素原子になり，それが2個結びついて塩素分子Cl_2になる。

❷ 化学変化と電池

p.12～13 基礎問題の答え

1 (1) $Mg \longrightarrow Mg^{2+} + 2e^-$
(2) $Cu^{2+} + 2e^- \longrightarrow Cu$ (3) **マグネシウム**

解説 (1) マグネシウムの金属片がうすくなったことから，マグネシウムがイオンとなって水溶液中に溶けだしたことがわかる。**マグネシウムはイオンになるとき，電子を2つ放出して，陽イオンとなる。**

定期テスト対策

- マグネシウムを亜鉛(あえん)イオンを含む水溶液に入れると，マグネシウムがイオンとなって水溶液に溶けだし，亜鉛が電子を受け取って亜鉛原子になることから，マグネシウムのほうがイオンになりやすいといえる。
- 同様にして調べると，イオンへのなりやすさは，マグネシウム＞亜鉛，マグネシウム＞銅，亜鉛＞銅となることから，3種類の金属のイオンへのなりやすさは，マグネシウム＞亜鉛＞銅となる。

2 (1) **ウ** (2) **イ** (3) **(化学)電池**

解説 電池に，非電解質の水溶液を用いたり，同じ種類の金属を用いたりしたときには，金属がイオンにならず，電気を取り出すことはできない。

3 (1) **b** (2) **エ** (3) **亜鉛**

解説 (1) **銅と亜鉛のうち，電子を放出してイオンになるのは，亜鉛である。**亜鉛がイオンになるときに放出した電子は，導線を通って銅板へと流れるので，電子の移動する向きはbの向きとなる。
(2) 亜鉛板の厚さがうすくなったことから，亜鉛に起こった反応を，化学式で表すと，$Zn \longrightarrow Zn^{2+} + 2e^-$となる。

4 (1) **イ** (2) **名前…水，化学式…H_2O** (3) **ア**

定期テスト対策

- 一次電池は，一度使いきると，再び電気エネルギーを取り出すことができない電池である。
- 二次電池は，電気を使い切っても，充電(じゅうでん)すれば再び電気エネルギーを取り出すことができる電池である。
- 燃料電池は，水の電気分解と逆の反応によって，燃料がもつ化学エネルギーを，電気エネルギーに変換する電池である。

p.14～15 標準問題1の答え

1 (1) ① **C** ② **E，F** ③ **A，B，D**
(2) $Zn \longrightarrow Zn^{2+} + 2e^-$
(3) **銅**

解説 (1)① 金属片がうすくなり，灰色の物質が付着したことから，金属片が電子を放出してイオンとなり，亜鉛イオンが電子を得て原子となったこと($Zn^{2+} + 2e^- \longrightarrow Zn$)がわかる。亜鉛は銅よりもイオンになりやすく，マグネシウムよりイオンになりにくい金属であることから，反応する金属はマグネシウムのみとなる。
② 金属片の表面に赤い物質が付着したことから，銅イオンが電子を得て原子となったこと($Cu^{2+} + 2e^- \longrightarrow Cu$)がわかる。**銅は亜鉛やマグネシウムよりもイオンになりにくい金属であることから，**反応する金属はマグネシウムと亜鉛となる。

2 (1) **亜鉛板** (2) **イ** (3) **SO_4^{2-}** (4) **ア**
(5) **逆になる。**

解説 (1) 亜鉛と銅を比べると，亜鉛のほうがイオンになりやすい金属なので，電子を放出して亜鉛イオンとなる。このとき，亜鉛板から放出された電子は，導線を通って銅板へと移動する。**電子は，－極から＋極へと移動するので，**－極になるのは亜鉛板である。
(2) **－極側の硫酸亜鉛水溶液は，**硫酸イオン(SO_4^{2-})と亜鉛イオン(Zn^{2+})に電離しており，亜鉛板の亜鉛がイオンになるにつれて，**陽イオンがふえていく。**また，**＋極側の硫酸銅水溶液は，**硫酸イオン(SO_4^{2-})と銅イオン(Cu^{2+})に電離しており，銅イオンが電子を受け取って原子になるにつれて，**陽イオンが減少していく。**よって，陽イオンと陰(いん)イオンによる電気的なかたよりができないようにするため，亜鉛板の側からは陽イオンである亜鉛イオンが，銅板の側へ移動し，銅板の側からは，陰イオンである硫酸イオンが亜鉛板の側へ移動する。

3 (1) **アルミニウムはく**
(2) **エ** (3) **イ**

解説 (1) アルミニウムのほうが備長炭(炭素)よりもイオンになりやすいため，アルミニウムが電子を放出する－極となる。
(2) 砂糖水は非電解質なので，電流は流れない。

4 (1) 一次電池　(2) エ　(3) 充電

解説 充電して，くり返し使うことができる電池を二次電池という。マンガン乾電池，アルカリ乾電池，リチウム電池は，一次電池である。

p.16～17 標準問題 2 の答え

1 (1) エ　(2) エ　(3) ① 銅　② 銅板

(4) 亜鉛板…ア　銅板…エ

(5) 亜鉛板…$Zn \longrightarrow Zn^{2+}+2e^-$

銅　板…$Cu^{2+}+2e^- \longrightarrow Cu$

(6) a　(7) ① 化学　② 一次

解説 (1)(2) 電解質の水溶液と２種類の金属がないと，電池にはならない。

(3)(4)(5) 亜鉛板では，亜鉛の原子が電子を放出して，亜鉛イオンになっている($Zn \longrightarrow Zn^{2+}+2e^-$)。同時に，銅板では，水溶液中の銅イオンが電子を受けとって，銅原子になり付着する($Cu^{2+}+2e^- \longrightarrow Cu$)。

(6) **亜鉛板で放出された電子は，導線中を通って銅板へ移動**する。電流の向きは電子の移動の向きの逆であるから，**亜鉛板が－極，銅板が＋極**である。

(7) 電池には，使うと電圧が低下し，電圧を回復させることができない**一次電池**と，外部から逆向きの電流を流すことで**充電**ができる**二次電池**がある。

2 (1) 回転の向きが逆(反時計回り)になる。

(2) ボロボロになる。(3) －極

解説 (1) 電池の＋極と－極を入れかえたといえる。

(2)(3) アルミニウムは，**イオンになってろ紙の食塩水へ溶け出す**と同時に，**電子を放出**するので，－極になっている。また，反応が進むとアルミニウムはくはどんどん溶けていき，ボロボロになる。

3 (1) 名前…水素　化学式…H_2

(2) 名前…酸素　化学式…O_2

(3) $2H_2O \longrightarrow 2H_2+O_2$　(4) ウ　(5) 燃料電池

解説 水の電気分解では，**陰極では水素，陽極では酸素**が発生する。燃料電池(ねんりょうでんち)は，特別な電極を使うことで，**水の電気分解と逆の化学変化**を起こし，電気エネルギーを直接とり出す電池である。

❸ 酸・アルカリとイオン

p.20～21 基礎問題の答え

1 (1) 塩酸…エ　砂糖水…ウ

水酸化ナトリウム水溶液…イ

(2) 塩酸…ア　砂糖水…ア

水酸化ナトリウム水溶液…オ

(3) 酸性　(4) アルカリ性

定期テスト対策

- BTB 溶液は，酸性では黄色，中性では緑色，アルカリ性では青色を示す。
- フェノールフタレイン溶液は，酸性，中性では無色，アルカリ性では赤色を示す。

2 (1) イ　(2) 酸　(3) ア　(4) アルカリ

(5) 塩酸…ウ　水酸化ナトリウム水溶液…ア

解説 (1)(2) $HCl \longrightarrow H^+ + Cl^-$

(3)(4) $NaOH \longrightarrow Na^+ + OH^-$

(5) **pH**(ピーエイチ)は水溶液の酸性，アルカリ性の強さを示す数値で，**7** を中性として，**7 より小さいほど酸性が強く，7 より大きいほどアルカリ性が強い。**

定期テスト対策

- 酸(さん)…水に溶かすと電離(でんり)して水素イオンH^+を生じる物質。
- アルカリ…水に溶かすと電離して水酸化物イオンOH^-を生じる物質。

3 (1) イ　(2) ウ　(3) 中和

(4) 名前…塩化ナトリウム　化学式…NaCl

解説 (1)(2) 塩酸は**酸性**なのでBTB溶液は**黄色**を示す。これにアルカリ性の水酸化ナトリウム水溶液を少しずつ加えていくと**中和**(ちゅうわ)が起こり，**中性**になるとBTB溶液は**緑色**を示す。さらに水酸化ナトリウム水溶液を加えると，水素イオンがないため中和は起こらず，**アルカリ性**になってBTB溶液は**青色**を示す。

(3)(4) $HCl + NaOH \longrightarrow NaCl + H_2O$

4 (1) $H_2SO_4+Ba(OH)_2 \longrightarrow BaSO_4+2H_2O$

(2) $H_2CO_3+Ca(OH)_2 \longrightarrow CaCO_3+2H_2O$

(3) 溶けにくい。

解説 **硫酸**(りゅうさん)**バリウム**や**炭酸カルシウム**は水に溶けにくいため，**白色の沈殿**(ちんでん)になる。

p.22〜23 標準問題1 の答え

1 (1) ①○　②×　③×　④○
⑤×　⑥×　⑦○　⑧×
(2) **B**
(3) **水酸化ナトリウム水溶液…アルカリ性**
塩酸…酸性　食塩水…中性
アンモニア水…アルカリ性　(4) **エ**
(5) **A…アンモニア水　B…食塩水**
C…塩酸　D…水酸化ナトリウム水溶液

解説 BTB溶液を加えた水溶液の色から，**A**と**D**はアルカリ性，**B**は中性，**C**は酸性である。
(1) 赤色リトマス紙は**アルカリ性**の水溶液をつけると**青色**になり，青色リトマス紙は**酸性**の水溶液をつけると**赤色**になる。
(2) pH7 は**中性**である。
(4)(5) 水分を蒸発させたときに何も残らないのは，**気体が溶けている水溶液**であるから，塩酸かアンモニア水であることがわかる。**水酸化ナトリウムは白色の固体**であり，食塩の主成分である塩化ナトリウムも白色の固体である。

2 (1) **黄色**　(2) **陰極**
(3) **＋の電気を帯びた水素イオンが陰極側に移動したから。**
(4) **陽極**　(5) **水酸化物イオン**

解説 (1) 寒天に入っているBTB溶液が，塩酸にふくまれる**水素イオンによって黄色**を示す。
(2)(3) 水素イオンH^+は陽(よう)**イオン**であるため，電源の－極につないだ**陰極側へと移動**し，水素イオンが広がった部分のBTB溶液が黄色を示す。
(4)(5) BTB溶液は，**水酸化物イオンがあると青色**を示す。水酸化物イオンは陰(いん)**イオン**であるから，電源の＋極につないだ**陽極側へと移動**し，水酸化物イオンが広がった部分のBTB溶液が青色を示す。

3 (1) **B…酸性　D…アルカリ性**　(2) **NaCl**
(3) **a，b**　(4) **エ**　(5) H_2

解説 **a**，**b**では**中和が起こって**酸性が弱まり，**C**で**中性**になっている。**c**は中性の水溶液(食塩水)に水酸化ナトリウム水溶液を加えている状態なので，**中和は起こらず**，**D**ではアルカリ性になる。
(3) **中和は発熱反応**である。
(4)(5) **マグネシウム**は**酸性**の水溶液と反応して**水素**が発生し，**酸性が弱くなると水素の発生は弱まる。**

p.24〜25 標準問題2 の答え

1 (1) **赤色**　(2) ① **イ**　② **イ，ウ**
(3) $NaOH \longrightarrow Na^+ + OH^-$　(4) H^+，Cl^-
(5) **ア，エ**　(6) **塩化ナトリウム**
(7) $NaOH + HCl \longrightarrow NaCl + H_2O$

解説 (2) こまごめピペットは，次のような手順で使う。
・親指と人さし指でゴム球をおして液体に入れる。
・親指をゆるめて液体を吸いとる。
・親指をおして必要な量の液体を出す。
また，こまごめピペットの**ゴム球の部分に液体を入れるとゴムが傷んでしまうので**，液体が入っているときに先端(せんたん)を上に向けてはいけない。
(4) 塩酸の溶質は塩化水素であり，$HCl \longrightarrow H^+ + Cl^-$と電離している。
(5) フェノールフタレイン溶液が無色に変化したときには中性になっているので，**アルカリ性を示す水酸化物イオンや酸性を示す水素イオンはほとんどない**。また，中和にともなってできる塩化ナトリウムは水に溶けやすく，イオンのまま水溶液中にある。

2 (1) $H_2SO_4 \longrightarrow 2H^+ + SO_4^{2-}$
(2) **名前…硫酸バリウム　化学式…**$BaSO_4$
(3) **ウ**　(4) **ウ**

解説 (2) 硫酸バリウム($BaSO_4$)は**水に溶けにくい塩**(えん)であるため，中和の反応をするごとに**沈殿**が生じる。
(3) 硫酸と水酸化バリウムの中和の化学反応式は，
$$H_2SO_4 + Ba(OH)_2 \longrightarrow BaSO_4 + 2H_2O$$
であり，イオンになっている**硫酸がすべて中和して中性になったとき**には，**イオンはほとんどなくなっている**。そのため**電流が流れない**。
(4) **炭酸と水酸化カルシウム水溶液**を混ぜると，水に溶けにくい**炭酸カルシウム**ができる。

3 (1) **キ**　(2) **30mL**　(3) **ウ，エ**

解説 (1) ある水溶液のpHをxとすると，$x<7$が酸性，$x=7$が中性，$7<x$がアルカリ性である。一定量のアルカリ性の水溶液**X**に対して，酸性の水溶液**Y**を加える量をふやしていっているので，**A**，**B**，**C**，**D**，**E**の順にpHは**小さくなっていく**。
(2)(3) 水溶液**C**がpH7であることから，**同じ量の水溶液XとYを混ぜ合わせる**と，**中性になること**がわかる。水溶液**A**と**E**，水溶液**B**と**D**の組み合わせのときには，水溶液**X**と**Y**を30mLずつ混ぜ合わせることになり，中性になる。

p.26〜29 実力アップ問題の答え

1 (1) **流れない。** (2) **砂糖，エタノール**
(3) **非電解質** (4) **電解質**
(5) **他の水溶液の中の溶質が，調べる水溶液に入らないようにするため。**
(6) $HCl \longrightarrow H^+ + Cl^-$
(7) **陰極…水素　陽極…塩素**

2 (1) A…$Zn \longrightarrow Zn^{2+} + 2e^-$
B…$2H^+ + 2e^- \longrightarrow H_2$
(2) **エ** (3) **エ**
(4) **＋極…銅　−極…マグネシウム** (5) **ア**

3 ① **水** ② **化学** ③ **電気** ④ **燃料** ⑤ **充電**

4 (1) **X…ア　Y…イ　Z…エ**
(2) ① **A，D** ② **C** ③ **B，E**
(3) **A…水酸化バリウム水溶液　B…硫酸**
C…塩化ナトリウム水溶液
D…水酸化ナトリウム水溶液　E…塩酸

5 (1) K^+，OH^- (2) **イ**
(3) **−の電気を帯びた水酸化物イオンが陽極側に移動したから。** (4) **ア**

6 (1) **ウ** (2) **水素イオンと水酸化物イオン**
(3) H_2O (4) **イ，ウ**

解説 1 (1) **電解質**は，固体の状態では電流が流れない。電解質に電流が流れるのは，**水に溶けてイオンになっているとき**である。
(2)(3) 砂糖とエタノールは**非電解質**であり，溶質の分子がそのまま水溶液中に散らばっている。果物の汁は**クエン酸などの電解質**をふくみ，電流が流れる。
(6) 塩化水素は，水に溶けるときに電離して**水素イオンと塩化物イオン**になる。
(7) 塩化水素の水溶液(塩酸)に電圧を加えると，陰極側では**水素イオン**が電子を受けとって水素原子になり，水素原子2個が結びついて水素分子となる。陽極側では**塩化物イオン**が電子を放出して塩素原子になり，塩素原子2個が結びついて塩素分子となる。
2 (2) 精製水にはイオンがふくまれないため，電池にならない。
(3) 金属板**A**は銅，金属板**B**は亜鉛であるから，1の金属板を入れかえた状態になる。したがって，**電流の向きが逆**になり，電子オルゴールは鳴らない。
(4) 1〜3で，オルゴールが最もよく鳴っているのは2である。また，1で金属板**A**(**亜鉛**)が**−極**，金属板**B**(**銅**)が**＋極**であることから，2では**マグネシウムが−極，銅板が＋極**である。
(5) 電解質の水溶液の両側に**同じ種類の金属**をつけても，電子の受けわたしは起こらず，電池にならない。
3 酸素がある空気中で水素に火をつけると，水素と酸素は急激に結びついて爆発する。水素と酸素が結びつくときに発生するエネルギーを，**電気エネルギー**の形でとり出す装置が**燃料電池**である。
一次電池は，マンガン乾電池やアルカリマンガン乾電池(アルカリ電池)などの使い捨ての電池である。**二次電池**は，自動車のバッテリーに使われる鉛蓄電池や，携帯電話などに使われるリチウムイオン電池などの，**充電**してくり返し使える電池である。
4 フェノールフタレイン溶液を加えた結果から，**A，D**が**アルカリ性**であることがわかる。さらに，マグネシウムを入れたときの結果をあわせて考えると，**B，E**が**酸性**，**C**が**中性**であることがわかる。
(1) BTB溶液を加えたとき，アルカリ性の**A**は**青色**，酸性の**B**は**黄色**，中性の**C**は**緑色**になる。
(2) pHが**7より大きいとアルカリ性**，**7だと中性**，**7より小さいと酸性**である。
(3) **A**がアルカリ性，**B**が酸性であることと，**A**と**B**の反応で**白色の沈殿が生じた**ことから，**A**が**水酸化バリウム水溶液**，**B**が**硫酸**である。なお，白色の沈殿は，水に溶けにくい**硫酸バリウム**である。
5 (1) $KOH \longrightarrow K^+ + OH^-$と電離している。
(2)(3) 赤色リトマス紙を青色に変えるのは**水酸化物イオン**OH^-である。**陰イオン**は電源の＋極につないだ**陽極側へ引き寄せられて移動する**ため，青色に変色した部分が陽極側に広がる。
(4) **硫酸**にふくまれる**水素イオン**は青色リトマス紙を赤色に変えながら，陰極側に移動する。
6 (1) BTB溶液を加えていて緑色であることから，水溶液は**中性**であり，**中和の結果できた水と塩だけ**になっている。塩酸と水酸化ナトリウム水溶液の中和なので，できた塩は**塩化ナトリウム**である。
(2)(3) **中和**は，**水素イオン**と**水酸化物イオン**が結びついて**水**ができ，酸とアルカリがたがいの性質を打ち消し合う反応である。
(4) **中性になる以上に水酸化ナトリウム水溶液が加えられている**ので，中和でできた塩化ナトリウムのほかに，**水酸化ナトリウム**も残る。

2章 生命の連続性

❶ 生物の成長とふえ方

p.32～33 基礎問題の答え

1 (1) C　(2) **細胞分裂[体細胞分裂]**　(3) ウ

解説 (1)(2) 根の先端の近くでは，細胞分裂が起こって，細胞の数がふえている。
(3) 細胞分裂をした後，それぞれの細胞が大きくなっていくにつれて，根が成長する。このとき，細胞は縦方向にのびて根が長くなり，同時に横方向にものびて根が太くなる。

2 (1) **染色体**　(2) ウ　(3) **決まっている。**　(4) ウ

解説 (2) 染色体は，細胞の核と同じように，酢酸オルセイン溶液，酢酸カーミン溶液，酢酸ダーリア溶液などの染色液によってよく染まる。
(3) 染色体の数は，タマネギで16本，ヒトで46本というように，生物によって決まっている。
(4) 体細胞分裂では，分裂後の細胞の**染色体の数がもとの細胞と同じ**である。これは，分裂の直前に染色体の数が2倍になり，分裂のときに染色体がそれぞれの細胞に同じ数ずつ分かれるからである。このしくみにより，からだをつくる細胞の数をふやすために体細胞分裂をくり返し行っても，それぞれの細胞のもつ染色体の数を保つことができる。

3 (1) **無性生殖**　(2) **体細胞分裂**　(3) イ　(4) イ

解説 (3) 分裂して新しくできたミカヅキモのからだをつくる細胞は，どれも体細胞分裂の結果できた細胞なので，分裂の前後で，細胞内の染色体の数は同じである。
(4) サツマイモは根の一部に栄養分をたくわえていもをつくり，**いもから新しい個体**(子)ができる。

定期テスト対策

❶**無性生殖**は，体細胞分裂による生殖で，親のからだの一部が分かれてそのまま子になる。

4 (1) A…**卵細胞**　B…**精細胞**
(2) A…**卵**　B…**精子**　(3) **減数分裂**
(4) **受精**　(5) **発生**　(6) **有性生殖**

定期テスト対策

❶**有性生殖**は，雌と雄が**減数分裂**によってつくる**生殖細胞**が**受精**して子ができる生殖。
❶被子植物では，雌の生殖細胞は**卵細胞**であり，雄の生殖細胞は**精細胞**である。
❶動物では，雌の生殖細胞は**卵**であり，雄の生殖細胞は**精子**である。

p.34～35 標準問題1の答え

1 (1) イ　(2) **色がうすくなった部分。**
(3)・**(細胞分裂で)細胞の数がふえる。**
・**それぞれの細胞の大きさが大きくなる。**
(4) ① **体細胞分裂**　② **32本**　③ エ　④ イ，ウ

解説 (1)(2) 根の先端付近(**成長点**)では**細胞分裂がさかん**で，分裂後には細胞が大きくなるので，根の先端に近い部分は色がうすくなる。根元に近い部分は，細胞が大きくなりきっているため，色が変わらない。また，成長点を保護する最も先端の部分(**根冠**)では**細胞分裂が起きておらず**，色はうすくならない。
(4)② Dでは細胞がまだ2つに分かれていないので，染色体の数は16本の2倍の32本である。
③ まず，核の中に染色体が現れる。次に，染色体が中央に並び，縦に2つに割れて離れていく。その後，2つの染色体のまとまりは核に変化し，細胞の真ん中にはしきりができて，2つの新しい細胞ができる。
④ 茎の先端付近には，根と同じように**細胞分裂がさかんなところ**があり，ここでの細胞分裂の結果，茎がのびる。

2 ア，イ，エ，カ，キ

解説 ウとオは，雌と雄がかかわる有性生殖である。無性生殖は植物に多い。無性生殖のうち，植物が根や茎などからだの一部から新しい個体をつくる生殖(ア，イ，エ，キ)を，栄養生殖という。

3 (1) A…**精細胞**　B…**子房**　C…**胚珠**
D…**卵細胞**　(2) **柱頭**　(3) **花粉管**
(4) A，D
(5) **根や茎の細胞の染色体の数の半分になっている。**
(6) **根や茎の細胞の染色体の数と同じになっている。**　(7) B…**果実**　C…**種子**　D…**胚**

解説 (2)(3) めしべの先端の部分を**柱頭**という。柱頭は，**花粉管**がのびやすい状態になっている。
(4)(5)(6) **減数分裂**は，**生殖細胞**(植物では**卵細胞**と**精細胞**)をつくる細胞分裂で，分裂後の細胞の**染色体数は分裂前の半分**になる。**受精卵**は，**卵細胞と精細胞が受精**してできるので，**染色体数はもとにもどる**。

p.36〜37 標準問題2の答え

1 (1) **柱頭と似た状態にして，花粉管がのびやすくするため。** (2) **ウ** (3) **ウ**
(4) **卵細胞の核と精細胞の核が合体すること。**
(5) ① **胚** ② **子葉** ③ **体細胞分裂** ④ **等しい**

解説 (2) おしべのやくが熟してから時間がたちすぎた花粉や，やくが熟す前の未熟な花粉では，花粉管がのびにくい。
(3) 花粉管には，柱頭から胚珠までのびて，精細胞を胚珠の中の卵細胞まで運ぶ役割がある。

2 (1) **A…精巣　B…卵巣** (2) **D** (3) **水中**
(4) **1個** (5) ① **c→e→d→b→f→a** ② **胚**

解説 (2)(3)(4) **C**は卵であり，**D**は精子である。カエルやウニ，メダカでは，**雌が水中に卵をうむ**と，雄が大量の**精子を水中に放出**する。放出された精子は水中を泳ぎ，卵にたどりつくと，そのうちの1つの**精子の核が卵の核と合体(受精)**する。
(5) 受精卵は細胞分裂をして**胚**になる。胚は細胞分裂をくり返して2個，4個，8個，…と細胞の数をふやすとともに，形やはたらきのちがうさまざまな細胞になり，**発生**が進んでいく。

3 (1) **B** (2) **X…体細胞分裂　Y…減数分裂**
(3) **a…n本　b…$\frac{n}{2}$本　c…$\frac{n}{2}$本**
d…n本 (4) **A**

解説 (1) 有性生殖では，雌と雄のつくる生殖細胞が受精して子ができる。
(2)(3) **A**は無性生殖であり，**体細胞分裂**によって，**染色体の数が親と等しい**子ができる。
　Bは有性生殖であり，減数分裂によって，**染色体の数が分裂前の半分の生殖細胞**ができ，これらが受精した**受精卵(子)では染色体の数が親と等しい**。
(4) 生物の形や性質(**形質**)は，染色体の中にある**遺伝子**というものによって決まるため，体細胞分裂によって**親とまったく同じ染色体を受けつぐ**無性生殖では，子の形質は親とまったく同じになる。

❷ 遺伝の規則性と遺伝子

p.40〜41 基礎問題の答え

1 (1) **形質** (2) **遺伝** (3) **遺伝子**

解説 親の**形質**は，細胞の**核**の中の**染色体**にふくまれる**遺伝子**によって，子や孫に**遺伝**する。

2 (1) **純系** (2) **対立形質** (3) **顕性**
(4) ① **AA** ② **aa** ③ **A** ④ **a** ⑤ **Aa**

解説 (1) **自家受粉**は花粉が同じ個体のめしべにつく受粉で，同じ個体がつくった生殖細胞どうしの受精(**自家受精**)が起こる。
(3) **X**と**Y**をかけ合わせると丸い種子だけができたので，丸の形質は**顕性**，しわの形質は**潜性**である。
(4) 世代を重ねても丸い種子をつくる**純系**の**X**の遺伝子の組み合わせは**AA**で，**A**と**A**に分かれて生殖細胞に入る。また，純系の**Y**(しわ)の遺伝子の組み合わせは**aa**で，**a**と**a**に分かれて生殖細胞に入る。かけ合わせてできる種子は，遺伝子**A**，**a**をもつ生殖細胞が受精してできるので，遺伝子の組み合わせは**Aa**になる。

定期テスト対策
❶**対立形質をもつ純系の親どうしの子には顕性の形質が現れ，潜性の形質は現れない。**

3 (1) **A** (2) **イ** (3) **aa** (4) **オ**

解説 (2) 遺伝子は右の表のように伝わる。
(3)(4) 種子の形は，遺伝子の組み合わせが，**AA**と**Aa**の場合は顕性の丸，**aa**の場合は潜性のしわである。

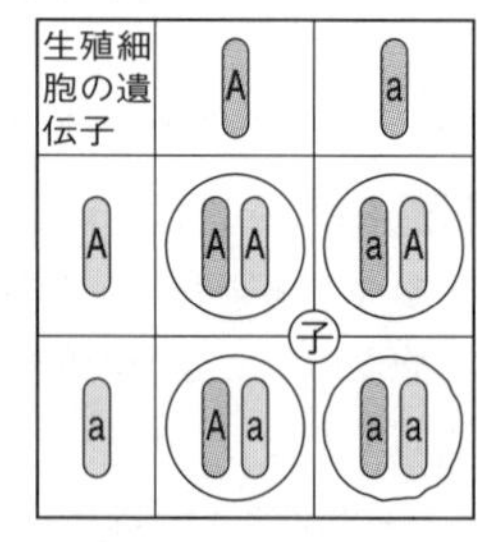

　よって，子の代では，**A**が伝える形質を現す個体が3，**a**が伝える形質を現す個体が1の割合となる。

4 (1) **染色体** (2) **DNA[デオキシリボ核酸]**
(3) **イ，エ**

解説 (1)(2) 細胞分裂のときには，核の中にひものような染色体が現れ，新しくできる細胞に染色体が受けつがれる。染色体には，遺伝子の本体である**DNA**(デオキシリボ**核酸**)という物質がふくまれているので，子には親の形質が遺伝していく。

p.42～43 標準問題の答え

1 (1) ウ　(2) エ　(3) ① **1：1**　② **1：2：1**　(4) エ

解説 (1) 自家受粉は，**同じ個体の生殖細胞どうし**が受精する受粉である。これに対して，ある花の花粉が**別の株**の花のめしべにつく受粉は，**他家受粉**（たかじゅふん）という。
(2) 子の子葉がすべて黄色であるから，遺伝子Aによる形質が**顕性**，遺伝子aによる形質が**潜性**である。
(3) **減数分裂の結果，対（つい）になっている遺伝子は分かれて別べつの生殖細胞に入る（分離（ぶんり）の法則）**。よって，子の代（Aa）の個体がつくる生殖細胞と，孫の代の個体の遺伝子の組み合わせは，右の表のようになる。

生殖細胞の遺伝子	A	a
A	AA	Aa
a	Aa	aa

（孫）

(4) 純系の親どうしをかけ合わせた子を自家受粉させて得た孫の代では，**（顕性の形質）：（潜性の形質）の比は3：1**で現れるので，

$$(\text{緑色の割合}) = \frac{1}{3+1} \times 100 = 25 \text{ より } 25\%$$

$$(\text{黄色の割合}) = \frac{3}{3+1} \times 100 = 75 \text{ より } 75\%$$

2 (1) **すべて「ふくれ」になる。**
(2) ① a　② Aa　③ aa　④ Aa　⑤ aa
(3) **1：1**　(4) **すべて「くびれ」になる。**

解説 (1) 子のエンドウの遺伝子の組み合わせはすべてAaなので，顕性である「ふくれ」の形質を現す。
(2)(3) 遺伝子の組み合わせがAaの親からは，A，aをもつ生殖細胞がつくられるので，子の遺伝子の組み合わせはAa，aa，Aa，aaとなる。aaの場合は「くびれ」の形質を現すので，
「ふくれ」：「くびれ」＝2：2＝1：1
(4) 「くびれ」の個体（aa）を自家受粉させると，子はすべてaa，つまり「くびれ」となる。

3 (1) A…ア　B…ウ　(2) イ　(3) E…イ　F…イ

解説 **赤い花をさかせる個体はRR，Rrのどちらかであり，白い花をさかせる個体はrrである。**
(1)(2) 親が**RR**，**rr**である場合，子はすべて**Rr**（赤い花）となる。また，親が**Rr**，**rr**である場合，子の代の個体の数の比は，
Rr（赤い花）：rr（白い花）＝1：1
(3) **子が，（顕性の形質）：（潜性の形質）＝3：1の比になるのは，両親がRr**の場合である。親の一方だけでも**RR**であれば，子の花はすべて赤色となる。

❸ 生物の種類の多様性と進化

p.46～47 基礎問題の答え

1 (1) **両生類**　(2) **は虫類**　(3) **哺乳類**

解説 共通して○がついている特徴が**多いほど近い**なかま，**少ないほど遠い**なかまであるといえる。
　魚類と共通して○がついている特徴の数は，両生類が4つ，は虫類が3つ，鳥類が2つ，哺乳類が1つである。

2 (1) ウ　(2) ア　(3) **胸びれ**　(4) **相同器官**

解説 カエルの前あし，カメの前あし，ハトの翼（つばさ），イヌの前あしは，もとは**魚類の胸（むな）びれ**だったと考えられる**相同器官**（そうどうきかん）である。相同器官は，もとは同じ器官が，その生物が**生活する環境に都合よく変化した**もので，**進化（しんか）の証拠の1つ**と考えられている。

3 (1) **始祖鳥［シソチョウ］**　(2) ア，ウ
(3) **は虫類と鳥類。**
(4) **進化**
(5) ① **ひれ［胸びれ］**　② **魚**　③ **両生**

解説 (2) 鳥類では，**翼の先の爪（つめ）**，**歯**はない。
(5) シーラカンスは，南アフリカやインドネシアの深海にすむ，古代の魚類の特徴をもつ生物である。**シーラカンスの胸びれと腹びれの骨格はあしのようになっていて，魚類から両生類への進化の初期段階**の生物と考えられている。

定期テスト対策

- 生物が，長い年月をかけて代を重ねる間にしだいに変化することを，**進化**という。
- **始祖鳥**（しそちょう）は，鳥類の特徴（羽毛（うもう），くちばし，翼）とは虫類の特徴（歯，翼の爪）をもつ，化石として見つかる生物で，進化の証拠の1つである。

4 (1) ① **魚**　② **両生**　③ **は虫**
④ **コケ**　⑤ **シダ**　⑥ **裸子**

定期テスト対策

- 脊椎動物の出現の順序
　魚類→両生類→は虫類・哺乳類→鳥類
- 植物の出現の順序
　コケ植物→シダ植物→裸子（らし）植物→被子（ひし）植物

p.48～49 標準問題の答え

1 (1) A…魚類　B…両生類
C…は虫類　D…鳥類
E…哺乳類
(2) ① B　② C　③ D　④ E
(3) C　(4) A→B→C→D

解説 (3) B(両生類)は殻のない卵を水中にうみ，C(は虫類)は殻のある卵を陸上にうむ。**殻のない卵は乾燥に弱く，殻のある卵は乾燥に強い。**

2 (1) A…ア　B…ウ　C…イ　(2) B　(3) A
(4) A→B→C　(5) 裸子植物

解説 (2)(3) シダ植物のからだには，種子植物のように根・茎・葉の区別がある。根には水を吸収するはたらきがあり，吸収した水は維管束でからだ全体に運ばれる。このようなつくりはコケ植物にはなく，シダ植物のほうが乾燥に強いといえる。また，胞子と種子では，種子のほうが乾燥に強い。

3 (1) コウモリの翼…空を飛ぶ。
クジラのひれ…水中を泳ぐ。
(2) ア，ウ，エ　(3) ウ　(4) 痕跡器官

解説 (2) コウモリの翼や鳥類の翼は，前あしが変化して飛ぶための器官になったものである。これに対して，昆虫類のはねも飛ぶための器官だが，**起源が異なり，あしが変化したものではない。**

定期テスト対策

- 相同器官…現在の形やはたらきが異なっていても，もとは同じ器官であったと考えられるもの。
- 魚類の胸びれ，両生類の前あし，は虫類の前あし，鳥類の翼，哺乳類の前あしは相同器官である。

4 (1) 両生類　(2) イ，エ
(3) イ

解説 (2) カモノハシは**子を乳で育て，からだが毛でおおわれているが，**卵生である。カモノハシは進化の初期段階の哺乳類であると考えられている。

p.50～53 実力アップ問題の答え

1 (1) c　(2) ウ　(3) イ，オ　(4) 染色体
(5) もとの細胞と同じである。
(6) A→E→B→D→C
(7) それぞれの細胞が大きくなる。

2 (1) 雌…卵　雄…精子　(2) 雌…卵巣　雄…精巣
(3) 受精　(4) D→B→E→C→A→F　(5) 胚

3 (1) B　(2) A　(3) イ，ウ

4 (1) 対立形質　(2) 黄色　(3) ウ
(4) ① 顕性　② 潜性
(5) (緑色：黄色＝) 3：1

5 (1) P…AA　Q…aa　R…Aa
(2) エ，オ　(3) X…AA　Y…Aa
(4) 1：2：1　(5) ア，ウ，エ

6 (1) 相同器官　(2) ウ　(3) ア，エ

解説 **1** (2) 塩酸によって植物の細胞の間の**細胞壁がとける**ので，細胞がばらばらになって観察しやすくなる。
(3) **染色体**が見えないときでも，核の中に存在はしていて，これが酢酸カーミン溶液などで染まる。
(6) 細胞分裂は，次の①～③のように進む。
① **核の中に染色体**が現れる。
→② 染色体が**中央に並び**，縦に2つに**割れて離れる。**
→③ 2つに分かれた染色体のまとまりがそれぞれ**核に変化**し，細胞の**真ん中にはしきり**ができて，2つの新しい細胞ができる。

2 (1)(2)(3) 動物では，雌の**卵巣**で**卵**がつくられ，雄の**精巣**で**精子**がつくられる。カエルなどでは，雌が卵を水中にうむと，雄が大量の精子を水中に放出し，卵に泳ぎついた精子が**受精**する。
(4) 受精卵は細胞分裂をくり返して2個，4個，8個，…と細胞の数をふやしていく。その後，頭や尾など，からだの形が少しずつできあがっていく。

3 (1) Aは受粉によって種子をつくる**有性生殖**，Bはいもから新しい個体ができる**無性生殖**である。ジャガイモでは，茎に栄養分をたくわえていもができ，いもから親と同じ遺伝子をもつクローンが育つ。
(2) 有性生殖では，**生殖細胞ができるときに減数分裂が起き，受精後は体細胞分裂**をして発生が進んでいく。無性生殖では，**体細胞分裂だけが起こる。**
(3) **ア**…有性生殖でできた子の形質は，親と同じになるとは限らない。**イ**…例えば，遺伝子Aaの組み

合わせの個体のつくる生殖細胞の遺伝子は，Aかaであり，同じ株でも子の遺伝子が同じとは限らない。

4 (2) **純系**のエンドウの**自家受粉**なので，子のさやも黄色になる。自家受粉(自家受精)をしたときの子や孫の形質が同じである場合，これを純系という。

(3) 遺伝子は細胞の核の中の**染色体**にふくまれている。

(4)(5) **対立形質をもつ純系の親どうしをかけ合わせたとき**には，子の代の個体はすべて**顕性**の形質を現し，**潜性の形質は現れない**。さらに，子の代の個体を自家受粉させると，孫の代の個体の数の比は，**(顕性の形質)：(潜性の形質)＝3：1**となる。

5 (1) 純系の個体は，AA，aaのように，同じ遺伝子の組み合わせをもつ。その生殖細胞の遺伝子はAとa，その子Rの遺伝子の組み合わせはAaとなる。

(2) 生殖細胞ができるときには**減数分裂**が起こり，**対になっている遺伝子が分かれて，別べつの生殖細胞に入る**(**分離の法則**)。

(3) 種子の形について，Rは丸なので，**丸の形質がしわの形質に対して顕性**である。よって，種子が丸いXとYの遺伝子の組み合わせは，AAかAaである。RはAaの組み合わせであるから，それぞれの場合のかけ合わせの結果は下の表のようになる。

XがAAの場合

生殖細胞の遺伝子	A	A
A	AA	AA
a	Aa	Aa

XがAaの場合

生殖細胞の遺伝子	A	a
A	AA	Aa
a	Aa	aa

よって，Xの遺伝子の組み合わせはAAである。

同様に，Qはaaの組み合わせであるから，

YがAAの場合

生殖細胞の遺伝子	A	A
a	Aa	Aa
a	Aa	Aa

YがAaの場合

生殖細胞の遺伝子	A	a
a	Aa	aa
a	Aa	aa

よって，Yの遺伝子の組み合わせはAaである。

6 (1)(2) **魚類の胸びれは水中で泳ぐための器官**で，これが少しずつ変化して，**陸上を歩くための前あしや，空を飛ぶための翼**に変化したと考えられている。

(3) チョウのはねは，鳥類の翼と同じ飛ぶための器官だが，起源は異なっていて，前あしが変化したものではない。このような器官は相似器官という。また，クジラの胸びれと魚類の胸びれは相同器官だが，これらとクジラの尾びれは相同器官ではない。

3章 運動とエネルギー

❶ 力の合成と分解

p.56～57 基礎問題の答え

1 (1) ① **8N** ② **2N**

(2) **右図**

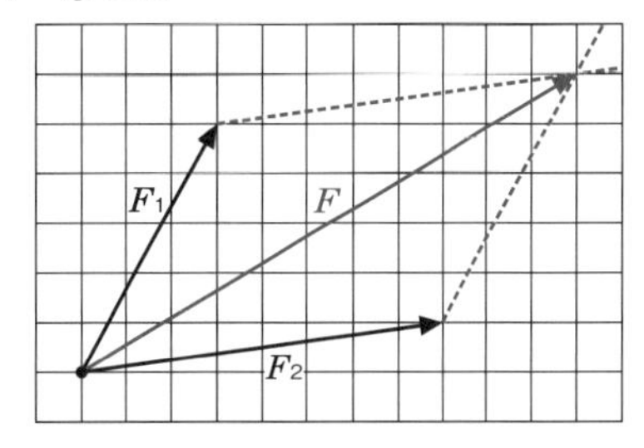

解説 (1)① 2つの力が同じ向きにはたらいているので，

5N＋3N＝8N

② 2つの力が逆向きにはたらいているので，

5N－3N＝2N

なお，**合力の向きは，大きいほうの力(F_1)の向きと同じになる**。

(2) **F_1とF_2をとなり合う2辺とする平行四辺形を作図すると，対角線が合力Fを表す**。

2 (1) **下図**

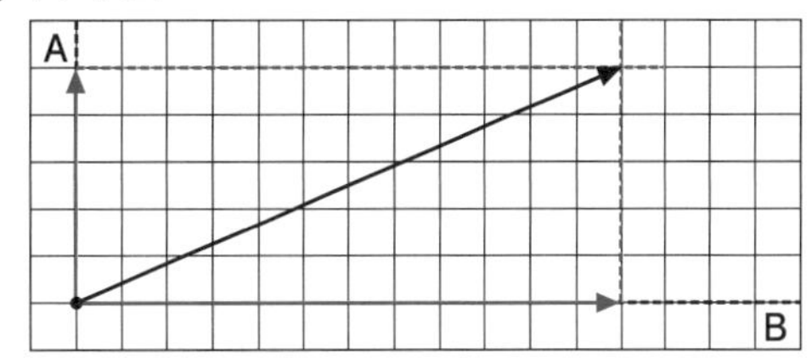

(2) **A…25N B…60N**

定期テスト対策

❶もとの力を表す矢印を対角線とする平行四辺形をかくと，となり合う2辺が，それぞれの方向の分力を表す。

3 (1) ① **作用・反作用の法則** ② **左向き**

③ **20N**

(2) **Aさん…イ Bさん…ア**

(3) ① **いえない。** ② **いえる。**

解説 (1) 作用と反作用は，大きさが等しく，一直線上にあり，向きが反対である。

(3)① 図に示された力は，**力を受けている物体が異なる2つの力なので，つり合いの関係にはない**。

4 (1) エ　(2) **大きくなる。** (3) **0.3N**
(4) **変わらない。**

解説 (3) 3.0N－2.7N＝0.3N
(4) 浮力は，**物体の上面と下面にはたらく水圧の差によって生じる**ので，深さが深くなっても変化しない。

p.58～59 標準問題の答え

1 (1) ① **下図**　② **エ**　(2) **小さくなる。**

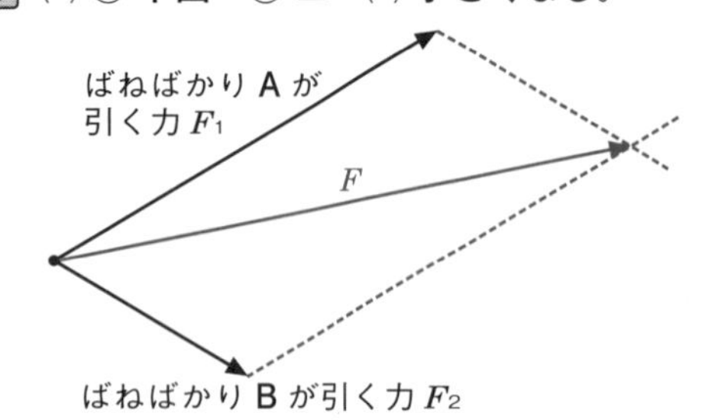

解説 (1) F_1とF_2を表す矢印を2辺とする平行四辺形をかき，その**対角線の長さから，合力Fの大きさを求める。**
(2) 2つの力がなす角度（0°から180°）が大きいほど，合力は小さくなる。

定期テスト対策

❶もとの力をとなり合う2辺とする平行四辺形をかくと，対角線が合力を表す。

2 (1) **右図**
(2) **10N**
(3) **6N**
(4) **大きくなる。**

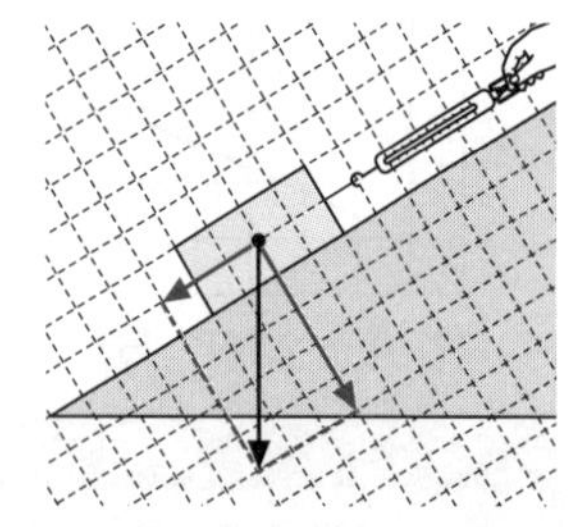

解説 (2)(3) 物体は静止しているので，**垂直抗力は重力の斜面に垂直な方向の分力とつり合っている。**また，**ばねばかりが引く力は，斜面に平行な方向の分力とつり合っている。**
(4) 斜面の傾きを大きくすると，斜面に平行な方向の分力が大きくなり，斜面に垂直な方向の分力は小さくなる。斜面の角度が90°になったとき，斜面に平行な方向の分力は重力と等しくなり，斜面に垂直な方向の分力は0になる。

3 (1) ウ　(2) イ

解説 水中にある物体には，**水の深さに応じて，あらゆる向きから水圧**がはたらく。よって，両端のゴム膜の深さが同じ場合にはへこみ方が等しくなり，深さが異なれば深いほうがよりへこむ。

4 (1) ② **0.25N**　③ **0.50N**
(2) **水中の物体の体積が大きいほど，浮力は大きくなる。**
(3) **物体の重さと浮力は関係がない。**
(4) ① **イ**　② **ウ**　③ **エ**

解説 (1) おもりAを入れた容器は，①で0.60Nだったものが②で0.35Nになり，③で0.10Nになっているので，②と③での浮力は，
② 0.60N－0.35N＝0.25N
③ 0.60N－0.10N＝0.50N
(2)(3) おもりB，Cを入れた容器についても，②と③での浮力は(1)と同じである。このことから，容器全体の**重さが変わっても，浮力の変化には影響がなく**，水中にある物体の**体積が**②から③に**ふえたことで，浮力が大きくなった**といえる。
(4)① 容器全体の重さは0.15Nである。約半分沈んだ状態で浮力は0.25Nはたらくので，それほど沈まないうちに重さの分の浮力がはたらき，**容器は浮く。**
② 10gのおもりの重さは0.1Nなので，容器全体の重さは，0.15N＋0.1N＝0.25N
容器が約半分沈むと，浮力が0.25Nになって**浮く。**
③ 45gのおもりの重さは0.45Nなので，容器全体の重さは，0.15N＋0.45N＝0.60N
よって，**容器は沈む。**

❷ 物体の運動

p.62～63 基礎問題の答え

1 ① ア ② エ ③ ウ ④ イ

2 (1) A…ア B…ウ C…イ D…ウ

(2) $\frac{1}{50}$ 秒

(3) A…**60 cm/s** B…**100 cm/s** C…**70 cm/s** D…**50 cm/s**

解説 (1) この問題では，右側にある打点ほど新しい。したがって，Aでは打点間隔(かんかく)がだんだん広くなっており，Cでは打点間隔がだんだんせまくなっている。また，BとDでは打点間隔がそれぞれ一定である。
(3) 各区間は，打点間隔5個分なので，0.1秒間の台車の移動距離(きょり)を表している。

定期テスト対策

❶速さの求め方

$$速さ=\frac{移動距離}{移動にかかった時間}$$

3 (1) ア (2) 同じ。

(3) ① **56 cm/s** ② **51 cm/s**

解説 (1) それぞれのテープは打点間隔6個分なので，0.1秒間の台車の移動距離を表している。つまり，台車が0.1秒間に移動する距離は，だんだん長くなっていることになる。
(2) 台車の運動の向きに力がはたらくと，物体はだんだん速くなる。一方，台車の運動とは反対の向きに力がはたらくと，物体はだんだん遅くなる。
(3)② A～Fのテープの長さの和は30.8 cmである。また，テープ6本分なので，移動するのにかかった時間は0.6秒である。したがって，

$$\frac{30.8\,\mathrm{cm}}{0.6\,\mathrm{s}}=51.3\cdots \fallingdotseq 51\,\mathrm{cm/s}$$

4 (1) 等速直線運動 (2) **40 cm/s**

(3) ① つり合っている ② 静止 ③ 慣性

解説 (1) 同じ速さで一直線上を動く運動を，等速直線運動(とうそくちょくせんうんどう)という。

p.64～65 標準問題の答え

1 (1) だんだん速くなっている。

(2) **75 cm/s** (3) **2.7 km/h**

解説 (1) Aが最初の打点であり，打点間隔がだんだん広がっていることがわかる。
(2) 1秒間に50回打点する記録タイマーを使用しているので，打点間隔5個分が0.1秒間の移動距離を示している。つまり，Fを打点してから0.1秒後の打点はKである。したがって，0.1秒間の移動距離は，

$$125\,\mathrm{mm}-50\,\mathrm{mm}=75\,\mathrm{mm}=7.5\,\mathrm{cm}$$

したがって，Fを打点してから0.1秒間の平均の速さは，

$$\frac{7.5\,\mathrm{cm}}{0.1\,\mathrm{s}}=75\,\mathrm{cm/s}$$

(3) 1秒間に75 cm移動することから，1時間(3600秒間)での移動距離は，

$$75\,\mathrm{cm/s}\times 3600\,\mathrm{s}=270000\,\mathrm{cm}=2.7\,\mathrm{km}$$

2 (1) ① ア ② イ (2) 小さくなる。

(3) (斜面をゆるやかにする前とくらべて)速さの変化のしかたが小さくなる。

解説 (1)① 斜面(しゃめん)の角度が変化しなければ，台車にはたらく重力のそれぞれの方向の分力(ぶんりょく)の大きさは変化しない。
② 斜面に平行な分力の大きさは一定なので，速さの変化のしかたも一定である。
(2) 斜面の角度が大きいほど，斜面に平行な分力は大きくなる。自転車で坂道を下るときのようすを考えるとよい。
(3) 運動の向きにはたらく力が大きいほど，速さの変化のしかたが大きい。

3 ① 反対 ② 遅く ③ 静止

解説 球にはたらく重力の斜面に平行な分力は，つねに斜面にそって下向きにはたらく。したがって，球が斜面を上向きに運動しているときは，球は運動の向きと反対の向きの力を受けることになり，速さがだんだん遅くなり，やがて0になる。
その後は，斜面上に球を置いて手を離したときと同じように，速さがだんだん速くなりながら斜面を下っていく。

4 (1) b (2) 進行方向にかたむく。 (3) c

解説 (1) **電車もかばんも同じ速さで進み続ける**ので，手をはなした真下のbに落ちる。
(2) **電車の速さは遅くなるが，Aさんはそのままの速さで進み続けようとする**ので，Aさんのからだは進行方向に傾く。
(3) **電車の速さは遅くなるが，かばんはそのままの速さで進み続ける**ので，手を離したときより前方のcに落ちる。

定期テスト対策

❶慣性(かんせい)の法則…物体に力がはたらいていないときや，力がはたらいていてもつり合っているとき，静止している物体は静止し続けようとし，運動している物体はそのままの速さで等速直線運動を続けようとする。
（例）電車や自動車が急発進・急停止したときのからだの動き，だるまおとし

5 (1) 慣性 (2) **36 cm/s** (3) **33 cm/s**
(4) ① $q_1 < q$ ② $r_1 < r$

解説 (2) PT間の距離は，
$8.0+7.8+6.8+6.5=29.1\,\text{cm}$
PT間を移動するのにかかった時間は，
$0.2\,\text{s}\times 4=0.8\,\text{s}$
したがって，PT間における平均の速さは，
$\dfrac{29.1\,\text{cm}}{0.8\,\text{s}}=36.3\cdots \fallingdotseq 36\,\text{cm/s}$
(3) ST間では，金属球は等速直線運動を行っている。したがって，瞬間(しゅんかん)の速さと平均の速さは同じになる。
$\dfrac{6.5\,\text{cm}}{0.2\,\text{s}}=32.5 \fallingdotseq 33\,\text{cm/s}$
(4) 一部の区間で摩擦力(まさつりょく)がはたらくため，QR間，RS間ともに，前半の0.1秒間の平均の速さのほうが，後半の0.1秒間の速さよりも大きい。したがって，前半の0.1秒間の移動距離のほうが，後半の0.1秒間の移動距離よりも大きい。

定期テスト対策

❶等速直線運動…一直線上を同じ速さで移動する運動。移動距離は時間に比例する。また，平均の速さと瞬間の速さがつねに同じである。

❸ 仕事とエネルギー

p.68～69 基礎問題の答え

1 (1) **80 J** (2) **1.2 J** (3) いえない。

解説 (1) $20\,\text{N}\times 4\,\text{m}=80\,\text{J}$
(2) 力の大きさは2.4N，力の向きに動いた距離(きょり)は50cm(0.5m)である。したがって，このときの仕事は，
$2.4\,\text{N}\times 0.5\,\text{m}=1.2\,\text{J}$
(3) 理科では，力の向きに物体が動かないかぎり，仕事をしたとはいえない。

定期テスト対策

❶仕事の求め方
仕事〔J(ジュール)〕＝力の大きさ〔N〕×力の向きに動いた距離〔m〕

2 (1) **3 J** (2) **2.5 N** (3) **1.2 m** (4) **3 J**
(5) 変わらない。 (6) 仕事の原理

解説 (1) $5\,\text{N}\times 0.6\,\text{m}=3\,\text{J}$
(2)(3) 動滑車(どうかっしゃ)を1個使うと，力の大きさは半分になるが，ロープを引く距離が2倍になる。
(4) $2.5\,\text{N}\times 1.2\,\text{m}=3\,\text{J}$

3 (1) **2000 J** (2) **125 W**

解説 (1) $500\,\text{N}\times 4\,\text{m}=2000\,\text{J}$
(2) $\dfrac{2000\,\text{J}}{16\,\text{s}}=125\,\text{W}$

定期テスト対策

❶仕事率の求め方
仕事率〔W(ワット)〕＝$\dfrac{\text{仕事の大きさ〔J〕}}{\text{仕事にかかった時間〔s〕}}$

4 (1) エネルギー (2) 位置エネルギー
(3) 小さくなる。 (4) 大きくなる。

解説 (3)(4) 物体がもつ位置エネルギーの大きさは，質量が大きいほど，また，高さが高いほど，大きくなる。

5 (1) 運動エネルギー (2) 大きくなる。
(3) 小さくなる。

解説 (2)(3) 物体がもつ運動エネルギーの大きさは，質量が大きいほど，また，速さが速いほど，大きくなる。

6 (1) **力学的エネルギー**
(2) **力学的エネルギーの保存(力学的エネルギー保存の法則)**

解説 摩擦(まさつ)や空気の抵抗(ていこう)がなければ，力学的(りきがくてき)エネルギーは保存される。

p.70〜71 標準問題1の答え

1 (1) **10000000J**
(2) **2500000J**
(3) **丸太が転がり，摩擦力が小さくなるから。**

解説 (1) 200000N×50m＝10000000J
(2) 50000N×50m＝2500000J
(3) このときの仕事は，摩擦力に逆らってする仕事である。したがって，**摩擦力が小さくなれば，必要な仕事が小さくなる。**重いものを運ぶときに台車を使うのは，丸太が転がるようにすることで，はたらく摩擦力を小さくするためである。

2 (1) **160J** (2) **200N** (3) **80cm**

解説 (1) 800N×0.2m＝160J
(2) **てこのうでの長さの比が4：1なので，力の大きさの比は1：4**である。
(3) てこをおし下げる長さをx〔m〕とすると，仕事の原理から，
200N×x〔m〕＝160J　　x＝0.8m

3 (1) **4J** (2) **5N**

解説 (1) この物体の重さは10Nであるから，もとの位置より40cm(0.4m)高い位置に引き上げるのに必要な仕事の大きさは，
10N×0.4m＝4J
(2) ばねばかりの示す力の大きさをx〔N〕とすると，仕事の原理から，
x〔N〕×0.8m＝4J　　x＝5N

4 (1) **60cm** (2) **0.9J** (3) **450g**

解説 (1) **輪軸(りんじく)の半径の比が1：3なので，物体の移動距離と手を動かす距離の比も1：3**である。
(2) 1.5N×0.6m＝0.9J
(3) 物体の重さをx〔N〕とすると，仕事の原理から，
x〔N〕×0.2m＝0.9J　　x＝4.5N

5 (1) **4J** (2) **0.4W** (3) **8秒**

解説 (1) この物体の重さは5Nなので，
5N×0.8m＝4J
(2) $\frac{4\text{J}}{10\text{s}}=0.4\text{W}$
(3) $\frac{4\text{J}}{0.5\text{W}}=8\text{s}$

6 (1) **16N** (2) **100cm** (3) **16J** (4) **3.2W**
(5) **15J**
(6) **モーターが行った仕事には，動滑車をもち上げるための仕事などもふくまれているから。**

解説 (1) 物体と動滑車1個の質量の合計は3200gなので，重さの合計は32Nである。**これを動滑車にかかる2本のひもで支えているので，**1本あたりにはたらく力は16Nである。
(2) 動滑車を使うと，物体を上昇(じょうしょう)させる距離の2倍の長さだけひもを引かなければならない。
(3) 16N×1.0m＝16J
(4) $\frac{16\text{J}}{5\text{s}}=3.2\text{W}$
(5) 30N×0.5m＝15J
(6) 理論的には，道具を使っても仕事の量は変化しないが，実際には，道具の質量や摩擦などのために，必要な仕事は大きくなる。

p.72〜73 標準問題2の答え

1 (1) **大きくなる。**
(2) **小球の高さが高いほど，位置エネルギーは大きい。**
(3) **小球の質量が大きいほど，位置エネルギーは大きい。**
(4) **14cm** (5) **20cm**

解説 (4) **図2**から，小球の高さと木片の移動距離は比例することがわかる。したがって，木片の移動距離をx〔cm〕とすると，
25：35＝10：x　　x＝14cm
(5) **図3**で，小球の質量が20gのときの木片の移動距離は8cmである。したがって，**図2(小球の質量が20gのときの実験結果)で木片の移動距離が8cmのときの小球の高さを読みとればよい。**

2 (1) 下図

図 2

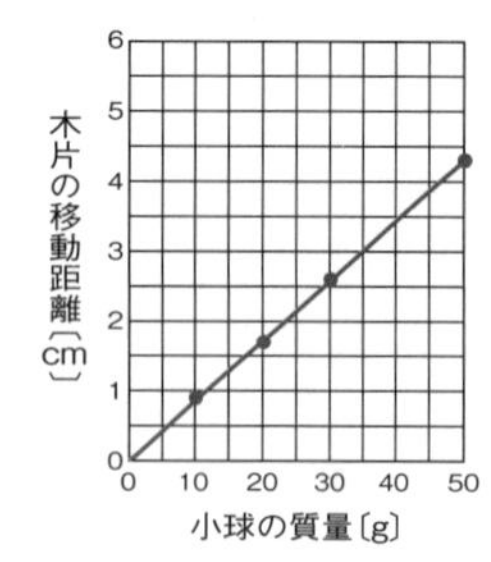

小球の速さ〔m/s〕

(2) **小球の質量が大きいほど，また，速さが速いほど，運動エネルギーは大きい。**

(3) ① **ウ**　② **キ**　③ **カ**

解説 (3)① **図 2 の**左のグラフから読みとる。
② 図 2 の右のグラフから，小球の質量と木片の移動距離は比例することがわかる。30 g の小球の場合の木片の移動距離が2.6 cm であるから，120 g の小球の場合の木片の移動距離を y〔cm〕とすると，

$30 : 120 = 2.6 : y$　　$y = 10.4$ cm

③ 図 2 の左のグラフから，**30 g の小球を 0.6 m/s で転がすと，木片が約3.7 cm 移動することがわかる。**したがって，70 g の小球を 0.6 cm/s で転がしたときの木片の移動距離を z〔cm〕とすると，

$30 : 70 = 3.7 : z$　　$z = 8.63\cdots$ cm

3 (1) ① b　② a
(2) ① $t_1 > t_2$　② $t_2 = t_3$　(3) Q

解説 (1) 振り子の運動では，摩擦や空気抵抗を考えないとき力学的エネルギーが保存される。A点からC点までは，おもりの高さが低くなるにつれて，位置エネルギーが小さくなり，運動エネルギーが大きくなる。C点を過ぎると，おもりの高さが高くなるにつれて，位置エネルギーが大きくなり，運動エネルギーが小さくなる。
(2)① AB間のおもりの速さより，BC間のおもりの速さのほうが速い。
(3) 力学的エネルギーが保存されるので，A点と位置エネルギーが等しくなる高さ，つまり，A点と同じ高さまで上がる。

定期テスト対策

❶力学的エネルギーが保存されているときは，位置エネルギーの増加量（減少量）と運動エネルギーの減少量（増加量）はつねに等しい。

p.74〜77 実力アップ問題の答え

1 (1) **10 N**　(2)〜(4) 下図

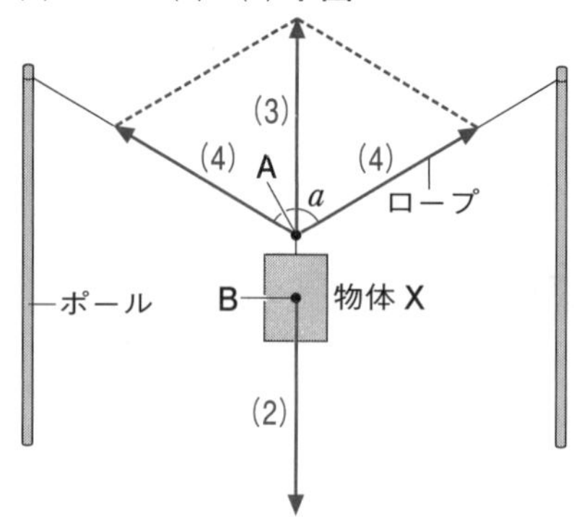

(5) **10 N**　(6) ウ

2 (1) 浮力　(2) ① **0.2 N**　② **1.2 N**
(3) 水圧　(4) イ
(5) 水の深さが深くなるほど，大きくなる。

3 (1) **105 cm/s**　(2) **126 cm/s**
(3) 等速直線運動
(4) ① 変わらない。
② 大きくなる。
③ 遅くなる。
④ 長くなる。

4 (1) **50 N**
(2) **40 W**
(3) **80 cm/s**

5 (1) 右図
(2) **15 cm**
(3) **7 cm**
(4) **10 cm**

移動距離〔cm〕
台車の質量〔kg〕

6 (1) ウ
(2) **1.5 m**
(3) 下図

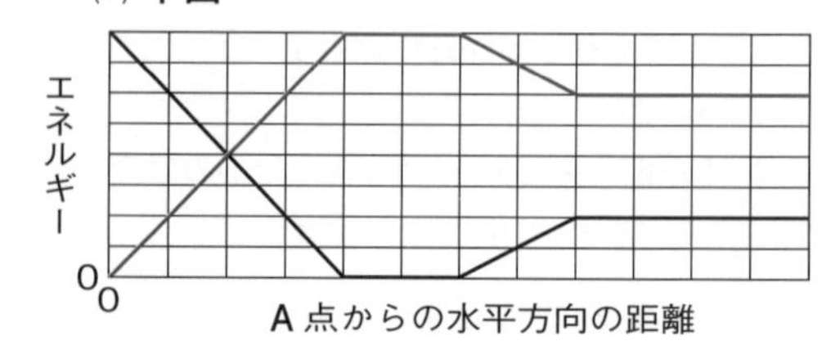

(4) B

解説 [1] (4)(5) もとの力を表す矢印を対角線とする平行四辺形を作図すると，その2辺がそれぞれの分力を表す。分力の矢印の長さから，その大きさがわかる。
(6) 2つの分力がなす角度が小さいほど，分力は小さくなる。
[2] (2) 物体が**水に浮いているとき**，その**物体全体の重さと等しい大きさの浮力**がはたらいている。
① 質量20gの容器の重さは，0.2Nである。
② 容器の質量40gと20gのおもり4個の合計は，
40g+20×4g=120g
であるから，全体の重さは，1.2Nである。
[3] (1) 1秒間に60回打点する記録タイマーなので，**図2**のテープ1本は，台車の0.1秒間の移動距離を表している。

$$\frac{10.5\,\mathrm{cm}}{0.1\,\mathrm{s}}=105\,\mathrm{cm/s}$$

(2) テープ**a**から**j**までのテープの長さの合計は，
1.5+4.5+7.5+10.5+13.5+16.5+18.0+18.0+18.0+18.0
=126cm
また，テープは全部で10本なので，この間の時間は1.0秒である。したがって，平均の速さは，

$$\frac{126\,\mathrm{cm}}{1.0\,\mathrm{s}}=126\,\mathrm{cm/s}$$

(3) テープの長さが一定になっていることから，速さが変化していないことがわかる。
(4)① 斜面の角度を変えたときには，分力の大きさは変化するが，**重力そのものの大きさが変化するわけではない**。
② 斜面の角度をゆるやかにすると，台車にはたらく重力の斜面に平行な分力は小さくなり，斜面に垂直な分力は大きくなる。**重力の斜面に垂直な分力と垂直抗力はつり合っている**ため，斜面に垂直な分力が大きくなると，垂直抗力も大きくなる。
③ **AB**間の距離を変えないため，斜面をゆるやかにすると，台車の高さが低くなる。したがって，**台車の位置エネルギーは小さくなり，台車がB点に達したときに台車がもつ運動エネルギーは小さくなる**。そのため，**B**点を通過するときの速さは遅くなる。
④ 全体的に速さが遅くなるので，台車が**C**点に達するまでの時間は長くなる。
[4] (1) 物体**P**の重さは100Nであり，動滑車にかかる2本のロープでこの重さを支えている。
(2) 重さ100Nの物体を2.0m引き上げているので，
100N×2.0m=200J
この仕事を5.0秒間で行ったので，仕事率は，

$$\frac{200\,\mathrm{J}}{5.0\,\mathrm{s}}=40\,\mathrm{W}$$

(3) 動滑車を使っているので，ロープを引く長さは，物体をもち上げた距離の2倍である。したがって，

$$\frac{4.0\,\mathrm{m}}{5.0\,\mathrm{s}}=0.8\,\mathrm{m/s}=80\,\mathrm{cm/s}$$

[5] (2) **図2から，台車の高さとアクリル板の移動距離は比例することがわかる**。アクリル板の移動距離をx〔cm〕とすると，
40：50=12：x　　x=15cm
(3) **図3から，台車の質量とアクリル板の移動距離は比例することがわかる**。アクリル板の移動距離をy〔cm〕とすると，
3.0：3.5=6：y　　y=7cm
(4) 台車**R**を25cmの高さに置いたときのアクリル板の移動距離をz_1〔cm〕とすると，
40：25=12：z_1　　z_1=7.5cm
したがって，質量が4.0kgの台車**T**を25cmの高さに置いたときのアクリル板の移動距離をz_2〔cm〕とすると，
3.0：4.0=7.5：z_2　　z_2=10cm
[6] (1) **重力はつねに下向きにはたらき，垂直抗力はつねに接触面に対して垂直にはたらく**。
(2) 等速直線運動では，移動距離は時間に比例する。したがって，
5m/s×0.3s=1.5m
(3) 摩擦や空気の抵抗を無視できるので力学的エネルギーは一定に保たれる。したがって，**位置エネルギーの減少量と運動エネルギーの増加量が等しくなる**。
(4) **図2**で，**A**点における位置エネルギーと**GI**上における位置エネルギーの差は6目盛り分である。したがって，**EF上における位置エネルギーとの差が6目盛り分になるB点に小球を置けばよい**。

4章 地球と宇宙

❶天体の1日の動き

p.80～81 基礎問題の答え

1 (1) 天頂　(2) (天の)子午線　(3) b
(4) 12時[正午]　(5) 南中　(6) 南中高度
(7) 1日のうちで最も高い。　(8) 日周運動

解説 (3)(4)(5)(7) 太陽は，朝に東から南へ向かってのぼり，正午ごろに南中してその日の最高の高度になってから，西の空へと沈んでいく。

2 (1) イ　(2) キ　(3) サ　(4) タ
(5) A…南　B…西　C…東　D…北
(6) 日周運動

定期テスト対策

❶北半球での方位ごとの星の日周運動
・東の空…高度を上げながら右(南)に動く。
・南の空…右に(東から西に向かって)動く。高度は真南で最高になる。
・西の空…高度を下げながら右に動く。
・北の空…反時計回りに1時間に15°回転する。

3 (1) 北極星　(2) エ

解説 (1) 北極星は地軸の延長線上にあるため，ほとんど動かないように見える。
(2)　2時間後なので，反時計回りに，15×2＝30°回転した位置に移動している。

4 (1) 地軸　(2) b　(3) 24時間

解説 (3) 地球が1回自転する時間は1日(＝24時間)。

定期テスト対策

❶地球の自転…地球は，地軸を中心として，西から東の方向に，1日に1回転している。

5 (1) 南…a　西…d　(2) ① C　② D　③ A

解説 (1) 地球上のどの地点でも，北極の方向が北であるから，cが北，bが東，dが西，aが南である。
(2) 太陽の光の向きと自転の向きから，Bが真夜中，Dが正午ごろ，Aは太陽が西の空に沈む夕方，Cは太陽が東の空からのぼる明け方である。

p.82～83 標準問題1の答え

1 (1) O　(2) 日の出…P　日の入り…Q
(3) A　(4) イ　(5) ウ

解説 (2)(3) 太陽の動きから，Aが南，Bが東，Cが北，Dが西である。
(4) 南中高度は，地平線から南中した天体までの角度。
(5) 太陽は，地平線の下の見えない部分もふくめ，天球全体を1日1回転し，速さは一定である。したがって，記録した印どうしは，どこも間隔が等しい。

2 (1) D　(2) ウ　(3) イ

解説 (1) 太陽がのぼってくるBが東，太陽が沈んでいくDが西である。
(2) 日の出の位置はBである。図2より，1時間ごとの印の間隔は2.5cmであるから，Bの位置に太陽がくるのは，7時の1時間前の6時である。
(3) 日の入りの位置はDである。(2)と同様に考え，Dの位置に太陽がくるのは，16時の2時間後の18時である。

3 (1) 360°
(2) 地球が1日に1回自転しているから。
(3) A…エ　B…ウ　C…イ　D…ア

解説 (1) 1日に1周，つまり360°回転する。
(3) 春分，秋分の日の太陽は，真東からのぼって真西に沈むが，観測する地点の緯度により，太陽の通る道すじが変わる。北極点では，太陽は地平線すれすれの高度を動く。赤道では，太陽は天頂を通るように動く。南半球では，太陽は真東から北の空へのぼり，真北で高度が最高になり，西の空へ沈む。

4 (1) 形…くずれない。[変わらない。]
位置…西の空へ移動していく。
(2) 地軸を中心に，西から東の方向に回転しているから。
(3) 北極星　(4) A　(5) C　(6) E　(7) ウ

解説 (2) 天球上にある星は動いていないが，地球が西から東の方向に自転しているため，星は見かけ上，東から西の方向に日周運動をしているように見える。
(3) 北極星は，地軸の延長線上にある天の北極とほぼ同じ方向にあるため，ほぼ動かないように見える。
(4)(5)(6) 図の中央の観測者が立っている面が地面，これが天球と交わる線が地平線である。地平線の下の点線で示された部分は見えない部分である。

(7) 地球上で観測する地点の緯度が変われば，見える天球の範囲が変わる。赤道上では，**天の北極と真北，天の南極と真南が重なり**，すべての星が**地平線から垂直にのぼる**ように見える。そのため，天の北極と天の南極付近の星は，**地平線の近く**で見える。

p.84～85 標準問題 2 の答え

1 (1) 北 (2) 地軸の延長線上にあるから。
(3) 2 時間 (4) ウ

解説 (3)(4) 日周運動では，24時間に360°回転するから，1時間に(360÷24＝)15°回転するように見える。よって，30°動くのは，
30÷15＝2時間
また，6時間に回転する角度は反時計回りに，
15×6＝90°

2 (1) G (2) 午前 2 時ごろ (3) ウ (4) ウ

解説 (1)(2) **真東からのぼった天体が沈むのは真西で**あるから，天球の半分である360÷2＝180°を動く。よって，オリオン座が真東からのぼってから真西に沈むまでは，180÷15＝12時間かかる。
Cの位置から図の位置までの時間は2時間なので，この後4時間は真南へ向けて高度が上がり，**午前2時ごろに南中する**。
(3) 星の日周運動では，**星座の形はくずれず，向きだけが変わる**。

3 (1) 北 (2) エ (3) イ (4) エ

解説 オーストラリアは南半球にあるので，日本で南の空に見えている天体は，**オーストラリアでは北の空**に見える。また，星は右の図のように動く。

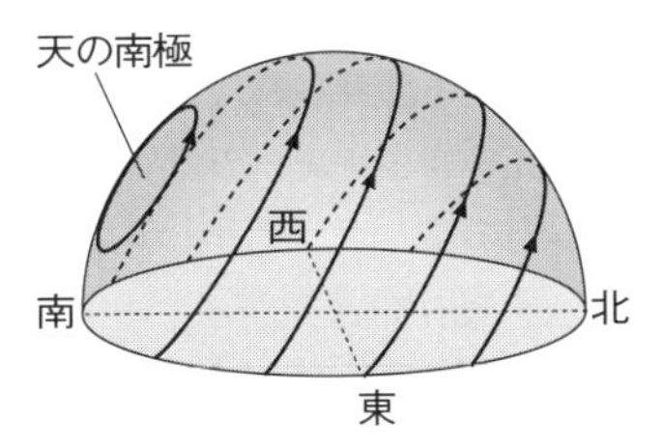

4 (1) a (2) A，B，C (3) ウ

解説 (1) 地球は，西から東の方向に自転している。
(2) Aは夕方，Bは真夜中，Cは明け方，Dは正午である。正午は太陽が明るすぎて，星が見えない。
(3) **北極や南極**の付近では，春分，秋分の日の太陽は，**真東からのぼり，地平線すれすれ**の高度を動き，**真西に沈む**。

❷ 天体の 1 年の動き

p.88～89 基礎問題の答え

1 (1) 1月…A 3月…C (2) 30° (3) ウ

解説 (1)(2) ある星を，同じ地点で同じ時刻に観察すると，1か月に約30°東から西に動いていく。したがって，Aが1月，Bが2月，Cが3月である。

2 (1) b (2) B (3) いて座 (4) おとめ座
(5) いて座 (6) イ

解説 (1)(2) 地球の**自転と公転の向きは同じ**である。
(4) 真夜中に南中する星座は，**太陽と反対側**にある。
(6) 秋分の日には，いて座が午後6時ごろ(夕方)，うお座が真夜中ごろ，ふたご座が明け方ごろに南中する。おとめ座は，正午ごろ南中しているが，太陽と同じ方向にあるために見えない。

3 (1) C (2) 春分…b 夏至…c
秋分…b 冬至…a (3) c (4) a

定期テスト対策

- 春分の日・秋分の日…日の出が真東で，日の入りが真西。昼と夜の長さがほぼ等しい。
- 夏至の日…日の出，日の入りの位置が最も北寄り。南中高度が最も高く，昼が最も長い。
- 冬至の日…日の出，日の入りの位置が最も南寄り。南中高度が最も低く，昼が最も短い。

4 (1) 夏至 (2) 1年で最も長くなる。 (3) イ

解説 (3)太陽の南中高度が高くなるほど，**光がさしこむ角度が垂直に近くなり**，単位面積あたりの地面が受ける光の量が多くなる。

p.90～91 標準問題 1 の答え

1 (1) カシオペヤ座 (2) F (3) ① E ② C
③ G ④ D ⑤ H (4) 午後 6 時56分

解説 (2)北の空の星の**日周運動**は，北極星を中心とした**反時計回りの動き**であり，**1時間に約15°の動き**である。よって，9時間後には，15×9＝135°
反時計回りに回転する。
(3) 星の**年周運動**は，**1か月に約30°の動き**であり，北の空では日周運動と同じ**反時計回り**の方向である。
①30×6＝180°(反時計回り)

②$30\times3=90°$（**時計回り**）
③2か月後の午後7時の2時間後であるから，
$30\times2=60°$ 反時計回りに回転してから，
$15\times2=30°$ 反時計回りに回転した位置。
④5か月前の午後7時の1時間後であるから，
$30\times5=150°$ **時計回り**に回転してから，
15° 反時計回りに回転した位置。
⑤12か月後の午後7時の3時間後であるから，
$30\times12=360°$ 回転した**もとの位置から**，
$15\times3=45°$ 反時計回りに回転した位置。
(4) 星の年周運動は1年で360°であるから，**1日に約1°**であり，北の空では反時計回りである。
また，星の日周運動は，60分に15°であるから，**1°動くのにかかる時間は**（60÷15＝）**4分**である。
したがって，次の日の同じ時刻には，星座Xは反時計回りに1°動いた位置に見え，その**4分前に前日とまったく同じ位置**に見える。

2 (1) 右図　(2) b　(3) A…ウ
B…エ　C…ア　D…イ
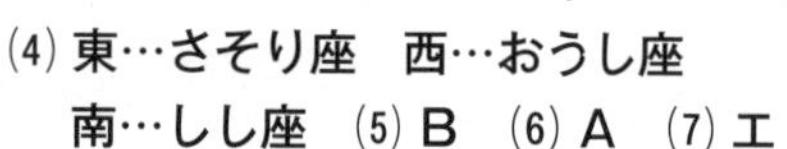
(4) 東…さそり座　西…おうし座
南…しし座　(5) B　(6) A　(7) エ

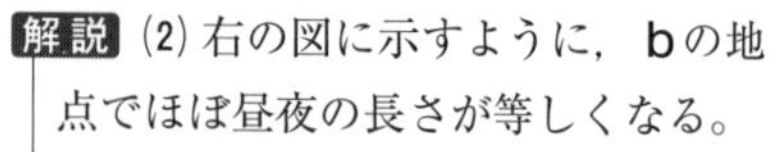
解説 (2) 右の図に示すように，bの地点でほぼ昼夜の長さが等しくなる。
(3) Dの位置では，右の図のように北半球で昼の長さが長くなることから，Dが夏至の日を示している。
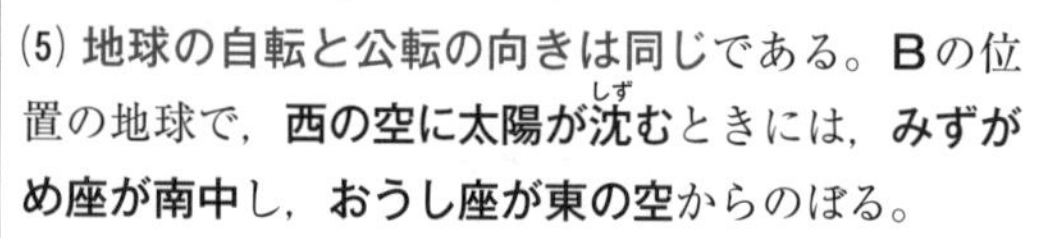
(5) **地球の自転と公転の向きは**同じである。Bの位置の地球で，**西の空に太陽が沈む**ときには，**みずがめ座が南中**し，**おうし座が東の空**からのぼる。
(6) 地球から見て，**太陽と同じ側の星座は見えない**。

3 (1) イ，エ　(2) C　(3) しし座
(4) いて座，さそり座，てんびん座
(5) エ　(6) ア，イ，エ

解説 (1) **黄道**（こうどう）は**星座の中の太陽の通り道**で，太陽は天球上を**西から東へ**と動いていくように見える。
(2) オリオン座やおうし座は代表的な冬の星座である。
(5) 太陽と地球の距離（きょり）にくらべて，地球から星座までの距離は非常に大きい。したがって，正しい縮尺で図をかくと，地球の位置は太陽とほぼ重なることになる。よって，午前0時に東の空からのぼってくるのは，おひつじ座ではなく，おうし座である。
(6) 地軸（ちじく）が傾いた状態で地球が公転するため，年間の昼夜の長さの変化が生じ，季節変化が生じている。

p.92～93　標準問題2の答え

1 (1) さそり座　(2) オ　(3) エ

解説 (2)(3) 星の年周運動は回転運動であるから，星**の南中高度は変化しない**。これは，**地球から星座の星までの距離が，地球から太陽までの距離とくらべて非常に大きい**からである。これは，乗り物に乗っているときなどに，近くの景色が大きく動き，遠くの景色があまり動かないのと同じことである。

2 (1) ① **55°**　② **31.6°**　③ **78.4°**
(2) **35°**　(3) ① **30°**　② **53.4°**

解説 (1)① $90-35=65°$
② $90-35-23.4=31.6°$
③ $90-35+23.4=78.4°$
(2) **北極星の高度**は，観測地点の**緯度**（いど）に等しい。
(3)① $90-60=30°$　② $90-60+23.4=53.4°$

定期テスト対策

❶北緯（ほくい）a〔°〕の地点での太陽の南中高度の求め方
・春分の日・秋分の日…$90-a$〔°〕
・夏至の日…$90-a+23.4°$
・冬至の日…$90-a-23.4°$

3 (1) 太陽の光が，黒い紙に垂直に当たるようにするため。(2) イ
(3) ① あたため　② 冬　③ 夏　④ 昼

解説 (2) 太陽の高度が高いほど，垂直に近い角度で太陽の光が当たる。
(3) 夏は太陽の南中高度が高く，しかも，太陽の光が当たる時間（昼の長さ）も長いので，地面が受けとる光のエネルギーの量が多く，気温が上がる。冬には逆のことが起こり，気温が上がらない。

4 (1) イ　(2) A…オ　B…エ　C…イ

解説 (1) 太陽の南中高度は緯度が低い（赤道に近い）ほど高く，一定面積の地面が受ける光の量は多くなる。
(2) 6月22日は**夏至の日**ごろである。夏至の日ごろの北極点付近では，**太陽が沈まない白夜**（びゃくや）という現象が起こる。また，**赤道付近では，太陽は地平線からまっすぐ上にのぼり**，夏至の日ごろには日の出，日の入りの位置が北寄りになる。
アは，赤道付近での春分の日・秋分の日の太陽の見え方である。**ウ**は，北半球の中緯度地域での，春分の日・秋分の日の太陽の見え方である。

❸ 月と惑星の見え方

p.96～97 基礎問題の答え

1 (1) ① A ② F ③ B ④ C ⑤ D
(2) A→E→D→F→B→C (3) イ

解説 (1) 南中したときに右半分が光って見える半月が**上弦の月**，南中したときに左半分が光って見える半月が**下弦の月**である。
(2) 満月の後，月は**右側から欠け**ていき，新月となる。その後，月の**右側から見えてきて満ち**ていき，再び満月になる。
(3) 月は，地球のまわりを**北極側から見て反時計回り**に公転しており，満月が観測されてから次の満月が観測されるまでの期間は約**1か月(29.5日≒30日)**である。したがって，同じ時刻の月の位置は，1日におよそ(360÷30＝)**12°ずつ，西から東へ動いて見える**。

2 (1) b (2) C (3) G

解説 (2) **日食**は**太陽が月にかくされる**現象で，太陽・月・地球の順に並んでいる。このときの月は新月である。
(3) **月食**は**月が地球の影に入ってかくされる**現象で，太陽・地球・月の順に並んでいる。このときの月は満月である。

3 (1) 惑星 (2) a (3) A，E
(4) ① C ② G ③ H ④ F
(5) B，C，D (6) F，G，H
(7) 明けの明星…イ　よいの明星…ウ
(8) エ

解説 (2) 金星と地球の公転の向きは同じである。
(3) 金星が天球上で**太陽の非常に近く**にある場合には，太陽の強い光により，地球からは**見えない**。
(8) 図2の①のように見えたとき，金星は図1のCの位置にある。**金星は地球から遠ざかるほど，見かけの形は満ちていき，大きさは小さくなる。**

> **定期テスト対策**
>
> ●明けの明星…明け方に東の空に見える金星。日数がたつと地球から遠ざかるため，小さくなっていく。
>
> ●よいの明星…夕方に西の空に見える金星。日数がたつと地球に近づくため，大きくなっていく。

p.98～99 標準問題の答え

1 (1) B…三日月　C…新月
E…下弦の月[半月]　G…満月
(2) a (3) A…オ　G…イ (4) ウ
(5) 太陽の光を反射しているから。
(6) イ (7) ア

解説 (1)(2) 太陽光の向きから，Aは上弦の月，Bは三日月，Cは新月，Eは下弦の月，Gは満月である。月が右側から満ち，右側から欠けることから，月の公転の向きはaの向きである。また，図が天の北極側から見たものであることから考えてもよい。
(3) 図が**天の北極側から**見たものであることから，**地球の自転の向きは反時計回り**である。したがって，地球上にいる観測者が，太陽を正面(南)に見るときが正午ごろ，**太陽を右手(西)に見るときが夕方**，太陽と反対側を見ているときが真夜中，**太陽を左手(東)に見るときが明け方**である。
(4) 月が真南に見える時刻は，**上弦の月**は**午後6時ごろ**，**満月は午前0時ごろ**，**下弦の月**は**午前6時ごろ**である。
(6)(7) **月食は満月が欠けて見える**現象で，地球の影に月が入ることで起こる。**日食は太陽が欠けて見える**現象で，太陽と地球の間に月が入ることで起こる。

2 (1) A…金環日食　B…皆既日食 (2) 太陽
(3) ウ (4) 地球から太陽までの距離が，地球から月までの距離の約400倍であるから。

解説 (1)(2) 日食のとき，見かけの月の大きさよりも太陽のほうが大きいと，太陽がはみ出して光の輪が見える。これを**金環日食**という。これに対して，太陽が月に全部かくされる日食を**皆既日食**という。
(3) 皆既日食でないときには，太陽の光が強いために，コロナを見ることはできない。

3 (1) 西 (2) エ
(3) 地球より内側を公転しているから。
(4) 火星，木星，土星，天王星，海王星

解説 (1) 星Aの年周運動から，西の空だとわかる。
(2) 西の空に見えるのは**よいの明星**であるから，日数がたつと地球に近づいて**大きくなり**，太陽の光が当たる部分の見え方が変わって**三日月の形に近づく**。
(3)(4) **内惑星**は地球から見て太陽の反対側に位置することがなく，**真夜中には見られない**。**外惑星**は地球から見て太陽の反対側に位置する場合があり，そのときには**真夜中に見える**。

❹ 太陽系と宇宙

p.102〜103 基礎問題の答え

1 (1) ① G　② A　③ H
(2) A，B，C，D　(3) E，F，G，H
(4) 地球型惑星…イ，ウ　木星型惑星…ア，エ

定期テスト対策

- 地球型惑星(ちきゅうがたわくせい)…表面が岩石でできていて，密度が大きい。(水星，金星，地球，火星)
- 木星型惑星(もくせいがたわくせい)…厚いガスや氷におおわれていて，密度が小さい。(木星，土星，天王星(てんのうせい)，海王星(かいおうせい))

2 (1) 月　(2) 小惑星　(3) すい星

解説 (1) **惑星のまわりを公転(こうてん)**している小さな天体を**衛星(えいせい)**という。地球の衛星は月だけである。
(3) すい星は氷と細かいちりでできているため，太陽の近くを通ると，氷がとけ，蒸発したガスとちりの尾が現れる。そのため，**ほうき星**ともよばれる。

3 (1) 約6000℃　(2) 黒点　(3) イ　(4) ア

解説 (1)(2) 太陽は水素やヘリウムなどの気体からなり，**表面温度は約6000℃**である。黒点は，**まわりの温度より低い**(約4000℃)ために，黒く見える。

定期テスト対策

- 太陽は東から西へ自転(じてん)している。→黒点が東から西へ移動する。
- 太陽は球形である。→中央部と周辺部とで黒点の形がちがって見える。

4 (1) B　(2) 銀河系　(3) ウ　(4) 銀河

解説 (1)(2)(3) 太陽系(たいようけい)をふくむ，うずをまいたレンズ状の形の天体の大集団が**銀河系(ぎんがけい)**であり，その直径は**約10万光年(こうねん)**である。太陽系は，銀河系の中心から約3万光年の位置にある。

p.104〜105 標準問題の答え

1 (1) 1つ　(2) 8つ　(3) 165周
(4) 水星，金星，地球，火星
(5) 質量が大きく，密度が小さい。
(6) 地球，火星，木星，土星，天王星，海王星
(7) ① 火星　② 水星　③ 天王星
(8) いん石　(9) めい王星，エリス
(10) ア，ウ，エ

解説 (4)(5) **地球型惑星**は地球と似た特徴をもつ惑星で，**岩石**を多くふくむため**密度が大きい**。木星型惑星は，**ガスや氷**の割合が多いため**密度が小さい**。
(6) 衛星がない惑星は**内惑星(ないわくせい)**の水星と金星だけである。
(9) **太陽系外縁天体(たいようけいがいえんてんたい)**は，**海王星より外側を公転**する，惑星とは起源などが異なる天体である。表中の「太陽からの距離(きょり)」からも判断できる。
(10) すい星は，**氷と細かいちり**でできている。

2 (1) 地球が自転していること。
(2) 西　(3) 太陽が球形をしていること。
(4) 2倍　(5) イ

解説 (1)**地球の自転**によって，**天体は日周運動(にっしゅううんどう)**をする。そのため，天体望遠鏡は，観測する天体の動きに合わせて望遠鏡の向きが変えられるようになっている。
(2) **太陽が自転**しているため，**黒点は東から西へ動く**。
(4) 太陽の像の直径は，10cm＝100mm
黒点の実際の直径をx〔km〕とすると，
　100：2.0＝1400000：x　　x＝28000km
地球の直径は13000kmであるから，
　28000÷13000＝2.1…≒2より2倍

3 (1) ウ　(2) 天の川　(3) エ

解説 (1)(2) 直径約10万光年(こうねん)の銀河系の中で，太陽系があるのは中心から約**3万光年**離れた位置である。そのため，太陽系から銀河系の中心のほうを見ると，**多数の恒星(こうせい)が帯状に密集した天(あま)の川(がわ)**として見える。
(3) 光が1秒間に進む距離(きょり)は30万kmであり，**1光年は光が1年かかって進む距離**である。
　1年＝365日＝365×24時間
＝365×24×60分＝365×24×60×60秒
＝31536000秒≒3000万秒
したがって，4.2光年は，
　4.2×30万×3000万＝378000億≒40兆km

p.106〜109 実力アップ問題の答え

1 (1) **北極星** (2) **32°** (3) **E** (4) **30°** (5) **エ**
(6) **B** (7) **ウ**

2 (1) **b** (2) **ウ** (3) **S** (4) **c** (5) **D**
(6) **イ，エ**

3 (1) **影が点Oと重なるようにする。**
(2) **エ** (3) **午前11時44分** (4) **イ** (5) **エ**

4 (1) **B** (2) **コロナ** (3) **X…d Y…b**
(4) **Y** (5) ① **e** ② **a**
(6) **西から東へ約12°動いて見える。**

5 (1) **b** (2) **c** (3) **A…イ D…ウ** (4) **C**
(5) **内惑星** (6) **イ，エ** (7) **イ，ウ**

6 (1) **C** (2) **A，C** (3) **B** (4) **カ**
(5) ① **土星** ② **金星** ③ **火星**

解説 **1** (2) 北半球では，**(北極星の高度)＝(緯度)**である。

(3)(4) 北の空の星の日周運動は，**反時計回り**であり，**1時間に15°**動く。図中の記録は2時間おきなので，

$a = 15 \times 2 = 30°$

(5) 星の**日周運動**の原因は，地球の自転である。

(6) Cの位置の星を，1か月後の同じ時刻に観察しているので，年周運動により，30°反時計回りに回転した位置に見える。

(7) 星の**年周運動**の原因は，地球の公転である。

2 (1)(2) 地球の自転と公転の向きは同じである。また，Aの位置では，天球上のしし座の位置に太陽があり，その後，地球の位置がBではさそり座，Cではみずがめ座，Dではおうし座へと動いていく。

(3)(4) **図2**は北半球での記録なので**P**が北，**Q**が西，**R**が南，**S**が東であり，太陽は東から西へと動く。

(5) 日の出，日の入りの位置が北寄りなので，**夏至の日**である。**図1**で夏至の日の位置を示しているのは，**D**である。

(6) **アとウ**は，地軸が公転面に垂直だとしても，地球が公転すれば起こる現象である。

3 (2)**南中**した太陽の位置は，天の子午線上の点Qであり，高度は地平線から天体までの角度である。

(3) **E**が東であるから，太陽は，A→B→C→Dと動く。よって，Aが9時30分，Bが10時30分，Cが11時30分，Dが12時30分のときの位置である。

また，CD間の30mmを1時間(60分)で動くので，CQ間の7mmをx〔分〕で動くとすると，

$30 : 7 = 60 : x \qquad x = 14$〔分〕

よって，Qの南中の位置の時刻は，11時30分から14分たった，11時44分である。

(4)**太陽の南中高度**は，6月の**夏至の日に最高**，12月の**冬至の日に最低**となるから，8月22日から1か月後までの期間では，**日ごとに南中高度が低くなる。**

(5) 8月22日は9月の秋分の日の約1か月前である。太陽がこの日と同じように動くのは，春分の日の1か月後，つまり4月22日ごろである。

4 (1)日食では，**太陽・月・地球の順**に並んでいる。

(2)**皆既日食**では**太陽光がすべて月にさえぎられる**ため，太陽の外側にあるコロナを見ることができる。

(3)(4) **X**は三日月，**Y**は下弦の月である。**月食**は満月のときに起こる。月はその後**欠けていって下弦の月**となり，新月になってから三日月になる。

(5)**地球の自転**の向きは，**地球の公転**，**月の公転**と同じ向きである。したがって，①太陽を右手(西)に見るときが**夕方**であり，このとき**南の空**に見えるのは**上弦の月**である。また，②**明けの明星**が見えるのは，太陽を左手(東)に見る**明け方の東の空**である。

(6)月の公転により，同じ時刻の月の位置は，**約1か月(約30日)に360°**，つまり**1日に12°**ずつ星の年周運動と逆向き(**西から東**)に動く。

5 (1)(2) **地球の自転と公転，金星の公転の向きは同じ。**

(3)地球から見ると，**A**の位置の**惑星X**は**太陽よりも西**にあるので，**日の出ごろ**に太陽と同じ**東の空**に見える。**D**の位置の**惑星X**は**太陽よりも東**にあるので，**日の入りごろ**に太陽と同じ**西の空**に見える。

(4)**右下が光って見える**ことから，天球上の惑星Xの右下のほうには，沈んでいく太陽があることがわかる。したがって，惑星Xが見えたのは西の空であるから，惑星Xの位置は，**図1**のCまたはDの位置にあることがわかる。さらに，**半月のような形**であることから，Cの位置にあることがわかる。Dの位置にある場合は，半月よりややふくらんだ形に見える。

6 (1) 太陽からの距離から，Aが金星，Bが土星，Cが水星，Dが火星，Eが木星である。

(2) 満ち欠けするのは**内惑星**であるから，**水星**，**金星**があてはまる。

(3) 太陽からの距離が遠い惑星ほど，公転周期が長い。

(4) 質量＝体積×密度，球の体積＝$\frac{4}{3}\pi \times$(半径)^3 であるから，それぞれの惑星の，**(半径)^3×密度の大小**をくらべればよい。

5章 自然と人間

❶生物どうしのつながり

p.112〜113 基礎問題の答え

1 (1) **生態系**　(2) **食物連鎖**　(3) **イネ**
(4) **食物網**

解説 (2)(3) 生物どうしの食べる・食べられるという関係が，鎖(くさり)のようにつながったものを食物連鎖(しょくもつれんさ)という。食物連鎖の中で最初に食べられる生物は，**光合成をして自分で栄養分をつくることができる植物**である。

2 (1) **エ**　(2) **A…イ　C…ウ　D…ア**

解説 (1) 生態系(せいたいけい)での生物の数量関係は，食べられる側(下位)の生物よりも，食べる側(上位)の生物のほうが少ない。
(2) この海中の生態系での食物連鎖は，**自分で栄養分をつくることができる植物プランクトン**から始まる。

3 (1) **イ**　(2) **菌類**　(3) **細菌類**　(4) **エ**

解説 (1) ミミズやダンゴムシは，落ち葉や枯(か)れ枝(えだ)，くさった植物など，**植物の死がいを食べる**。モグラは，ミミズやムカデなど，さまざまな動物を食べる。

定期テスト対策

- カビやキノコのなかまである菌類(きんるい)と，乳酸菌(にゅうさんきん)や大腸菌のなかまである細菌類(さいきんるい)などを微生物(びせいぶつ)という。
- 微生物は，土の中の小動物が利用した残りの有機物をとり入れ，呼吸によって無機物にまで分解して，エネルギーを得ている。

4 (1) **二酸化炭素**　(2) **生産者**　(3) **消費者**
(4) **分解者**

定期テスト対策

- 無機物から有機物をつくる生物を，生産者(せいさんしゃ)という。
- 自分で有機物をつくることができず，ほかの生物を食べて栄養分をとり入れる生物を，消費者(しょうひしゃ)という。
- 生物の死がいや動物の排出物(はいしゅつぶつ)などの有機物を無機物に分解する生物を，分解者(ぶんかいしゃ)という。

p.114〜115 標準問題1の答え

1 (1) **A…ア，ウ，エ　B…イ，エ**
(2) **B→A→D→E→C**
(3) **C→E→D→A→B**

解説 (1) プランクトンは，水中に浮かんで生活している生物である。植物プランクトンは光合成などによって**自分で栄養分をつくることができる**ので，ほかの生物を食べることはない。動物プランクトンは**自分で栄養分をつくることができない**ので，植物プランクトンを食べて栄養分を得ている。
(2) ある生態系で**最初に食べられる生物**は，自分で栄養分をつくることができる植物や植物プランクトンなどの生物(**生産者**)である。アジは小形の魚で動物プランクトンを食べる。
(3) **食べられる側の生物は食べる側の生物よりも多い。**

2 (1) **C**　(2) **A**　(3) **ア→エ→イ→オ→ウ**

解説 (1)(2) 食べられる側の生物は食べる側の生物よりも多いので，BがCを食べ，AがBを食べるという関係になっている。
(3) 生物の数量関係を示したピラミッドでは，下の段の生物が増減すると，**すぐ上の段の生物にとっては食物が増減することになる**ので，連動して同じように増減する。また，上の段の生物が増減すると，**すぐ下の段の生物にとっては，食べられる機会が増減することになる**ので，連動して逆の方向に増減する。

3 (1) **A**
(2) **ハダニがふえるのにともなって[少し遅れて]，ダニがふえる。**
(3) **ダニが減るのにともなって[少し遅れて]，ハダニがふえる。**

解説 (1) 食べられる側の生物は食べる側の生物よりも多いので，Aが食べられる側のハダニである。
(2) ハダニがふえると，ダニにとっては**食物がふえることになる**ので，ハダニの増加の後，ダニもふえる。
(3) ダニが減ると，ハダニは**食べられにくくなる**ので，ダニの減少の後，ハダニはふえる。

4 (1) **ウ**　(2) **ア**　(3) **イ，ウ**

解説 (2) ダンゴムシやミミズ，トビムシは，落ち葉や枯れ枝，くさった植物など，**植物の死がいを食べる**ので，草食動物であるといえる。

p.116〜117 標準問題2の答え

1 (1) 空気中の微生物がペトリ皿に入るのを防ぐため。 (2) A…ア　B…イ
(3) A…ウ　B…イ
(4) デンプンは(無機物に)分解される。

解説 (1) 微生物は土中のほか，空気中や水中にもいる。
(2)(3)(4) Aでは土を焼いた結果，微生物が死滅している。そのため寒天培地に変化はなく，デンプンもそのままであるためにヨウ素溶液によって全体が青紫色になる。Bでは微生物がふえて目に見えるかたまり(コロニー)となり，寒天培地の一部が変色する。また，微生物がふえた部分では，呼吸によって有機物であるデンプンが無機物に分解されているので，ヨウ素溶液によって青紫色にならない部分もある。

2 (1) A…×　B…○　C…×　(2) 呼吸
(3) 水中の微生物はデンプンを分解するが，デンプンが多すぎると分解しきれない。
(4) 酸素　(5) 微生物の活動を活発にするため。

解説 (1)(2)(3) こいデンプン液には，うすいデンプン液よりも多くのデンプンが溶けている。池の水の中には微生物がいて，AとCでは微生物の呼吸によってデンプンは分解されてなくなっている。Bでも，微生物によるデンプンの分解は起きているが，デンプンが多すぎて分解しきれていない。
(4)(5) エアポンプなどで水中に空気を送りこみ，水中の酸素を多くすると，微生物が呼吸をたくさんして活発に活動し，より多くの有機物が分解される。

3 (1) b，c，d，e　(2) A
(3) 無機物から有機物をつくる。
(4) ア，エ　(5) B，C，D
(6) 自分では栄養分をつくることができないから。 (7) D
(8) 有機物を無機物に分解する。 (9) イ，オ

解説 (4) ケイソウは植物プランクトンの一種で，光合成を行って有機物をつくることができる。シイタケはキノコ(菌類)，ミジンコは動物プランクトン，納豆菌は細菌類のなかまである。
(5)〜(9) 消費者は自分では栄養分(有機物)をつくることができないため，ほかの生物から栄養分を得る。消費者の中で，生物の死がいや動物の排出物から栄養分を得て，無機物に分解する生物が分解者である。

❷ 身近な自然と環境保全

p.120〜121 基礎問題の答え

1 (1) ① D　② C　③ B　④ A
(2) イ，ウ　(3) エ

解説 (2)(3) 赤潮やアオコは，大発生した植物プランクトンなどにより海や湖が赤色や青緑色に変色する現象である。赤潮やアオコが発生すると，植物プランクトンの夜の呼吸などによって水中の酸素濃度が低下したり，植物プランクトンが魚のえらにつまったりして，魚類や貝類などが大量に死滅することがある。

2 ① 酸性雨　② 光化学スモッグ
③ 地球温暖化
④ 二酸化炭素[温室効果ガス]　⑤ オゾン
⑥ 生物濃縮　⑦ 外来種[外来生物]

解説 A…酸性雨は，大気中に排出された窒素酸化物や硫黄酸化物が硝酸や硫酸になって雨水に溶け，強い酸性になったもの。通常，雨水は大気中の二酸化炭素が溶けこんで弱い酸性になっているが，酸性雨によって湖や沼の酸性が強くなりすぎると，魚などが死滅することもある。
C…地球温暖化は，二酸化炭素やメタンなどの温室効果ガスが増加したことが原因だと考えられている。温室効果ガスとは，地球から宇宙へ出ていく熱の一部を地表へもどすはたらきをもつ気体である。
E…生物濃縮は，自然界でふつうに起きている現象で，例えば，海藻はヨウ素を濃縮している。濃縮した物質が自然界にもともとない物質の場合，食物連鎖を通じて，大きな影響を与えることがある。

3 (1) ① ウ　② エ　③ ア　④ イ
(2) ア，イ，エ

解説 (1) 台風などのときに，強い風や気圧の低下によって，海水面が異常に高くなる現象を高潮という。
(2) 台風や梅雨などによる多量の降水は，災害だけでなく，豊富な水資源とも関係している。台風やつゆによる降水が少ないと，水不足になることもある。

定期テスト対策

❶台風による災害…豪雨，暴風雨，高潮，土砂くずれ，土石流，洪水など。
❶台風がもたらす恵み…大量の降水は，豊富な水資源となる。

p.122～123 標準問題の答え

1 (1) **イ**

(2) ① **光合成** ② **空気[大気]** ③ **排(出)ガス**

解説 (1) 顕微鏡のステージ上の葉にななめ上から光を当てると，気孔についたよごれが見やすくなる。
(2) 車は，ガソリンを燃焼させることで走るエネルギーを得ている。**ガソリンは石油からつくられたもので，燃焼させると空気を汚染させる物質が発生**する。

2 (1) ① **メタン** ② **温室効果**

(2) **イ，ウ** (3) **イ**

解説 (2) 化石燃料は，太古の生物の死がいが地中の圧力や熱で変化してできた燃料で，**有機物であるため，燃焼させると二酸化炭素が発生**する。また，森林の植物は光合成によって二酸化炭素を吸収するので，**森林の減少は二酸化炭素の増加につながる**。
(3) 地球温暖化によって氷河や極地の氷がとけたり，海水がぼう張したりすると，**海水面が上昇**する。その結果，**標高の低い地域が水没する危険**がある。

3 (1) **イ** (2) **紫外線** (3) **皮膚がん**

解説 (2)(3) オゾン層は，宇宙から地表に降り注ぐ紫外線を減らすはたらきがあるため，**オゾンが少なくなると，地表に届く紫外線がふえる**。大量の紫外線が皮膚に当たると，皮膚の細胞のDNAが傷つくため，**皮膚がん**になる可能性が高くなる。

4 (1) **津波**

(2) **初期微動を伝える波[P波]と主要動を伝える波[S波]の速さがちがうから。**

(3) **ハザードマップ** (4) **ア，ウ，エ**

解説 (2) **初期微動を伝える波(P波)と主要動を伝える波(S波)の速さはちがう**ので，地震の発生直後の震源付近の地震計の観測記録から，震源やマグニチュードをすばやく推定することができる。**緊急地震速報**は，その推定をもとに，各地の主要動を伝える波の到達時刻や震度を予測することができる。
(3) **ハザードマップ**は，災害予測図ともよばれるもので，火山の噴火や津波などが起こったときの被害を最小限にすることを目的に，各地でつくられている。
(4) **ア**…**火山灰**にはカルシウムなどのミネラル成分が多くふくまれている。
ウ…地下の熱水からとり出した水蒸気で発電機を回す発電を**地熱発電**という。

p.124～127 実力アップ問題の答え

1 (1) **ウ** (2) **食物連鎖** (3) **A，B，C** (4) **オ**

2 (1) **土の中の微生物を死滅させるため。**

(2) **A** (3) **A** (4) **ウ**

3 (1) **A…光合成　B…呼吸**

(2) **X…二酸化炭素　Y…酸素**

(3) **植物…生産者　動物…消費者　微生物…分解者**

(4) **イ，ウ，オ，ク** (5) **ア，エ，キ**

(6) **ふえる。**

4 (1) **C** (2) **B**

5 (1) ① **B** ② **A** ③ **D** ④ **E** ⑤ **C**

(2) ① **E** ② **A** ③ **C** ④ **F** ⑤ **B**

6 (1) **台風** (2) **ア，エ，カ**

(3) ① **プレート** ② **マグマ** ③ **地震**

(4) **ア，ウ，エ**

解説 **1** (1) **食べられる側の生物は食べる側の生物よりも多い**ので，A～Dの生物を，食べられる生物から食べる生物へと順に並べると，**D→C→B→A**となる。
(4) **A**が減ると，次の①～④が順番に起こって，最終的にはもとの状態にもどる。
① **A**が減ると，**A**の食物である**B**があまり食べられなくなるため，**B**がふえる。
② **B**の食物である**C**はそれまで以上に食べられるため，**C**が減る。
③ **B**の食物である**C**が減るため，**B**が減る。
④ **C**を食物とする**B**が減るため，**C**がふえる。
2 (1) 土を焼いて土の中の微生物を死滅させることで，微生物の活動がない場合にどうなるかを調べる**対照実験**を行っている。
(2)(3)(4) 土の中の微生物は，デンプンなどの有機物を，**酸素を使って分解**し，**二酸化炭素を出す**。
3 (1)(2) 植物は**光合成**を行っており，二酸化炭素をとり入れて酸素を出している。また，植物をふくむ生物はすべて，**呼吸**を行っており，酸素をとり入れて二酸化炭素を出している。
(4) カビやキノコのなかまを**菌類**という。パンの発酵に利用されるパン酵母などの酵母(イースト)も，菌類である。
(6) 森林の樹木は，光合成によって二酸化炭素をとりこんで有機物をつくるため，大気中の二酸化炭素の量を減らすはたらきがある。したがって，伐採などで森林が減少すると，二酸化炭素の量はふえる。

4 枝の先端の葉の集まりによごれが付着しているほど，空気は汚染されているといえる。空気中の汚染物質のうち，葉の集まりや葉に付着するよごれは，光合成をするための光を葉の内部に届きにくくしたり，気孔からの気体の出入りをさまたげたりして，**植物の生育に悪い影響を与える。**

5 A…**地球温暖化**は，温室効果ガス(二酸化炭素やメタン)の増加によって，地球全体の平均気温が上昇している現象。地球温暖化により，氷河や極地の氷がとけたり，海水がぼう張したりして，海水面が上昇し，**標高が低い地域の水没**，**異常気象の発生**などが起こる。そのため，地球温暖化のおもな原因であると考えられている**二酸化炭素**の増加をおさえるためのとりくみが行われている。

B…**酸性雨**の原因の1つである硫酸は，工場からの排煙や，自動車の燃料であるガソリンの燃焼で発生したガスにふくまれる硫黄酸化物がもとになっている。排煙脱硫やガソリン脱硫は，大気中の硫黄酸化物がふえないようにするために開発された技術である。

C…オゾン層は，宇宙から降り注ぐ**紫外線**を吸収するため，これが減少すると地表にとどく紫外線がふえ，皮膚がんがふえると考えられている。冷蔵庫やエアコンなどに使われていたフロンによってオゾンが分解されることがわかり，現在ではフロンの生産が規制・禁止されている。

E…**赤潮**やアオコは，生活排水にふくまれる有機物などを栄養源として，植物プランクトンなどが大発生する現象である。これを防ぐため，下水処理場では，微生物をふくんだ泥(活性汚泥)を使って有機物を分解してから，川や海に水をもどしている。

6 (2) **雪崩**は，斜面に積もった雪がくずれ落ちる災害である。**干ばつ**は，長期間雨が降らず，水が不足する災害で，梅雨(つゆ)の時期の降水が少ない年や，台風が付近を通らない年などに起こりやすい。**津波**は，海底を震源とする地震によって発生する大波で，風によって起こる波とは異なり膨大な量の海水が沿岸に押し寄せ，大きな被害が出る。

(4) 火山噴火の予知は，地震の予知よりはしやすいといえる。2000年3月の有珠山の噴火では，地震計や土地の変動を調べる測定器を使って詳しく監視することで，噴火を予知することができ，あらかじめ住民が避難することができた。

6章 科学技術と人間

❶ 科学技術と人間のくらし

p.130～131 基礎問題の答え

1 (1) **弾性エネルギー**　(2) **音エネルギー**

解説 (1) 変形した物体には，もとの形にもどろうとする性質がある。
(2) 音や光，熱なども，エネルギーの一形態である。

2 (1) **できない。**
(2) **エネルギーの保存[エネルギー保存の法則]**
(3) **エネルギー効率**

解説 (1)(3) **一般に，エネルギーが移り変わるときには目的外のエネルギーが生じてしまうので，エネルギー効率が100％になることはない。**

定期テスト対策

❶エネルギーの保存…エネルギーの変換をしたとき，目的外のエネルギーをふくめたすべてのエネルギーへの変換を考えると，エネルギーの総和は変化しない。

3 ① **伝導[熱伝導]**　② **放射[熱放射]**
③ **対流[熱対流]**

解説 太陽の光が当たって地面の温度が上がるのも，放射によって熱が伝わるからである。

4 (1) **化石燃料**　(2) **核エネルギー**
(3) **位置エネルギー**　(4) **再生可能エネルギー**
(5) ① **原子力発電**　② **水力発電**　③ **火力発電**

解説 現在，**日本では火力発電と原子力発電が，全発電量の8割を占める。**石油やウランなどの資源は，いずれは枯渇するため，再生可能エネルギーの割合をふやす試みが始まっている。

5 ① **化学肥料**　② **DNA[遺伝子]**
③ **蒸気機関**

解説 科学技術の発展には，よい面だけでなく，悪い面も存在する。たとえば，化学肥料を使いすぎると，土中の微生物が減るために土がかたくなり，農作物が育ちにくくなるほか，肥料の成分が地下水や河川に流れ出て環境汚染につながることもある。

p.132〜133 標準問題の答え

1 (1) A…ウ　B…オ　C…ア
(2) 位置エネルギー

解説 (1) ペルチェ素子は，熱エネルギーを電気エネルギーに変換したり，逆に電気エネルギーを熱エネルギーに変換することができる。
(2) 光エネルギーが，最終的に物体の位置エネルギーに変換されている。

2 (1) 5J　(2) 1.518J　(3) 30%
(4) 同時に熱エネルギーなどにも変換されるから。

解説 (1) 仕事〔J〕＝力の大きさ〔N〕×力の向きに動いた距離〔m〕なので，重力による仕事は，
$5N \times 1m = 5J$
(2) 電力量〔J〕＝電力〔W〕×時間〔s〕
＝電圧〔V〕×電流〔A〕×時間〔s〕
なので，発電機によって生じた電気エネルギーは，
$1.1V \times 0.15A \times 9.2s = 1.518J$
(3) $1.518J \div 5J \times 100 = 30.36$ より 30%
(4) 目的外のエネルギーとして，一部が熱エネルギーや音エネルギーに変換されることが多い。

3 (1) I
(2) A…位置　B…運動　C…化学
D…熱　E…核
(3) ウ，エ

解説 (1)(2) 水力発電では水の位置エネルギー，火力発電では化石燃料の化学エネルギー，原子力発電ではウランの核エネルギーを電気エネルギーとしてとり出している。

4 (1) 再生可能エネルギー
(2) (バイオマスのもとになる生物体は)植物が光合成によって，光エネルギーからつくり出した有機物がもとになっているから。
(3) 例発電量が天候に左右される点。

解説 (3)ほかにも，発電にかかる費用が高い，立地条件が限られるなどの課題がある。

5 (1) 二酸化炭素　(2) 例リサイクルにとりくみ，資源をむだにしない。

解説 (1)二酸化炭素の排出量を減らすための国際会議も開かれている。

p.134〜135 実力アップ問題の答え

1 (1) ① 化学　② 熱　③ 運動　④ 電気
(2) 対流[熱対流]　(3) ア

2 (1) イ
(2) ハンドルを回したときの運動エネルギーの一部が，熱エネルギーや音エネルギーにも変換されるため。

3 (1) ① 化石燃料　② CO_2
③ 地球温暖化
(2) ① 放射線
② 生物や人体に異常を引き起こす。
(3) ダムの建設が自然環境を破壊するおそれがあること。
(4) ① 再生可能エネルギー
② バイオマス

4 (1) 発光ダイオード
(2) 化学肥料　(3) 蒸気機関

解説 1 (2) 熱の伝わり方には，伝導(熱伝導)，対流(熱対流)，放射(熱放射)の3つがある。
(3) 風力発電では風(空気)の運動エネルギー，水力発電では水の位置エネルギーによって，発電機のタービンを回している。
2 一般に，エネルギー変換時には熱エネルギーや音エネルギーなどの目的外のエネルギーも生じるため，エネルギー効率が100%になることはない。なお，このような熱エネルギーを効率的に利用するのがコージェネレーションシステムである。
3 (1) 化石燃料のもとになっているのは，大昔の生物のからだをつくっていた有機物なので，燃焼によって二酸化炭素が生じる。二酸化炭素は温室効果ガスの1つで，地球から宇宙への放熱をさまたげるはたらきをもつ。
4 (1) 赤色，緑色，青色の3種類の光を組み合わせると，すべての色を表現できる。そのため，青色の新型発光ダイオードの開発により，用途が急速に広がった。
(3) 改良された蒸気機関は，工場の機械や車，船などの動力として使われるようになった。

p.136〜139 第1回 模擬テストの答え

1 (1) **ウ** (2) **イ** (3) **ウ** (4) **エ** (5) **ウ**

2 (1) **b** (2) **エ**

(3) **39%**

(4) **ウ** (5) **再結晶**

3 (1) **15時12分17秒**

(2) **右図**

(3) **5.7km/s**

(4) **30km**

4 (1) **生態系**

(2) **イ** (3) **カエル**

5 (1) **ウ**

(2) **電流の大きさの差…250mA**

抵抗器cの抵抗の大きさ…24Ω

解説 **1** (1) 光は下の図のように，入射角と反射角が等しくなるように反射する。

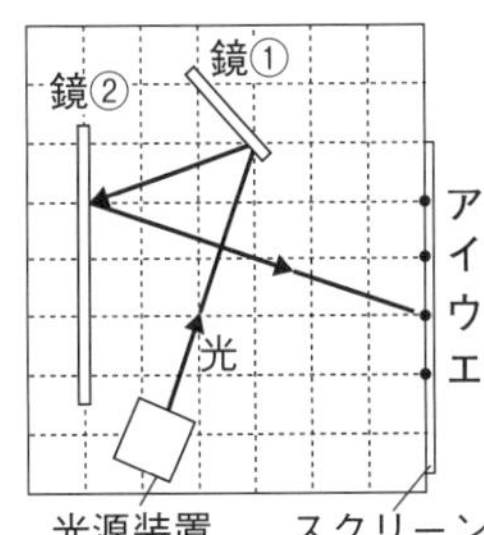

(2) 細菌類は単細胞の生物で，おもに分裂によってふえる。細菌類はミミズなどの土壌生物や菌類とともに生態系の中の**分解者**であり，有機物を取り込んで無機物に分解している。また，細菌類は土の中以外にも存在している。細菌類である乳酸菌や納豆菌などは発酵食品を作るのに利用されるなど人間にとって有用であるが，結核菌や大腸菌のように病原体となるものもある。

(3) **純粋な物質(純物質)は，物質の種類によって融点や沸点が決まっており**，水は100℃，エタノールは78℃である。一方，混合物は融点や沸点が決まった温度にはならない。以上のことから，水とエタノールの混合物を蒸留したときの加熱時間と蒸気の温度の関係を表したグラフは，**ウ**となる。

(4) 化学式において，原子の記号の右下に小さく書かれた数字は結びついている原子の数を，化学式の前に書かれた数字は分子の数を表している。また，**化学反応式の矢印(⟶)の左側と右側では，原子の種類と数が等しくなる。ア**…「N_2+3H_2」は，原子が8個ふくまれることを表している。**イ**…「$2NH_3$」は，アンモニア分子2個の中に窒素原子が2個，水素原子が6個ふくまれていることを表している。**ウ**…化学反応式の矢印(⟶)の左側と右側で等しいのは原子の総数である。**エ**…化学反応式中の各化学式の前に書かれた数字より，窒素分子が1個，水素分子3個が反応してアンモニア分子2個ができることがわかる。

(5) おもに岩石や金属でできている**地球型惑星**(水星，金星，地球，火星)に比べて，おもに気体からできている**木星型惑星**(木星，土星，天王星，海王星)の密度は小さく，半径は大きい。

2 (1) 表より，物質**b**の水100gに溶ける最大の質量は水の温度が20℃のとき11g，60℃のとき57gである。よって，水の温度が20℃のとき水10gに溶ける最大の質量は1.1gであるため溶け残ってしまうが，水の温度を60℃まで上げると水10gに溶ける最大の質量は5.7gであるため，溶け残りもすべて溶ける。また，物質**a**と**c**は水の温度が20℃のとき水10gに物質を3.0g溶かしても溶け残りが出ず，物質**d**は水の温度を60℃まで上げてもすべて溶けず溶け残りが出てしまう。よって，ミョウバンは物質**b**である。

(2) 水溶液の温度を下げていっても，結晶が出始めるまでは水溶液中の溶質(ミョウバン)の質量は変化しない。また，水の蒸発はないものとするため，溶媒(水)の質量も変化しない。よって，**結晶が出始めるまで水溶液の質量パーセント濃度は一定**である。

(3) 質量パーセント濃度は，次の式で求められる。

$$質量パーセント濃度〔\%〕=\frac{溶質の質量〔g〕}{溶液の質量〔g〕}\times100$$

$$=\frac{溶質の質量〔g〕}{(溶媒の質量〔g〕+溶質の質量〔g〕)}\times100$$

よって，40℃の硝酸カリウム飽和水溶液の質量パーセント濃度は，

$$\frac{64\,g}{(100+64)\,g}\times100=39.0\cdots より，39\%$$

(4) 20℃の水90gに溶ける硝酸カリウムの最大の質量をx〔g〕とすると，

$100\,g:90\,g=32\,g:x$〔g〕

$x=28.8\,g$

したがって，出てきた硝酸カリウムの結晶は，

$64\,g-28.8\,g=35.2\,g$

となり，およそ35gである。

(5) 一定の量の水に溶ける溶質の最大の質量を**溶解度**という。溶解度は溶質の種類によって決まってお

り，水の温度によって変化する。この溶解度の差を利用して，水溶液から溶質を結晶として取り出すことを再結晶という。再結晶によって，より純粋な物質を得ることができる。

3 (1) 表より，地点Aから地点Bまでの距離(きょり)40kmをP波が進むのに7秒かかることがわかる。よって，震源から地点Aまでの距離40kmをP波が進むのにかかる時間も7秒とわかる。したがって，震源で岩石が破壊されて地震が始まった時刻は15時12分24秒の7秒前の15時12分17秒である。

(2) 地震(じしん)が起こると，伝わる速さのちがう2種類の波が同時に発生して，まわりに伝わっていく。はじめの小さなゆれである初期微動(しょきびどう)を伝える波をP波，後からくる大きなゆれである主要動を伝える波をS波という。また，この2つの波が届いた時刻の差が初期微動継続時間(しょきびどうけいぞくじかん)である。よって，各地点の初期微動継続時間は，表のS波が到達した時刻とP波が到達した時刻の差を求めればよい。初期微動継続時間は，震源からの距離が40kmの地点Aでは5秒，80kmの地点Bでは10秒，120kmの地点Cでは15秒というように，**震源からの距離に比例して長くなっている。**

(3) P波は，表より40kmを7秒で伝わっている。

$$速さ〔km/s〕=\frac{距離〔km〕}{時間〔s〕}$$

なので，

$$\frac{40\,km}{(24-17)\,s}=5.71\cdots より，5.7\,km/s$$

(4) 震源からの距離が32kmの地点にある地震計でP波を検知したのは，

$$\frac{32\,km}{5.7\,km/s}=5.61\cdots より，地震発生から5.6秒$$

後である。緊急地震速報が発表されたのは，その3.4秒後なので，地震発生から緊急地震速報が発表されるまでの時間は，

$$5.6\,s+3.4\,s=9.0\,s$$

また，主要動を伝える波であるS波の速さは，

$$\frac{(80-40)\,km}{(41-29)\,s}=3.33\cdots$$

より3.3km/s。よって，緊急地震速報が発表されたときに主要動が到達しているのは，

$$3.3\,km/s\times9.0\,s=29.9\cdots$$

より30kmまでの地点である。

4 (1) 生態系では，そこで生活する生物と，水や空気，土，光など生物をとりまく環境がさまざまな関連をもっている。森林，草原，海，川，湖などもそれぞれ1つの生態系であり，地球全体を1つの生態系と考えることもできる。

(2) Aは生産者，Bは消費者(草食動物)，Cは消費者(肉食動物)，Dは分解者である。有機物である生物の遺骸(いがい)やふんなどの排出物は，土の中の小動物や菌類，細菌類などの**分解者**にとりこまれ，呼吸のはたらきにより，水や二酸化炭素といった無機物に分解される。

(3) 外来種がカエルを食べたことによりカエルの数量が減少すると，カエルを食べるヘビの数量はえさであるカエルが減少するため減少し，カエルに食べられるバッタの数量は増加する。またバッタの数量が増加することにより，バッタに食べられるススキの数量は減少する。

5 (1) 図では，抵抗器aとbは並列につながれている。**並列回路では，それぞれの抵抗に加わる電圧の大きさはすべて同じで，回路全体の電圧と等しい。**よって，抵抗器aに加わる電圧は3.0Vである。また，抵抗器aを流れる電流の大きさは，抵抗器a，bの抵抗の大きさが同じことから，

$$\frac{0.5\,A}{2}=0.25\,A となる。$$

オームの法則より，

$$\textbf{抵抗〔Ω〕}=\frac{\textbf{電圧〔V〕}}{\textbf{電流〔A〕}}$$

なので，抵抗器aの抵抗の大きさは，

$$\frac{3.0\,V}{0.25\,A}=12\,Ω$$

(2) 抵抗器bを外した後の回路全体を流れる電流の大きさは，オームの法則より，

$$\textbf{電流〔A〕}=\frac{\textbf{電圧〔V〕}}{\textbf{抵抗〔Ω〕}}$$

なので，

$$\frac{3.0\,V}{12.0\,Ω}=0.25\,A$$

よって，**実験**の1の結果と比べて，

$$500\,mA-250\,mA=250\,mA$$

小さくなった。

また，抵抗器cをつないだ後の回路全体を流れる電流の大きさは，

$$0.25\,A\times1.5=0.375\,A$$

これより，抵抗器cを流れる電流の大きさは，

$$0.375\,A-0.25\,A=0.125\,A$$

とわかる。したがって，抵抗器cの抵抗の大きさは，

$$\frac{3.0\,V}{0.125\,A}=24\,Ω$$

p.140～143 第2回 模擬テストの答え

1 (1) イ
(2) 名称…反射鏡　記号…エ
(3) 放射［熱放射］
(4) 水に溶けやすく空気より密度が大きい性質
(5) 風化　(6) イ，ウ　(7) ウ

2 (1) FeS
(2) 右図
(3) 水素，硫化水素

硫化鉄の質量〔g〕
10.0
8.0
6.0
4.0
2.0
0
0　1.0　2.0　3.0
硫黄の質量〔g〕

3 (1) 無脊椎動物
(2) からだを支え，内部を保護するはたらき。
(3) 外とう膜　(4) イ

4 (1) エ　(2) A，C　(3) イ
(4) ウ　(5) ②

5 (1) ① あたたまりやすい　② ア
(2) ア，ウ

6 (1) **4N**
(2) **0.6J**
(3) ① **0.5**$\left[\frac{1}{2}\right]$　② **2**　③ ウ　(4) **0.12W**

解説 **1** (1) 地下の深いところでマグマがゆっくり冷えて固まってできた岩石を**深成岩**という。花こう岩は深成岩の1つであり，セキエイやチョウ石などの無色鉱物が多くふくまれる。安山岩と玄武岩は，マグマが地表や地表付近で急に固まってできた火山岩であり，石灰岩は，生物の遺がいなどが堆積して固まってできた堆積岩である。
(2) 顕微鏡で観察を行うときは，反射鏡の角度を変えて，視野全体が均一に明るく見えるように調節する。反射鏡は図の**エ**であり，**ア**は接眼レンズ，**イ**は対物レンズ，**ウ**は調節ねじである。
(3) 光源や熱源から空間をへだててはなれたところまで熱が伝わる現象を**放射**という。太陽など高温の物体から出された赤外線などが，はなれた場所にある物体に当たることによって，物体の温度が上昇する。放射の例として，たき火に手をかざすとあたたかく感じる，加熱しているなべに手を近づけると，直接ふれていなくても熱く感じる，などがある。
(4) 気体を集めるときは，その気体の性質にあった集め方を選ぶ。水に溶けにくい気体は**水上置換法**で集め，水に溶けやすく空気より密度が大きい気体は**下方置換法**，水に溶けやすく空気より密度が小さい気体は**上方置換法**で集めればよい。例えば，酸素は水上置換法，塩素は下方置換法，アンモニアは上方置換法が適している。下方置換法で集める気体Xは，水に溶けやすく空気より密度が大きいという性質を持っていると考えられる。
(5) 温度の変化により岩石が膨張・収縮をくり返すことで岩石に割れ目が生じたり，水のはたらきにより，岩石中の成分が水に溶けだしていったりして，次第に地表の岩石は割れたりもろくなったりしていく。これを**風化**という。風化は長い年月をかけて進んでいく。
(6) 丸形の種子から育てた個体の遺伝子をAa，しわ形の種子から育てた個体の遺伝子をaaとすると，できた複数の種子の遺伝子の組み合わせは，右の表のようになる。

	a	a
A	Aa	Aa
a	aa	aa

なお，丸形の種子から育てた個体の遺伝子をAAとしてしまうと，できた複数の種子の遺伝子の組み合わせがすべて丸形のAaとなるのでしわ形が見られず，不適である。
(7) 斜面上の物体にはたらく重力は，斜面に垂直な分力と斜面に平行な分力に分解することができる。斜面に垂直な分力は，斜面からはたらく**垂直抗力**とつり合っているので，物体は斜面に平行な分力の向きに動く。斜面に平行な分力の向きは斜面に沿って下向きで，物体が斜面を下っている間は一定である。
2 (1) 硫化鉄は鉄原子(Fe)と，硫黄原子(S)が1：1の割合で結びついた物質である。
(2) 鉄と硫黄が結びつき硫化鉄が生じるため，鉄粉の質量と硫黄の質量の和が硫化鉄の質量である。
(3) 表はFe：Sが7：4で過不足なく結びついているので，鉄を2倍にすると鉄が余る。硫化鉄をうすい塩酸に加えると硫化水素という特有のにおいのある気体が発生し，鉄をうすい塩酸に加えるとにおいのない水素が発生する。
3 (1) バッタ，ザリガニ，イカのように背骨をもたない動物を**無脊椎動物**という。これに対し，トカゲ，ハト，クジラなど背骨をもつ動物を**脊椎動物**という。
(2) バッタやザリガニのからだの外側をおおう**外骨**

格という固い殻は，からだを支えてからだの内部を保護する役割がある。外骨格をもち，からだやあしに多くの節がある動物を**節足動物**という。節足動物のうち，バッタは昆虫類，ザリガニは甲殻類に分類される。

(3) **軟体動物**であるイカには，胃や肝臓といった内臓とそれを包みこむやわらかい膜があり，この膜を**外とう膜**という。イカのほかに，タコ，シジミ，アサリ，マイマイ，タニシなども外とう膜をもつ軟体動物である。

(4) クジラは**哺乳類**である。ほかの哺乳類と同様に，生まれた子は雌の親が出す乳で育てられる。

ア…からだはしめったうろこでおおわれてはいない。

イ…胎生なので，雌の体内(子宮)で子としてのからだができてから生まれる。

ウ…クジラの親はしばらくの間，生まれた子の世話をするが，図の生物のうちハトも卵からかえった子の世話をするので，クジラだけがもつ特徴とはいえない。

エ…外界の温度が変わっても体温が一定に保たれるという特徴をもつ動物を恒温動物という。哺乳類であるクジラと，鳥類であるハトが恒温動物なので，クジラだけがもつ特徴とはいえない。

4 (1) 動脈は，心臓から送り出された血液が流れる血管であり，そのかべは厚く弾力性がある。動脈内を流れる血液は動脈血だけではなく，肺動脈のように静脈血が流れる動脈もある。なお，かべがうすく，**逆流を防ぐ弁があるのは静脈**である。

(2) 酸素が少なく，二酸化炭素を多くふくむ血液を**静脈血**という。心臓から送り出された血液は，全身の細胞に運ばれて，細胞に酸素や栄養分を与え，二酸化炭素や不要物質を受け取る。このようして，全身をめぐり心臓に戻ってくる血管**C**を流れる血液と，心臓に戻り，そこから肺に送られる血管**A**を流れる血液は静脈血である。

(3) タンパク質には窒素(N)がふくまれているため，タンパク質を分解するとき，からだに有害なアンモニアができる。このアンモニアは，血液によって肝臓に運ばれ，尿素という害の少ない物質に変えられる。そして，**尿素は腎臓に送られ余分な水分や不要な物質とともに血液からこしだされて尿がつくられる。**

(4) 消化された栄養分の多くは，小腸で吸収される。消化されてできたブドウ糖は，小腸のかべにある柔毛から吸収されて毛細血管に入り，血液によって肝臓に運ばれる。ブドウ糖の一部は肝臓でグリコーゲンという物質に変えられ，貯蔵される。

(5) 胆汁には脂肪の消化を助けるはたらきがあり，肝臓でつくられている。つくられた胆汁は胆のうにためられる。

5 (1) **あたためられた空気は，膨張して密度が小さくなり，上昇する。**

(2) よく晴れた日の昼間や夏は，**海上と比べて陸上のほうがあたたまりやすい**ので上昇気流が発生し，低圧部となる。したがって，海上から陸上へ海風がふく。

6 (1) 物体を持ち上げるときには，物体にはたらく重力と同じ大きさで重力の向きと反対の向きの力を加え続ける必要がある。400 gのおもりにはたらく重力は4 Nなので，ばねばかりの示す値も4 Nになる。

(2) 仕事は物体に加えた力の大きさと，力の向きに動いた距離の積で表される。

仕事〔J〕＝力の大きさ〔N〕×力の向きに動いた距離〔m〕

よって，手がひもにした仕事の量は，

$4\,\mathrm{N} \times 0.15\,\mathrm{m} = 0.6\,\mathrm{J}$

(3) 動滑車を用いておもりを引き上げるとき，動滑車の両端の2本のひもでおもりを引き上げるので，実験1に比べて手でひもを引く力は$\frac{1}{2}$になる。しかし，手でひもを引く距離は2倍になる。よって，実験2で手がひもにした仕事の量は，実験1で手がひもにした仕事の量と変わらない。

動滑車などの道具を使うと，直接持ち上げるときに比べて小さい力ですむが，物体を動かす距離が長くなるため，結果として仕事の量は変わらない。これを**仕事の原理**という。

(4) 単位時間(1秒間)にする仕事を**仕事率**といい，次の式で表される。

$$\textbf{仕事率〔W〕} = \frac{\textbf{仕事〔J〕}}{\textbf{仕事にかかった時間〔s〕}}$$

仕事率の大きさによって，仕事の効率をくらべることができる。

実験2で，おもりを15 cm引き上げるのにかかった時間は，

$$\frac{15\,\mathrm{cm}}{3\,\mathrm{cm/s}} = 5\,\mathrm{s}$$

より，5秒である。よって，実験2でおもりを15 cm引き上げたときの仕事率は，

$$\frac{0.6\,\mathrm{J}}{5\,\mathrm{s}} = 0.12\,\mathrm{W}$$